U0306992

本书获得

广东省教育厅省级重大项目

"明代以来韩江流域生态环境变迁研究"（项目编号：2016WZDXM017）资助；

韩山师范学院省级重点学科（专门史）建设费资助。

明代以来韩江流域
生态环境变迁研究

赵玉田　罗朝蓉　著

人 民 出 版 社

自　序

大自然是生命的摇篮，它孕育抚养了人类。人类应该尊重自然、亲近自然、顺应自然、保护自然，人与自然和谐共生是人类生存与可持续发展的基础与前提。大自然不是历史旁观者，而是历史参与者。人与自然是生命共同体。人类的历史，是人与大自然共同演绎的历史，是人与自然生命共同体演绎的历史。换言之，人与大自然是历史共同体。

一、一点想法

如何讲述历史上人与自然生命共同体曾经演绎的故事及其故实？如何运用生命共同体理念推进历史研究？笔者在环境史研究中，断断续续思考着这类问题。

笔者认为，人与自然生命共同体历史当是古老历史学的一个新的研究领域，人与自然生命共同体理念当是考察与探究历史的一种新理论与新范式。正是基于这种思考，本书遵循人与自然生命共同体理念，以水利生态环境为主要研究对象，以"生态故事"与"生态现象"为主要抓手，通过个案论述明代以来韩江流域生态环境变迁故事与故实，尝试建构并探究韩江流域生命共同体演绎的一段历史。具体说来，明代以来韩江流域人与自然生命共同体处于持续发展变化之中，生成诸多现象，发生很多故事。本书选取"鸽变型社会"、"三利溪现象"、区域社会风习流变、生态型民生等人与自然生命共同体具象与标志性事件展开研究，旨在建构不同时段的生命共同体谱系。另则，通过检视众生在生态环境层面"存在"图景，辨析其与特定历史时期经济社会生活内容及地方性生态知识之间因应关系；通过田野调查追踪整理当前韩江流域生态环境问题，建构特定时空里的民生、生态环境与经济社会三者互动关系，从生命共同体维度诠释"秀水长清"实现途径。

二、两点收获

本书实际上要完成一件事，即运用生命共同体理念建构并撰写明代以来韩江流域人与自然生命共同体历史，从生态环境层面讲述明代以来韩江流域生命共同体故事与故实。除了本书研究所得，另有两点收获。

（一）历史研究者应该尊重人与自然生命共同体事实，人与自然生命共同体历史应当成为历史研究的当然领域

自然界是人的无机的身体，人是自然界的一部分，人与自然是生命共同体——这是客观事实，也是一种理论认识。马克思指出："自然界就它本身不是人的身体而言，是人的无机的身体。人靠自然界来生活。这就是说，自然界是人为了不致死亡而必须与之形影不离的身体。说人的物质生活和精神生活同自然界不可分离，这就等于说，自然界同自己本身不可分离，因为人是自然界的一部分。"①习近平总书记在中国共产党第十九次全国代表大会上的报告中明确提出："人与自然是生命共同体，人类必须尊重自然、顺应自然、保护自然。人类只有遵循自然规律才能有效防止在开发利用自然上走弯路，人类对大自然的伤害最终会伤及人类自身，这是无法抗拒的规律。"②

人与自然是生命共同体是客观事实。但是，人类中心主义者对于承认并尊重这个客观事实似乎并不情愿。在人类中心主义影响下，一些人片面夸大人在历史创造中的作用与"能量"，他们相信是人类独自创造了历史，相信历史是纯粹的人的历史，人类是历史的唯一演员。显然，这种历史观的错误是显而易见的。因为人首先是物质的，是物质与精神统一体。"历来为繁茂芜杂的意识形态所掩盖着的一个简单的事实：人们首先必须吃、喝、住、穿，然

---

① ［德］马克思：《1844年经济学—哲学手稿》，刘丕坤译，人民出版社1979年版，第49页。

② 习近平：《决胜全面建成小康社会　夺取新时代中国特色社会主义伟大胜利——在中国共产党第十九次全国代表大会上的报告》，人民出版社2017年版，第50页。

后才能从事政治、科学、艺术、宗教等等。"①人类及人类社会赖以存在和发展的前提与基础是自然环境,人类与自然环境的关系是人类社会一切其他关系(诸如政治关系、阶级关系、经济关系以及人与人、人与社会等)的基础与前提。

另外,现有的一些历史研究成果实际上呈现"两分"态势。一是见人而不见自然。一些研究成果把历史写成人的独角戏,把历史写成"不食人间烟火"的"神仙故事",人类社会也被写成意念中的"仙班序列"。一是见自然而不见人。一些研究成果把历史写成"山水林田湖草沙"及其故事,历史成为摆脱"尘世烦恼"的遥远的"仙境"。人类历史不是人类的独角戏,作为人和人类社会赖以生存的自然环境不是历史的看客,而是历史的参与者。因此,作为历史研究者,我们要承认人与自然是生命共同体的事实,在历史书写与研究中要尊重这个事实。

(二)历史上,人与自然生命共同体是不断变化着的,是动态的生命共同体;历史书写与研究,需要从人与自然关系角度构建横向的生命共同体,还要构建纵向的生命共同体。这是历史,也是方法

马克思、恩格斯在《德意志意识形态》中强调:"任何人类历史的第一个前提无疑是有生命的个人的存在。因此第一个需要确定的具体事实就是这些个人的肉体组织,以及受肉体组织制约的他们与自然界的关系。当然,我们在这里既不能深入研究人们自身的生理特性,也不能深入研究各种自然条件——地质条件、地理条件、气候条件以及人们所遇到的其他条件。任何历史记载都应当从这些自然基础以及它们在历史进程中由于人们的活动而发生的变更出发。"②正是基于这种理论认识,本书首先把明代以来韩江流域生态环境变迁现象置放于当时具体而鲜活的生态环境与经济社会生活中,从生态环境与人事关系维度建构和解析人与自然生命共同体历史故事。

---

①《马克思恩格斯选集》(第 2 卷),人民出版社 1977 年版,第 574 页。

②《马克思恩格斯全集》(第 3 卷),人民出版社 1956 年版,第 23—24 页。

事实上，人与自然生命共同体一经形成便有了自己的运行模式，既有横向模式，又有纵向模式。如果我们把人与自然生命共同体比作海明威笔下《老人与海》所勾勒的充满悬念的斗争场景。那么，老渔夫是这场斗争的主角之一——人，船、渔夫的价值观念与生存技能等构成了他的"社会环境"，还有作为自然环境的"非人的鱼"与险象环生的"大海"，一同参与演绎这场海上斗争的历史。人类的历史，恰如作为社会人并反映着时代信息的老渔夫在茫茫大海上同"非人的鱼"及"大海"本身所展开的一场持续的、瞬息万变的生命对抗历程。它不仅包含老渔夫喃喃话语中永远听不明白的"哲理神思"，还包括潜伏水中而左右摆动、令人捉摸不定的被钓着的非人的大鱼，还有波涛汹涌、可以载舟覆舟且充满变化的大海。

美国环境史学家克罗农有言："人类并非创造历史的唯一演员，其他生物、大自然发展进程等都与人一样具有创造历史的能力。如果在撰写历史时忽略了这些能力，写出来的肯定是令人遗憾的不完整的历史。"[1] 人与自然生命共同体历史也是这样的，如果没有"与人一样具有创造历史的能力"的"其他生物、大自然发展进程等"参与创造，这样的历史便不是真实的、真正的人与自然生命共同体历史，而是"令人遗憾的不完整的历史"。因此，可以说人与自然生命共同体不仅是一种理念，也是一种研究方法与研究范式。

三、三点期待

如何运用人与自然生命共同体理念开展历史研究？本书以明代以来韩江流域生态环境（主要是水利生态环境）变迁现象为研究对象，尝试建构明代以来韩江流域人与自然生命共同体的一段历史。但是，在实际研究中，笔者却有力不从心之感。究其所以然，在于笔者对人与自然生命共同体理念研究还不够深入和具体。因此，就本书而言，笔者还有三点期待。

---

[1] William Cronon, "The Uses of Environmental History", *Environmental History Review*, Vol.17, no.3（1993）, p.18.

（一）本书实为抛砖引玉之作，期待学界成熟运用人与自然生命共同体理念研究历史的巨著早日面世，加惠学界与社会

当今史学界对明代以来韩江流域生态环境变迁现象还缺少专门研究。因此，本书把明代以来韩江流域人与自然生命共同体重新置放于曾经被人们剥离出去的多样化而又变动着的具体历史当中，重新置放于生动而具体的经济社会生活之中，以生态环境为基本维度，遵循人与自然生命共同体理念，运用环境史学等学科理论方法，围绕重点问题，通过个案研究与专题研究相结合，开展综合性研究，旨在探究明代以来韩江流域人与自然生命共同体演绎的历史内涵，建构韩江流域人与自然生命共同体演变基本历史脉络，进而探析明代以来韩江流域生态环境变迁机制。因此，建构并书写明代以来韩江流域环境史与人与自然生命共同体历史，总结并解读明代以来韩江流域生态环境变迁基本态势与人与自然生命共同体变化情况，讲好人与自然生命共同体的故事，助力生态文明建设，是本书用功之处。

（二）从生态环境维度解析人与自然生命共同体生成变化历史，尝试建构中国历史上人与自然生命共同体形成之生态环境机制

生态环境在区域人与自然生命共同体形成与变化过程中扮演什么样的角色？这是本书思考的问题之一。概要说来，生态环境在人与自然生命共同体中的作用主要表现在两个方面：一方面，生态环境（大自然）是人与自然生命共同体产生的前提与基础，生态环境不仅参与人与自然生命共同体历史创造，而且人与自然生命共同体根基全部处在生态环境系统运行方式中，恶化的生态环境会成为人与自然生命共同体恶化的主要诱因与驱动机制，进而造成民生贫困、失范同生态环境恶化态势，并不自觉地陷入恶性互动之中；另一方面，人与自然生命共同体环境生成机制是一个复杂体系与因应模式，不同区域的人与自然生命共同体与人与自然生命共同体的不同环境状况及人与自然生命共同体不同阶段都有着不同的历史内涵与具体表现。可以说，人与自然生命共同体作为一种历史现象，是合力作用的结果。

（三）理论联系实际，加深对人与自然生命共同体理念认识

构建人与自然生命共同体是解决当今日益严重的人与自然深层次矛盾、推动形成人与自然和谐共生新格局的科学的正确的道路，是马克思主义生态文明思想的最新成果，是习近平新时代中国特色社会主义思想的重要部分。人与自然生命共同体理念具有强烈的现实指导意义。

本书基于人与自然生命共同体理念，以明代以来韩江流域生态环境变迁现象与故事为主要研究对象，以"一条主线+个案研究+现实样式"为基本的研究结构与模式，建构韩江流域一段人与自然生命共同体历史，借以加深人与自然生命共同体理念认识与理解。具体说来，本书以人与自然生命共同体为展开研究的逻辑主线，在进行生命共同体理念阐释与学术史检视基础上，明确研究的基本思路、方法、目标及价值，进而概述作为本书研究时间上限的明代韩江流域生态环境基本状况，凡此作为展开研究的生态环境坐标与背景及基础，然后从"鸽变"事件、"三利溪现象"及"人事"（社会风习现象与生态型民生）等个案建构明代以来韩江流域人与自然生命共同体标志性形态与变化态势，得出"鸽变型社会""水利环境政治化"及"社会弱化"（包括"畸强畸弱社会"与生态型民生）三种人与自然生命共同体形式与类型。本书最后一部分为"现实样式"内容，即新中国成立以来韩江流域人与自然生命共同体的现实表现与基本状态。这部分在对1949年以来韩江流域生态环境问题的调查与分析基础上，分析韩江流域生态环境面临的问题及问题表现——这也是人与自然生命共同体的一种存在方式，进而从问题、出路与思想观念维度探究"让韩江秀水长清"的综合治理方案。本书认为，民众环保意识薄弱与民生条件不佳等问题是当前韩江流域生态环境保护的不利因素，韩江"综合治理"程度较低而不利于长久保持"韩江秀水长清"。

生命共同体理念是中国优秀传统生态思想与马克思主义深度结合的最新成果，是马克思主义生态文明思想的丰富和发展。笔者认为，生命共同体理念亦推动史学研究进入新境界：有利于拓展历史研究维度和要素，有利于增添历史的内容、表现形式及研究议题和方向，有利于推动历史观念更新、完

善，有利于深化历史解释及提出新的价值判断，有利于为谋求人与自然和谐相处的可持续性发展提供历史视角与经验借鉴。本书出版，只是笔者开展人与自然生命共同体历史研究的起点，属于抛砖引玉。本书的一些论述、某些观点未必得到学界的普遍认同，其中也可能存在不全面、不客观的地方。因此，笔者诚恳地希望得到读者的批评指导。学术研究无止境，学术研究贵在创新与执着。因此，我们会继续努力！

赵玉田

2021 年 12 月 28 日

目　录

第一章　生命共同体：
韩江流域生态环境变迁现象检视

习近平总书记指出："山水林田湖草是生命共同体。生态是统一的自然系统，是相互依存、紧密联系的有机链条。人的命脉在田，田的命脉在水，水的命脉在山，山的命脉在土，土的命脉在林和草，这个生命共同体是人类生存发展的物质基础。"①生态环境不是历史旁观者，而是历史参与者。山水林田湖草是生命共同体；人与生态环境是生命共同体，也是历史共同体。所以，如果历史编纂者与研究者漠视生态环境，甚至"去除"历史的生态环境"成分"，那么他们笔下的"历史"则是不完整的历史。因为"全部人类历史的第一个前提无疑是有生命的个人的存在。因此，第一个需要确认的事实就是这些个人的肉体组织以及由此产生的个人对其他自然的关系。当然，我们在这里既不能深入研究人们自身的生理特征，也不能深入研究人们所处的各种自然条件——地质条件、山岳水文地理条件、气候条件以及其他条件。任何历史记载都应当从这些自然基础以及它们在历史进程中由于人们的活动而发生的变更出发"②。因此，若从环境史视角探究历史上生命共同体故事，生命共同体理念与事实当是古老历史学的一个新领域，是解读历史的一种新范式与新境界。

---

① 习近平：《习近平谈治国理政》（第 3 卷），外文出版社 2020 年版，第 363 页。
②《马克思恩格斯文集》（第 1 卷），人民出版社 2009 年版，第 519 页。

第一节 韩江流域：问题的提出

历史地理学家邹逸麟先生指出："我们谈到人地关系时，所谓的人，并非自然人，而是社会人。不同时期的社会人，对自然环境的认识不一样，对生产技术的掌握不一样，对生活质量的要求不一样；而我们所谓的自然环境，在历史上也不是一成不变的，即使同一地区的自然环境，经过长期人类活动的影响，随着历史的发展，也呈现出不同的面貌。再进而言之，我国地域广大，人口众多，自然环境和人文环境的地域差异十分明显。而这种差异的形成，又有着不同的历史背景，是历史发展的结果。因此，我们如果研究当今环境问题，或想在制定保护措施和政策上，有科学的依据，就有必要对我国环境变迁的历史背景作比较深入的了解，对我国环境变化和人类活动之间的互动关系有较深刻的研究，而这种研究又必须从区域研究入手。"①邹先生言之有理。本书正是基于这种考虑，选择明代以来"韩江流域"生态环境变迁问题展开研究。

一、鳄溪与韩江：水环境的历史记忆

韩江流域地处粤、闽、赣三省交界处，坐落于山海之间，大致位于东经115°18′—117°20′、北纬23°03′—24°56′之间，流域集水面积30112平方千米。韩江是韩江流域水系主体，韩江是我国东南沿海一条重要河流。

唐代，韩江流域因韩愈《鳄鱼文》的传诵而引起更多人的注意。不过，唐代韩江不叫"韩江"，北魏以前，韩江称员水；唐宋时，韩江被称为鳄溪、恶溪，清代始称韩江。②据饶宗颐先生考证："韩江上下游之水，古曰恶水，

---

① 陈业新：《明至民国时期皖北地区灾害环境与社会应对研究》，上海人民出版社2008年版，《总序》第1页。

② 有学者认为，韩江名称由来，"自宋以后，潮州民众为纪念韩愈而将之改称韩江"（陈伟明、郑颖：《历史时期韩江流域鳄鱼灭绝原因新探》，《暨南学报》2006年第3期）。

又名恶溪。以地产鳄鱼，或称为鳄溪。"①鳄溪有鳄鱼记录始于唐朝。

唐宪宗元和十四年（819），韩愈被贬官潮州。韩愈莅潮作诗云："恶溪瘴毒聚，雷电常汹之。鳄鱼大于船，牙眼怖杀侬。"②韩愈撰《鳄鱼文》而驱逐鳄鱼。时，"恶溪有鱼曰鳄，食人畜为害。愈以羊豕投中流，为文谕之，约三日徙于海。越宿大风雨，鳄遂遁去"。③韩愈驱鳄成为当地人称颂他治潮善政的原因之一。然而，唐代鳄鱼依然活动于韩江流域。如唐昭宗（889—904年在位）后期，时任广州司马的刘恂撰《岭表录异》所载："鳄鱼，其身土黄色，有四足，修尾，形状如鼍，而举止矫疾，口森锯齿，往往害人。南中鹿多，最惧此物。鹿走崖岸之上，群鳄噪叫其下，鹿怖惧落崖，多为鳄鱼所得……故李太尉德裕贬官潮州，经鳄鱼滩，损坏舟船，平生宝玩、古书图画一时沉失，遂召舶上昆仑取之。但见鳄鱼极多，不敢辄近，乃是鳄鱼之窟宅也。"④李德裕贬官潮州之事发生在唐宣宗大中二年（848），是时，韩江鳄鱼成群。

宋代韩江流域仍有鳄鱼活动。据明嘉靖《潮州府志》载：宋代，陈尧佐于"咸平二年任开封府推官，以言事切直，贬通判潮州。时，鳄鱼为害。尧佐命捕获，鸣鼓于市，以文告而戮之。其患遂除"⑤。又如清顺治《潮州府志》亦对历史上韩江的鳄鱼活动情况有所记录：

> 韩江在韩山下，源出汀赣，会于三河，合产溪、九河、凤水，过凤栖峡，经鳄溪至于江，经凤凰洲分流为三入海。而东湖在其阴，即韩山之后也。鳄溪，一名恶溪，亦名意溪。有鳄鱼，四足，黄身修尾，似龙无角，似蛇有足，口森锯齿，其运尾犹象之运鼻也；尾有三钩极利，遇

---

① 饶宗颐：《恶溪考》，黄挺主编《饶宗颐潮汕地方史论集》，汕头大学出版社1996年版，第172页。

②《旧唐书》卷6《泷史》，中华书局1975年点校本，第103—104页。

③（明）郭春震校辑：嘉靖《潮州府志》卷5《官师志》，《日本藏中国罕见地方志丛刊》。

④（唐）刘恂：《岭表录异》卷下，广东人民出版社1983年版，第27页。

⑤（明）郭春震校辑：嘉靖《潮州府志》卷5《官师志》，《日本藏中国罕见地方志丛刊》。

人豕以尾戟而食之。生卵甚众，或为鱼鳖之属。唐韩愈知潮州，以羊豕投溪水，为文祝之。祝之夕，暴雨震雷起溪中，数日水尽涸，徙六十里。至宋咸平间，而通判陈尧佐以文戮之，并图其形为之替。时硫黄张氏子与母濯于江涘，鳄鱼尾去其母，号不能救。尧佐命吏操巨网驰往捕之，二吏投网止伏，不能举。因率百夫曳之以出，缄吻械足，槛以巨舟，顺流而至，既乃鸣其罪而烹之。又，王举直知潮州得一鳄鱼，亦画以为图云。①

另据民国《潮州志》所载，明代永乐年间（1403—1424），官员夏元吉在潮州药鳄。此则史料说明明初韩江流域亦有鳄鱼活动。②如曾昭璇撰文亦称：

在明永乐年间，湘坡圹处又有鳄患。夏元吉侍郎来潮州，即用毒杀法灭鳄。据《岭南丛述》卷49称："命具舟数百，载以焚石（即生石灰），布塘之上下，同日闻鼓声齐下焚石，于是两岸击鼓，竞投焚石，急散舟以避之。须史，波涛狂沸，水石搏击，震撼天地，辗转驰骤，赤水泉涌，有物仰浮，而焦灼腐烂，纵横十一丈，若電若黿，莫可名状，怪绝而塘成。"这次毒杀效果好，起杀灭成群鳄鱼作用。《潮州府志》各版均记此次毒杀情况，称："洪波鼎沸，吼若雷霆，鳄鱼种类，频翻水面，波为激高丈许，一夕浪平，鳄尽歼。"可见毒杀才能灭绝。唐代的射杀，宋代的网捕和钩捕都只能杀其少数，未能灭种。

这次灭杀记录后，再没有韩江鳄鱼为害的记录，反而有灭绝的记载。如《万花谷》称："今独幸而不见矣"；清初《岭南杂记》称："今溪中绝无此，潮人亦无有见之者。"可见韩江鳄鱼在明初以后，即已灭绝。③

但是，有学者认为，明初夏元吉在潮州药鳄实为讹将屈大均《广东新语》

---

① （清）吴颖：顺治《潮州府志》，广东人民出版社1996年版，第1085—1087页。

② 饶宗颐：《潮州志》，据民国三十五年（1946）铅印本影印，《中国地方志集成·广东府县志辑25》，上海书店出版社2003年版，第754页。

③ 曾昭璇：《论韩江流域的鳄鱼分布问题》，《华南师范大学学报》（自然科学版）1988年第1期。

所载发生在浙江一带的夏元吉药鳄一事移花接木至潮州，因此不能将其作为明初韩江有鳄鱼存在的证据，并对有关明初韩江鳄鱼记录提出质疑。[①] 但是，有一点是确定的，即明中后期以降，韩江再无鳄鱼出现。[②]

由唐而明，韩江流域鳄鱼为何逐渐减少乃至最终绝迹？推究其所以然，当是"天人合作"结果。鳄鱼属于变温动物，鳄鱼活动最适宜的温度是30℃—33℃。也就是说，鳄鱼比恒温动物对生存环境的依赖性更显著。[③] 唐代处于中国历史上第三个温暖期，韩江流域地处亚热带地区，本是高温多雨之地，又逢温暖期，韩江流域气候条件有利于鳄鱼生存与生产。元朝后期，气候逐渐变冷。明朝则进入寒冷时期较长的"明清小冰期"，韩江流域甚至有降雪和冰雹出现。如潮州于"正德二年丁卯六月雹如拳，损禾稼，击伤房屋牲产……（正德四年）冬十二月雪厚尺许。七年壬申夏五月雹……（嘉靖）十一年壬辰冬十月阴霜杀草……四十三年甲子雨雹地震，四十五年丙寅春二月迅雷大雨雹，人物触之立毙……（万历）十六年戊子冬十一月雨雹"[④]。气候变冷，韩江水域不再适合鳄鱼生存。另外，由于唐代以来，频繁的洪泛和旺盛的堆积，使潮州中部平原的沉积速率大于沉降速率，沼泽低地被淤高，韩江三角洲雏形隆起；另则随着韩江流域人口增加及农业开发，人为修堤筑坝等，一并造成滨线外移，海域离潮州府城渐远，使鳄鱼种群生存空间也逐渐向南后缩。[⑤] 因此，鳄溪与韩江名称变化也是韩江流域气候变化、海岸线变迁和人类活动等多重作用下生态环境变迁过程的写照。

---

① 陈泽泓：《夏元吉何处歼鳄》，《潮州》1997 年第 2 期。

② 具体内容见曾昭璇撰《论韩江流域的鳄鱼分布问题》[《华南师范大学学报》（自然科学版）1988 年第 1 期]，另见陈伟明、郑颖撰《历史时期韩江流域鳄鱼灭绝原因新探》，《暨南学报》2006 年第 3 期。

③ 方精云：《全球生态学——气候变化与生态响应》，高等教育出版社 2000 年版，第659 页。

④（清）周硕勋：乾隆《潮州府志》卷 11《灾祥》，《中国方志丛书》，成文出版社1967 年版，第 95—96 页。

⑤ 陈伟明、郑颖：《历史时期韩江流域鳄鱼灭绝原因新探》，《暨南学报》2006 年第3 期。

二、以今窥古：韩江流域生态环境概述

生态环境系指以水、土壤、大气、生物等为核心组成的地球陆地表层环境，它与人类活动关系最为密切。明代以来，韩江流域生态环境因人口持续增加、经济社会生活商品化而不时急剧变化。不过，时过境迁，环境也有基本"不迁"之"境"。本书本着以古观古、古今参照的基本研究理路，在生态环境变化中寻找变化，在变化中归纳不变，在变与不变之中管窥生命共同体演绎的历史。

图1-1　潮州韩江湘子桥段的韩江（本书作者摄于2021年10月）

（一）山海之间，河流纵横

韩江上游系由汀江、梅江与梅潭河等构成。汀江、梅江于粤北大埔县三河坝汇合后，始称韩江。韩江全长470千米，穿山越岭，流经韩江三角洲，辗转注入南海。①据民国《潮州府志》载："依水文特性，韩江可分为三段：

① 韩江全长470千米，在我国东南沿海大河中居第四位，次于长江、珠江、闽江。韩江流域面积30112平方千米，在我国东南沿海大河中居第五位，次于长江、珠江、闽江、钱塘江。韩江在潮州以南孕育了韩江三角洲，面积915.08平方千米，在我国居第六位，次于长江、黄河、珠江、滦河、辽河三角洲（李平日、黄镇国、宗永强、张仲英：《韩江三角洲》，海洋出版社1987年版，"绪言"第1页）。

三河坝以上为上游，三河坝至潮安（今潮州市，下同）为中游，潮安以下为下游。……韩江自潮安以下脱离山地，流速突减，立即步入三角洲之范围。水道主要分三支：一由澄海樟林入海，曰北溪；一经澄海出北港，曰东溪；一经澄海出南岗，曰西溪。各长二十五至三十公里，以潮安为顶点成一扇形三角洲。"①

　　有学者称："韩江就像一个弹弓树杈，两个分叉分别是汀江和梅江。这两条江在三河坝交汇后，人们习惯称至此以下的河段为韩江。"②汀江古称鄞江，发源于福建省武夷山南麓，东南流向，注入韩江，长 323 千米。汀江支流众多，主要有旧县河、黄潭河、永定河、梅潭河等，流域面积 11802 平方千米。梅江发源于广东省紫金县七星崀，干流全长 303 千米，流域面积 13929 平方千米。③梅江主源是琴江。琴江分南北两派汇合而成，琴江在五华县水寨镇与五华河汇合后称梅江。梅江水系支流较多，除了五华河，还有兴宁河、程江、石窟河、松源河等支流，形成梅江水系。梅江流域位于东经 115°51′—116°23′、北纬 24°47′—25°29，地貌以山地为主，梅江流域多年平均降水量在 1432—1700mm。又，梅潭河全长 137 千米，流域面积 1603 平方千米。梅潭河又名清远河、大埔水、百侯水、长乐水，发源于福建平和县葛竹山，流经广东大埔县，宛转于闽西粤东之地，于三河坝东北处汇入汀江。

　　韩江在三河坝至潮州竹竿山（一说湘子桥）段为中游，长 107 千米。韩江中游东岸为凤凰山地，西岸则是阴那山和释迦崀山地，此段峡谷较多，盆地少，水流湍急，丰良河、凤凰溪等支流汇入韩江。韩江流经潮州以下为其下游，韩江下游主要是韩江三角洲平原，河道宽阔，河身较浅，泥沙淤积。韩江至潮州凤凰洲以下分叉散开，分为北溪、西溪、东溪三支。其中，西溪

---

　　① 饶宗颐：《潮州志》，据民国三十五年（1946）铅印本影印，《中国地方志集成·广东府县志辑 25》，上海书店出版社 2003 年版，第 457 页。

　　② 王军：《韩江流域调查报告》，汕头大学出版社 2007 年版，第 10 页。

　　③ 李坚诚：《潮汕乡土地理》，暨南大学出版社 2015 年版，第 50 页。另，张正栋称梅江干流全长 305 千米（张正栋：《韩江流域土地利用变化及其生态环境效应》，地质出版社 2010 年版，第 21 页）。

在潮州庵埠镇附近又分为梅溪、新津河、外砂河，支流冲突迂回，分别汇入南海。

（二）韩江流域地形地势

韩江流域地势呈西北、东北向东南倾斜。韩江流域北面的武夷山杉岭背斜是韩江与赣江的天然分界线，南面的阴那山及八乡山地构成韩江与榕江分水岭，东面的凤凰山脉将韩江与独流入海的黄冈水分隔，西部起伏的台地是韩江与东江分水处。[①] 韩江流域地貌多样，地形比较复杂，地形区域性特征明显。韩江流域北部地形以山地、丘陵、台地为主，南部则为韩江三角洲平原。其中，平原面积约占总流域面积20%左右。韩江从上游到下游，流域内地形地貌从起伏较大的山地、丘陵、盆地相间分布转而逐渐变为平坦的冲击——海积平原、韩江三角洲。

韩江流域主要位于粤、闽两省，地形复杂，地势起伏较大。其中，流域内广东占65%，主要包括粤东地区的潮汕平原和粤东北地区的兴梅山地、丘陵和盆地；福建占35%，主要在汀江流域。汀江流域"低、中山面积占73.4%，丘陵面积占20.92%，平地占5.6%"[②]。韩江流域的中、上游是山地丘陵，地貌多样，包括低山、中山、台地、丘陵等，林木也多集中于此。如梅江流域的山地面积占24.3%，丘陵及台地面积占56.6%，平原面积占13.7%左右，河流和水库等面积占5.4%。[③] 韩江流域南部是韩江三角洲，三面被山丘环绕，南面面向南海，呈菱形。据研究，韩江三角洲在距今3000—2000年逐步形成。[④]

---

① 张正栋：《韩江流域土地利用变化及其生态环境效应》，地质出版社2010年版，第21页。

② 朱颂茜：《汀江流域水土流失现状及特点分析》，《亚热带水土保持》第17卷第1期，2005年3月。

③ 郑向东：《古代韩江流域经济地理研究（秦—元）》，硕士学位论文，暨南大学2011年，第14页。

④ 张虎男：《断裂作用与韩江三角洲的形成和发展》，《海洋学报》第5卷第2期，1983年3月。

（三）夏长冬短，雨热同期

气候方面，韩江流域属于东北信风带范围，处于中亚热带过渡到南亚热带气候区的地带，以南亚热带气候季风气候为主。韩江流域内属于南亚热带海洋性季风气候，流域气候温暖湿润，日照时间长。夏长冬短，日照充足，雨热同季。常年气候温和，年平均气温 20.0℃—21.5℃。雨量充沛，年降雨量 1300—2200mm，降水量 70% 集中在 4—9 月。降水集中，雨热同期。

据研究，韩江流域气候基本特点有三：一是流域内热量丰富，夏长冬暖，林木四季常青。"（韩江）流域内除长汀、上杭等地外，其他地区年平均气温大于 20℃，1 月平均气温在 10℃以上，正常年份冬季少见霜雪，但如遇强冷空气入侵，则有奇寒，如梅县 1 月绝对最低气温曾有 -7.3℃的纪录。7 月平均气温除少数山地较低外，其余地区多在 28℃左右。全年日平均气温 ≥ 10℃的天数都在 300 天以上，下游地区可达到 350 天以上。流域历年平均积温在 7773.9℃左右变动。韩江流域四季交替不明显，没有真正的冬季。一年之中除夏季之外就是秋季与春季相接。流域内历年平均日照时数在 2037.4 小时以上，历年平均地面接收太阳辐射能每平方厘米约在 11 万卡以上。这种丰富日照和太阳辐射能的优越自然因素是发展流域自然生态平衡、极大地发展生物产量的巨大潜力。"[1] 二是雨量丰沛，降水强度大，适于林木、作物繁茂生育的需水要求。流域内大部分地区年降水量在 1400—1850mm，大部分地方 80% 以上的降水量集中于 4—9 月，4 月至次年 3 月是雨量稀少的季节，这种降水的季节分配规律适于林木迅速生长。暴雨是流域内常见的降水形式，流域内 80% 以上的暴雨强度都在 90—150mm，大部分地方的年雨日在 150 天上下。三是夏秋多台风，晚秋有"寒露"风，早春常有阵寒，是林木、作物生育的不利气候因素。"韩江流域光、热资源甚为丰富，又有丰沛的降水量，这是韩江流域内生物生育极为有利的气候因素，但是流域内早春常有阵寒天气，或是干

---

[1] 陈宏强、吴修仁、林作森：《韩江流域自然生态平衡问题的初步研究》，《韩山师专学报》1981 年第 1 期。

冷阴风，或是连绵阴雨充斥。夏秋多台风，晚秋有'寒露'风，这是于生物生长不利的气候因素。"[1]

（四）植被多样化，土质种类多

韩江流域面积达 30112 平方千米，流域内地质结构与地形地貌复杂，气候与地质地貌特征对植被影响显著。总体来说，韩江流域地带性植被为中亚热带常绿阔叶林和南亚热带季风常绿阔叶林。[2]但是，各个区域略有不同。如韩江流域北部梅州等地地形以山地丘陵为主，气候变化多样，适合多种动植物生息繁衍，也受到人类活动影响。张正栋著《韩江流域土地利用变化及其生态环境效应》指出：梅县地区跨中亚热带和南亚热带两区，森林顶极群落可分为中亚热带常绿阔叶林和南亚热带季风常绿阔叶林。由于长期受到人类干扰和破坏，流域内的原生植被早已破坏殆尽，在大埔县丰溪、兴宁市黄茅嶂、平远县泗水、上举、蕉岭县皇佑笔、北砾、五华县丁晕、峭芳、梅县的阴那山、潮州市的凤凰山等几处残存较大片的常绿阔叶次生林，保存了典型的自然景观。北部的中亚热带常绿阔叶林主要由壳斗科、樟科、茶科、木栏科、金缕梅科等树种组成；南部的南亚热带季风常绿阔叶林主要由壳斗科、樟科、桃金娘科、大戟科、茶科、桑科等树种组成。其中经济价值较高的大、中型乔木树种有竹柏、深山含笑、蕉岭含笑、观光木、厚壳桂、华润楠、樟、红车、红锥、吊皮锥、米锥、毛锥、光叶稠、大果桐、小叶青岗、光叶红豆和楝叶吴茱萸等，还有姜樟、大叶芳樟、沉水樟等香料树。现在流域内的山地丘陵的植被现状是以马尾松为主的次生林地和稀树草坡，台地、盆地和平原多为农作区。[3]

韩江流域内地形地貌、土壤、植被、水文水资源、气象气候方面存在着

---

[1] 陈宏强、吴修仁、林作森：《韩江流域自然生态平衡问题的初步研究》，《韩山师专学报》1981 年第 1 期。

[2] 广东省科学院丘陵山区综合科学考察队：《广东山区植被》1991 年。

[3] 张正栋：《韩江流域土地利用变化及其生态环境效应》，地质出版社 2010 年版，第22 页。

比较明显的空间分异，自然生态与社会经济、人文因素呈现多样化特性。明代韩江流域包括潮州府、惠州府三个县（兴宁、长乐、永安县），以及福建汀州府六个县（长汀、宁化、武平、上杭、连城、永定县）和漳州府一个县（平和县）。韩江流域这种多样化特征，是明代以来韩江流域自然环境的基本特征。

（五）关于明代以来韩江流域生态环境的思考

历史时期，韩江流域居民繁衍生息于此，他们改造韩江流域生态环境，同时也在改造自身。因为"人创造环境，同样，环境也创造人"[①]。至明清时期，韩江流域人口增长加快，耕地面积不断扩大，商品经济也趋于活跃，经济社会生活商品化趋势增强，传统社会呈现近代化转型趋势。然而，由于滥垦滥伐，韩江流域植被遭到持续破坏，水土流失情况突出，区域性灾害环境渐趋形成，各种自然灾害频发，生态环境呈现恶化态势。换言之，明清时期韩江流域频繁而严重的环境灾变与区域性活跃的经济社会生活二者之间形成极其敏感而脆弱的互动关系。这种互动关系不断演化、激变，进而形成一种持续改变着韩江流域生态环境与地方经济社会及民生之"合力"。由明清而民国，这种"互动关系"仍然存在并持续发力，这种"合力"持续影响并改变着韩江流域生态环境。

从长时段来看，明代以来，韩江流域出现生态环境变迁现象。同时，明代以来，韩江流域变化着的生态环境持续影响当地经济社会发展，乃至民风民俗嬗变。进而言之，明代以来，韩江流域生态环境一直起着参与塑造地方经济、社会与文化生活的重要作用，并且始终徘徊于塑造与被塑造双重角色当中，演绎诸多生态环境变迁故事，一并形成韩江流域生态环境变迁现象。可以说，有明一代，韩江流域地形地貌与现在情况大同小异。如学者王双怀提出："明代华南的山川形势与现在华南的地貌特征大体上是一致的。若从小处着眼，其差异也比较明显。事实上，在明代270多年中，华南的地貌曾发

---

①《马克思恩格斯选集》（第1卷），人民出版社1972年版，第43页。

生过一些变化。变化主要表现在两个方面：一是地表景观，一是海岸线。地表景观的变化有自然的因素，比如地震造成山崩、地陷、地裂，洪水造成塌方、滑坡，河水的侧蚀和下切导致河谷的变迁等。但相比之下，人为的因素更多一些。人们在开发华南的过程中移山填海，不断垦辟土地，砍伐森林，挖掘矿山，使华南的地表景观处于经常性的变化之中。海岸线的变化与海潮有关，但主要是由三角洲的推移引起的。华南入海的大河都有三角洲，著名的三角洲有珠江三角洲、韩江三角洲、闽江三角洲等。这些三角洲每年都以不同的速度向前推进着，其中珠江三角洲是因'冲决'而形成的复合三角洲，扩展的速度最快，在明代每年要向南推移35米以上。因此，可以说明代华南的地貌与现在的情况大同小异。"①

因此，本研究主要以明代以来韩江流域生态环境变迁现象为研究对象，以水利环境为重点，从环境与人事二者关系维度具体讲述区域性生命共同体故事与故实，探究特定时空里的人、生态环境与经济社会三者互动的生命共同体机制。

第二节　文理共襄：学术史检视

关于明代以来韩江流域生态环境变迁现象研究，自然科学、社会科学及跨学科研究等各有所长，百花齐放。谨就相关研究成果发表时段而言，新中国以来的成果最多，且与日俱增。所以，本节主要检视新中国以来的相关成果。

---

① 王双怀：《明代华南农业地理研究》，中华书局2002年版，第29—31页。

一、研究成果概述

（一）新中国以来，地理学及自然科学工作者对韩江流域地质地形、生态环境等展开持续研究，基础性研究成果较多，由地质地形而水土植被而人文，相关成果为本书提供重要的科学依据

关于韩江流域地质地形成因及其主要特征研究成果喜人。如曾昭璇、李平日、王琳乾等主要运用地质构造理论对韩江流域独特地形地貌成因进行系统科学的分析，分析历史时期韩江流域地质生成过程及其地形地质特征。其中，对韩江流域岩石地层、生物地层等方面研究都有新收获。[①] 这些成果对于理解明代以来韩江流域地质灾害成因及灾害环境生成都很有帮助。

韩江流域水土流失与区域经济活动关系成为研究重点问题，成果也较为丰富。如 1981 年陈宏强等撰《韩江流域自然生态平衡问题的初步研究》一文，就 20 世纪中叶前后韩江流域森林资源遭到破坏、生物资源减少、森林生态平衡失调、水土流失、流域自然生态环境恶化等问题予以分析，提出恢复和维护流域自然生态平衡措施。[②] 另如霍应强、张淑光、陈传五、陈汉先、林仕焕、张志尧、黄汉禹、陈滇、林培林、徐超平、罗昊、张正栋等就相关问

---

① 见曾昭璇：《韩江三角洲》，《地理学报》1957 年第 3 期；曾昭璇：《韩江上游地形略论》，《华南师范学院学报》1958 年第 3 期；李平日等：《韩江三角洲》，海洋出版社 1987 年版；王琳乾等：《潮汕自然地理》，广东人民出版社 1992 年版。

② 陈宏强、吴修仁、林作森：《韩江流域自然生态平衡问题的初步研究》，《韩山师专学报》1981 年第 1 期。

题展开具体研究，硕果累累。① 概要说来，这些成果主要运用地理学、自然科学等技术方法，对自然力与人为因素在韩江流域生态环境变化与自然地理环境演变中的作用、影响进行定量定性分析，为人们客观认识当今韩江流域灾害环境问题及生态环境变迁现象提供了科学依据。

另外，历史上韩江流域生物群落问题也受到学者关注。此类研究多运用历史学、生物学、生态学等理论方法，就具体动植物生境与物种变化予以专门（或个案）研究。如曾昭璇、蓝宗辉、陈伟明与郑颖等具体分析不同时期韩江流域鳄鱼等动物赖以生息繁衍的生态环境状态及物种存在情况。②

（二）20世纪80年代以来，韩江流域自然灾害研究与灾害资料整理受到重视，出现一批基础性研究成果。其中，人文社会科学研究者积极作为，在经济社会、区域文化等多领域开展系列研究，客观上推动生态环境综合性研究

20世纪80—90年代，国内外自然灾害频发。以史为鉴，史学研究者更加重视历史上自然灾害研究。开展历史上灾害研究的前提与基础是资料收集与整

---

① 这些成果分别是：霍应强：《韩江上游山区开发的产业结构和水土保持》，《广东林业科技》1986年第1期；张淑光等：《韩江上游水土流失和治理》，《泥沙研究》1991年第1期；陈传五等：《韩江三角洲地貌与气候的演变》，《韩山师专学报》1994年第1期；陈汉先等：《韩江上游水土保持减沙效益分析》，《中国水土保持》1995年第9期；林仕焕：《潮州市韩江南北堤河道演变情况及其采取对策初探》，《广东水利水电》1997年第4期；张志尧：《清代韩江下游大洪水的排位》，《潮州文史资料》第23辑，政协潮州市委员会文史编辑组编，2003年；黄汉禹：《韩江下游及三角洲河段河床变化分析》，《中山大学学报》（自然科学版）2001年9月增刊第2期；陈滇等：《韩江潮州段小流域水土保持治理问题探讨》，《广东科技》2001年第9期；林培林等：《韩江流域典型区主要森林类型土壤肥力的灰色关联度分析》，《生态与农村环境学报》2009年第3期；徐超平等：《20世纪90年代韩江流域典型区土地利用变化对比分析》，《广东农业科学》2011年第4期；罗昊等：《韩江流域综合规划环境风险评价研究》，《人民珠江》2014年第5期；张正栋：《韩江流域土地利用变化及其生态环境效应》，地质出版社2010年版。

② 曾昭璇：《论韩江流域的鳄鱼分布问题》，《华南师范大学学报》（自然科学版）1988年第1期；蓝宗辉：《韩江下游底栖动物的研究》，《韩山师范学院学报》1995年第3期；陈伟明、郑颖：《历史时期韩江流域鳄鱼灭绝原因新探》，《暨南学报》（哲社版）2006年第3期。

理，这一时期出版多本灾害资料集。① 这些基础性成果很重要，有价值有意义，一则填补韩江流域自然灾害资料整理空白，二则为研究工作有效开展提供必要支持，推动了学界深入开展韩江流域自然灾害与灾害环境研究。

20 世纪 80 年代以来，有关明代以来韩江流域某一具体区域具体时段的自然灾害研究成果增多。如陈森凯、陈景熙、王双怀、王福昌、杨向艳、刘泽煊等从不同时段、不同视角分析韩江流域某一地区自然灾害情况及其社会影响。② 另外，还有几篇硕士学位论文。如刘泽煊撰《清代潮州的水灾与地方社会》，该文论述清代潮州水灾情况，分析其时空分布及特征。杨丹撰《清前期潮州自然灾害与社会应对研究（1644—1795）》，该文认为清前期潮州自然灾害呈现普遍性、连续性和特殊性等特点，指出灾害发生固然有自然因素，但人类的活动，如战火肆虐、人口速增、土地开垦、吏治腐败都会加重灾害的程度。③

需要指出的是，学界关于明代以来韩江流域某一地区具体时段的自然灾害研究著作并不多，杨向艳著《明代潮州的自然灾害与地方社会》当是为数不多的此类成果之一。杨著主要论述明代潮州自然灾害与社会关系，认为小冰期气候变冷使得明代潮州自然灾害发生频次显著增加。面对各种自然灾害

---

① 水电部水管司与水电科学研究院主编：《清代珠江韩江洪涝档案史料》，中华书局1988 年版；梁必骐等主编：《广东的自然灾害》，广东人民出版社 1993 年版；王琳乾编著：《潮汕自然灾害纪略（714—1990）》，广东人民出版社 1994 年版；陈历明编校：《明清实录潮州事辑》，艺苑出版社 1998 年版；广东省文史研究馆：《广东省自然灾害史料》，广东科技出版社 1999 年版。

② 陈森凯等：《潮州堤围和韩江水灾解放前历史综述》，《潮州文史资料》第 4 辑，1985 年；陈景熙：《潮汕风雨圣者的由来及其实质》，《韩山师专学报》1994 年第 1 期；王双怀：《明代华南自然灾害的时空特征》，《地理研究》1999 年第 2 期；王福昌等：《明清以来闽粤赣边乡村的自然灾害与社会救济》，《农业考古》2009 年第 4 期；杨向艳：《明代潮州的水灾与国家及社会应对》，《学术研究》2012 年第 12 期；刘泽煊：《清代潮州民间救济体系初探——以水灾为例》，《韩山师范学院学报》2013 年第 4 期。

③ 刘泽煊：《清代潮州的水灾与地方社会》，硕士学位论文，山东大学 2010 年；杨丹：《清前期潮州自然灾害与社会应对研究（1644—1795）》，硕士学位论文，暨南大学2010 年。

肆虐，当时社会各阶层表现出了不同的应对态度。由于明中后期国家行政效率下降、财政拮据，于是地方官员与地方士绅大多采取积极合作方式，共同维护地方稳定与发展。地方士绅积极参与各类防灾救灾事务，并在此过程中日益发展壮大起来，成为潮州地方社会发展的新特点及推动因素。[①]

二、研究成果：问题与思考

1980 年以来，一些专门研究历史上韩江流域经济社会及文化现象的成果也或多或少涉及生态环境问题探讨，或者从生态环境视角探究。如刘正刚、黄挺、杜经国、沈定平、王福昌、陈春声等发表相关论文；黄挺、林伦伦、王双怀、黄桂、李龙潜、周雪香等出版有关著作。[②] 其中，马立博著《虎、米、丝、泥：帝制晚期华南的环境与经济》是这一时期重要的代表作。该著作首先从自然和人文两个角度考察岭南地区从先秦到元朝的历史，继而论述明初到 1850 年前后包括韩江流域在内的岭南社会经济发展与环境变化的互动过程。作者指出，岭南 17 世纪中期危机之后，岭南垦荒活动使得岭南地区的森林分布日趋零碎，生态系统被不断消耗，以华南虎为代表的物种不断消失。而在这些里程碑式事件的背后，发挥作用的是三种驱动力量：气候变迁、人

---

① 杨向艳：《明代潮州的自然灾害与地方社会》，天津人民出版社 2014 年版。

② 这些成果具体包括：刘正刚：《汀江流域与韩江三角洲的经济发展》，《中国社会经济史研究》1995 年第 2 期；黄挺、杜经国：《潮汕地区元明清时期粮食产量探估》，《潮学研究》1995 年 1 月版第 3 期；黄挺、杜经国撰《宋至清闽粤赣边的交通及其经济联系》（《汕头大学学报》1995 年第 2 期）；沈定平：《论明中叶后期潮州经济和文化的发展》，《潮学研究》1995 年 1 月版第 3 期；黄挺：《明清时期的韩江流域经济史》，《中国社会经济史研究》1999 年第 2 期；王福昌：《明清以来闽粤赣三边地区生态与社会的互动研究》，2006 年上海师范大学博士学位论文；陈春声等：《聚落形态与社会转型：明清之际韩江流域地方动乱之历史影响》，《史学月刊》2011 年第 2 期。著作类如黄挺等：《潮汕史》，广东人民出版社 2001 年版；林伦伦等：《潮汕文化大观》，花城出版社 2001 年版；王双怀：《明代华南农业地理研究》，中华书局 2002 年版；黄桂：《潮州的社会传统与经济发展》，江西人民出版社 2002 年版；李龙潜：《明清广东社会经济研究》，上海古籍出版社 2006 年版；周雪香：《明清闽粤边客家地区的社会经济变迁》，福建人民出版社 2007 年版；马立博：《虎、米、丝、泥：帝制晚期华南的环境与经济》，江苏人民出版社 2011 年版。

口变动和经济的商业化。① 无疑，此类成果从多角度综合分析历史现象的研究旨趣还是比较明显的。若从生态环境史研究而言，这些成果值得肯定，因为它代表综合研究方向。

总体上说，有关明代以来韩江流域生态环境问题的现有研究成果主要围绕地理地质构造、地表生物分布与变化、经济社会发展状况、自然灾害及其社会控制等方面展开，这些成果成为本研究的重要基础。不过，明代以来，韩江流域生态环境变迁现象表现与成因复杂。毋庸讳言，还有巨大研究空间。尤其需要指出的是，明代以来韩江流域生态环境、灾害环境综合研究还很薄弱，且无基于生命共同体理念与维度的研究成果。

第三节　理念与视角：研究范式思考

关于韩江流域生态环境研究，自然科学、社会科学等领域现有研究成果不少。然而，学术研究没有止境，学术研究贵在创新。在现有研究成果基础上，如何运用新的理论方法从新的视角与维度探究明代以来韩江流域生态环境变迁现象，是一个值得思考的学术问题。本书尝试基于生命共同体理念与环境史视域探究明代以来韩江流域生态环境变迁现象。

一、环境史：救时史学与新史学

20 世纪 70 年代，环境史随着世界环境问题加剧而横空出世。近些年来，环境史受到更多重视。检视西方环境史的学术史，追根溯源，不难发现，它实则经历了救时史学到新史学两个阶段。②

（一）环境问题与救时史学

1970 年，美国学者罗德里克·纳什在大学首开环境史课程。这门主要讲

---

① 马立博：《虎、米、丝、泥：帝制晚期华南的环境与经济》，江苏人民出版社 2011年版。

② 赵玉田：《环境史刍议》，《韩山师范学院学报》2016 年第 1 期。

授"人类与其整个栖息地的历史联系"①的新课程备受学生欢迎。其实，开设环境史课程并非纳什当时突发奇想，而是时也势也使然。西方环境史是环境问题逼出来的史学，是西方学者面对日趋严重的环境问题而采取的学术诉求，也是救时举措。故而，本书称其救时史学。

环境史于 20 世纪六七十年代首先在美国得以冠名并组织起来。②工业革命以来，欧美主要国家纷纷建起以石油、煤炭、冶金及化工等为主体的工业生产体系，煤炭与石油成为工业化主要能源。由于片面追求经济效益而盲目发展，随着资本家"钱袋子"无限膨胀与西方国家工业化程度不断加深，环境危机日趋严重，污染惨剧一再发生。是时，工厂源源不断制造的煤烟、各种粉尘、工业固体垃圾、一氧化碳、二氧化硫、碳氢化合物、氮氧化物、醛类等有毒物质毫无保留地肆意排放到土壤、空气、河流与地下水之中，严重破坏生态环境，造成大量人口死亡。如美国纽约市曾在 1963—1968 年做过一项死亡率与大气污染关系调查，六年间每年约有一万人因大气污染而死亡，占该市总死亡人数 12%。③

为了维护生存权益，20 世纪 70 年代以来，西方民众掀起环保运动浪潮。同时，一些西方学者，掀起反思人类中心主义及其传统价值观的思潮，主要检讨以往破坏环境之"劣行"，重新认识人类社会与自然环境关系。其中，美国一些历史学者有感于环境危机及其后果，在环保运动影响下，他们与时俱进，积极作为，热切关注环保主义者的思想与情感，撰写了一批旨在探究环境危机成因与应对环境危机影响的史学论文与专著。因此，包茂宏先生指出："环境史的诞生是美国环境保护运动的客观要求和许多学科知识不断积累相结合的产物。"④

---

① Nash, Environmental History: a New Teaching Frontier [J]. Pacific Historical Review, 1972（3），p.363.
② ［美］唐纳德·休斯：《什么是环境史》，北京大学出版社 2008 年版，第 36 页。
③ 中国科学技术情报研究所：《国外公害概况》，人民出版社 1975 年版，第 59 页。
④ 包茂宏：《环境史：历史、理论和方法》，《史学理论研究》，2000 年第 4 期。

由环境危机而环保运动而环境史，西方环境史发展了起来。西方一批优秀史学研究者自觉参与到环保事业当中，以史学为利器，积极投身于环境史开创事业，为环境保护提供历史依据。如美国环境史家唐纳德·休斯称："在公众越来越关注环境问题的今天，环境史可以用来纠正传统史学的弊端。人们现在意识到，对地球生命系统越来越强的干预，不仅没有带领我们走进理想世界，反而让人类深陷生存危机。环境史为应对这一危机或许能做点贡献，叙述何以形成当今这种状况的历史过程，阐释过去存在的环境问题和解决方案，并对一些重要历史遗留因素进行分析。如果没有这样的视角，可能就会因为受一些短期的政治和经济利益的诱惑，而造成决策失误。环境史有助于矫正当下解决环境问题过于简单的思维模式。"[①]毋庸置疑，西方环境史学在美国兴起阶段，以救时为宗旨，以反思人与环境关系视域，以解决生态环境问题为依归，实为救时史学。若从环境史产生背景与目的来看，环境史资治功能在应对环境危机中鲜活表现出来，同时也佐证历史学与时俱进学科特征。

（二）新史学：环境史学新征程

20 世纪 90 年代以来，西方环境史学转而迅速发展，并担负起国际史学革新者重任。环境史学被赋予史学界史学革命重任与意义。如环境史家王利华在 2010 年撰文称："环境史学在最近几十年迅速兴起，首先是由于强烈的现实需要——面对全球性的严重生态危机，人们需要向历史拷问种种环境问题的来龙去脉。但它同时也是一个非常符合历史逻辑的重大学科进步：历史学发展到今天，不仅需要从多层次的社会关系即人与人的关系中认识历史（就像以往所做的那样），而且需要透过人与自然的关系来认识历史，以便更好地回答人从哪里来、向何处去和怎么办这些根本问题。环境史研究试图运用新的思想理论和技术方法，重现人类生存环境的历史面貌，揭示人与自然之间的复杂历史关系，并重新认识人的历史。它不仅开辟了新的史学领域，而且提出了新的历史思维，将形成新的历史知识体系，还可能引发历史认识

---

① ［美］唐纳德·休斯：《历史的环境维度》，《历史研究》2013 年第 3 期。

论和方法论的一场革命。"①

　　作为一名环境史研究者，笔者期待环境史带给史学研究新境界。其实，学界对环境史学期待成为史学界共识。如早在 2006 年，美国环境史家唐纳德·休斯在其所撰《什么是环境史》一书中指出："将环境史简单地看成是历史学科内部进展的一部分，则是严重的误解。自然并不是无能为力的。严格而论，它是一切力量的源泉。自然并不温顺地适应人类的经济，自然是包含着人类的一切努力的经济体，没有它，人类的努力就不起作用。未能将自然环境纳入记述之中的历史，是局部的、不完整的。环境史有用，因为它能给史学家的比较传统的关注对象，如战争、外交、政治、法律、经济、技术、科学、哲学、艺术和文学等，增添基础和视角。环境史有用，还因为它能揭示这些关注对象与物质世界和生命世界之基本进程的关系。"② 唐纳德·休斯关于环境史学功能论述，实际上也是他对环境史的一种期待和努力方向。

　　的确，真正的历史都应该具有不可或缺的要素与内容——生态环境。唯其如此，历史才会更加接近于真实与完整。由古至今，人们似乎司空见惯于没有生态环境参与"书写"的历史。生态环境也就在人们认识历史、编纂历史时默默无闻，也就习惯于不在历史当中。显然，这样的"历史"当然是不完整的历史。国内环境史学者还是比较有史学担当的，因为环境史代表着一种新的史学思维与资治新路径，所以建构环境史学显得尤为迫切。

　　美国著名社会理论家詹姆斯·奥康纳指出："现代西方的历史书写从政治、法律与宪政的历史开始，在 19 世纪的中后期转向经济的历史，在 20 世纪中期转向了社会与文化的历史，直到 20 世纪晚期以环境的历史而告终。"③ 其中，詹姆斯·奥康纳所说的环境的历史，也属于环境史，是历史学发展的

---

① 王利华：《浅议中国环境史学建构》，《历史研究》2010 年第 1 期。

② ［美］唐纳德·休斯：《什么是环境史》，北京大学出版社 2008 年版，第 13—14 页。

③ ［美］詹姆斯·奥康纳：《自然的理由——生态学马克思主义研究》，唐正东、臧佩洪译，南京大学出版社 2003 年版，第 84 页。

新阶段与新内涵。环境史肩负史学创新使命与担当，其深层思想来源则是人类对自身历史的深刻反思与自我意识的初步觉醒，是人类过度迷信自我时代的批判行为，是人类正视历史、正视自身的一种巨大进步。正是基于现实生活困惑与史学界对环境史期待与认识，近十余年来，环境史的新史学身份与方向更加明晰。

二、生命共同体理念：环境史研究新境界

环境史家王利华认为："环境史是继政治史、经济史、社会文化史相继兴盛之后的新史学类型或形式，有其特定的学术目标、概念体系和解说架构。虽然尚有不少基本学理问题并未形成普遍共识，但有一点毋庸置疑：不论是在中国还是在外国，同仁特别创立这门新兴史学，努力开展跨越自然科学与人文社会科学边界的历史问题探究，旨在回应当今社会环境生态危机的普遍关切，具有强烈的现实关怀和服务意识。"[①]王利华教授关于环境史的史学价值、功能及社会意义的论断可谓精准。环境史学被史学界寄予厚望，被视为新史学路径与范式。

事实上，环境史研究的新史学取向只是一种探索，还有一些问题没有解决，如当前新史学多标榜研究方法与技术上推陈出新。进而言之，如何加强中国环境史研究和学科建设，这是关乎中国环境史研究的方向性与根本性的问题。环境史研究专家梅雪芹认为："以唯物辩证法为根本理论和指导思想，借鉴西方环境史的跨学科研究方法，从人与自然互动的角度探讨包括中华文明在内的整个人类文明史，形成马克思主义环境史学派，当是中国环境史研究的合理之途。"[②]笔者赞同梅雪芹教授这一论断。环境史研究必须要有正确的科学的思想理论指导，这是环境史学成为科学的前提与基础。笔者认为，生命共同体理念为环境史研究进入新境界提供重要理论支撑，应该成为环境史研究理论基础。

[①] 王利华：《历史学家为何关心生态问题——关于中国特色环境史学理论的思考》，《武汉大学学报》（哲学社会科学版）2019 年第 5 期。

[②] 梅雪芹：《环境史学与环境问题》，人民出版社 2004 年版，第 21 页。

习近平总书记指出，要坚持人与自然和谐共生。人与自然是生命共同体，生态环境没有替代品。当人类合理利用、友好保护自然时，自然的回报常常是慷慨的；当人类无序开发、粗暴掠夺自然时，自然的惩罚必然是无情的。人类对大自然的伤害最终会伤及人类自身，这是无法抗拒的规律。其中，"山水林田湖草是生命共同体。生态是统一的自然系统，是相互依存、紧密联系的有机链条。人的命脉在田，田的命脉在水，水的命脉在山，山的命脉在土，土的命脉在林和草，这个生命共同体是人类生存发展的物质基础"①。

生命共同体理念是习近平生态思想重要组成部分。笔者认为，生命共同体理念有其正确的科学的理论依据，是唯物辩证法在生态环境领域科学运用与科学论断，科学论断人与自然关系及山、水、林、田、湖、草生态系统关系之间相互依存、相互联系的有机整体与共生关系，即山、水、林、田、湖、草是生命共同体，人与自然是生命共同体。生命共同体理念汲取中国传统优秀文化养分，爱护自然，尊重自然规律，民胞物与，尊重生命。山、水、林、田、湖草是生命共同体，人与自然是生命共同体。人与山水林田湖草是生命共同体，一荣俱荣，一损俱损。正如有学者所论："山水林田湖草等要素之间通过物质运动和能量转化，彼此之间形成了相互作用、相互依存、牵一发而动全身的整体关系，共同构成了一个生命共同体。人类所赖以生存的自然是由各个不同的要素所组成的有机统一的整体，对其中任何一要素的破坏，可能会引起其他要素功能的缺失，进而影响到自然的整体功能。"② 自然界是人的无机的身体。一个基本事实，即环境史关注人与生态环境关系，根本目的是正确认识人类与人类社会，即通过客观分析人类与人类社会的自然属性，从人类、人类社会与生态环境关系维度正确认识人类与人类社会、认识历史，为人类永续发展提供历史支持与环境依据。换言之，人是自然界的一部分，自然界是人的无机的身体，认识自然环境（生态环境）就是认识人类自身的重要组成

---

① 习近平：《习近平谈治国理政》（第3卷），外文出版社2020年版，第363页。
② 杨少武、梁旭辉：《习近平生态思想对马克思主义生态思想的传承与创新》，《南京航空航天大学学报》（社会科学版）2019年第3期。

部分。如马克思指出："自然界就它本身不是人的身体而言，是人的无机的身体。人靠自然界来生活。这就是说，自然界是人为了不致死亡而必须与之形影不离的身体。说人的物质生活和精神生活同自然界不可分离，这就等于说，自然界同自己本身不可分离，因为人是自然界的一部分。"①

要言之，生态兴衰，文明随之。生命共同体理念是马克思生态思想新境界与新成果。为史学研究提供理论遵循与方法指导，必将推进史学研究进入新阶段、新境界。因此，本书以生命共同体理念为主要理论依据，运用环境史思维、理论与方法探究明代以来韩江流域生态环境变迁现象，重在诠释环境与人事关系，通过讲述明代以来韩江流域生态环境的故事，阐释明代以来韩江流域人与自然之间不断演变的互动关系与生态表征。

三、关于本课题研究的几点思考

（一）为何选择明代以来韩江流域生态环境为研究对象，为何以明代为节点研究韩江流域生态环境变迁问题

笔者之所以划定研究的地域为韩江流域，以及划定研究时间的上限为明代，原因如下：其一，明代以来韩江流域生态环境问题还是比较突出的，然而，史学界并未给予充分重视。其二，笔者之所以确定明代为研究上限，因为明代是韩江流域经济发展史上的一个重要节点，明代也是韩江流域生态环境变化的一个重要时期。这种认识得到学界认可。明代韩江流域这种"节点性"变化，是以当时整个明代经济社会阶段性变化及华南地区经济社会整体变化为背景而发生的。不过，明代韩江流域经济社会变化更加具有"标志性"与"区域性"特征。如学者王双怀所论："我对有关明代华南农业地理的若干问题进行了初步考察，发现华南地区是一个相对独立而又比较重要的农业区域。明代是华南农业的重要发展阶段。在明代以前，华南地区的农业相对比较落后；明代华南地区农业呈现出一种新的面貌。明代华南的农业对清代华

---

① ［德］马克思：《1844 年经济学哲学手稿》，刘丕坤译，人民出版社 1979 年版，第 49 页。

南农业产生过较大影响，现在华南农业的许多问题都可以追溯到明代。"① 另，陈春声、肖文评研究亦得出，16 世纪和 17 世纪是华南地域社会及韩江流域发展具有关键性意义的转折时期。②

（二）讲述韩江流域人与生态环境生命共同体故事

明代以来，韩江在韩江流域纵横驰骋，水系密布，支流沟汊众多，形成复杂多变的水利环境与生态环境。自明代以来，随着区域内经济发展、人口增多、小冰期等影响，韩江流域生态环境与民生也发生许多变化，演绎许多生命共同体故事。这些生命共同体故事都有值得探究的"故实"。韩江流域水系把韩江流域山脉丘陵与平原编织成一幅壮阔而美丽的山水画，每一段水域、每一条水流、每一座陂池塘堰，都与地方民生与动植物分布有着密切关系，有着各种各样的故事。因此，本书讲述韩江流域生态环境的历史故事，就是讲述历史上的区域内人与生态环境生命共同体的故事，而这些"故事"在本质上是地域生态文化的故事，它包含着生态文化与生态智慧的故事。具体说来，这些故事是历史的，是地域性的，也是传统文化的。这些生态环境故事是明清以来韩江流域民众生存的重要智慧与生态文化的实践表述形式与"生活化"方式。因为韩江流域生态环境与繁衍生息于此的众生同样构成区域性生命共同体，共同创造历史，演绎无数的生命共同体故事。

（三）以水利生态环境为主线，以生态故事与生态现象为主要抓手，运用环境史理论与方法，从环境与人事关系维度论述明代以来韩江流域生态环境变迁故实

对生态环境而言，已经愈来愈深刻地融入人类的因素，已然成为人类的"作品"；对人类而言，人类也持续受到所处生态环境影响，已然成为生态环境的"作品"。因此，人与生态环境之间的故事，有爱的故事也有恨的故事。事实上，人类关爱生态环境，就是人类关爱自己。因此，本书主要关注明代

---

① 王双怀：《明代华南农业地理研究》之"前言"，中华书局 2002 年版，第 6 页。
② 陈春声、肖文评：《聚落形态与社会转型：明清之际韩江流域地方动乱之历史影响》，《史学月刊》2011 年第 2 期。

以来韩江流域生态环境变迁问题，亦有从生命共同体视域探究历史上韩江流域生态环境变迁现象，讲述明代以来韩江流域人们对生态环境"认知"与"情感"的故事，以及生态环境与人类"相互作用"的"故实"，且不必在意这个故事精彩、乏味与否，这些故事毕竟是历史上人们感知生态环境的一种难得的心路。

水利是农业命脉，水利是韩江流域经济社会生活命脉，水利环境是韩江流域生态环境的重要组成部分；水利是韩江流域生态环境的命脉。换言之，水利环境在韩江流域生态环境诸要素中是起着决定性作用的。因此，本书以明代以来韩江流域水利生态环境为主线，以生态故事与生态现象为主要抓手，运用环境史理论与方法，从环境与人事关系维度论述明代以来韩江流域生态环境变迁故实，对生态现象空间维度综合建构、时间序列递进展开方式，探究"鸽变型社会"、"三利溪现象"、区域风习流变、生态型民生等具有"节点"特质或标志性事件的不同时段的经济社会现象的生态谱系，通过文献检视众生在生态环境层面的物质生活与精神文化生活图景、经济社会生活样式及其地方性生态知识，辨明其与经济社会及民生之间因应关系，进而从长时段和整体史视域归纳韩江现象及其生态环境机制；通过田野调查追踪整理当前韩江流域生态环境问题，探究特定时空里的民生、生态环境与经济社会三者互动关系，从环境维度诠释秀水长清生态内涵。

第二章 素描：
明代韩江流域生态环境

明代韩江流域生态环境基本情况如何？这是进一步认识与探究明代以来韩江流域生态环境变迁事实及生态环境问题的生态环境状态坐标。基于这种认识，本章采取"素描"方式概述明代韩江流域生态环境状态。若要总体上认识明代韩江流域生态环境一般状态，需要了解明代全国的生态环境状况；若要具体认识明代韩江流域生态环境一般状态，需要重点关注潮州府的生态环境，因为明代潮州府是韩江流域经济重镇与文化中心，生态环境受到影响与破坏最严重，因此本章以明代潮州作为重点区域开展个案研究。当然，若要缕析明代潮州生态环境变迁故实，明代潮州府水利环境则最具代表性。

第一节 明代：环境严重恶化时期

有明一代，生态环境处于剧变之中。总体上说，灾荒频发，生态环境问题较为突出。当今环境学家认定明代处于"环境严重恶化时期"。[①]

一、生态环境每况愈下

关于明代生态环境状态，学者杨昶作了深入研究。他认为："明初，承前代山河之残破，这片广袤的大地已显露出自然生态体系继续退化和恶化的疲态，其后纷至沓来的又是人口爆炸性的增长和对资源掠夺性的破坏，以致全

———————

① 曲格平、李金昌：《中国人口与环境》，中国环境科学出版社1992年版，第20页。

国大部分地区陷于不堪重负的窘境，生态环境每况愈下。"①

据杨昶研究，森林面积锐减是明代生态环境恶化的主要标志。森林面积大幅度下降造成林区动物衰减，生物物种多样性受到破坏；水土流失是明代生态环境恶化的又一重要标志。江河流域水土流失加剧，造成河湖湮废，一些水体消失，进而影响到局部气候和旱涝的分布。沙漠化进度加快，亦是明代环境恶化的标志，如巴丹吉林沙漠、乌兰布和沙漠、毛乌素沙漠等不断扩展。②特别是毛乌素沙漠侵蚀无定河、清涧河、延河、洛水的上游地区。那里沙土疏松，更容易流失，每遇大雨则造成黄河支流含沙量急剧增加，对生态环境造成更多更复杂的危害；明代生态环境恶化的另外一个标志是湖泊的淤浅与湮废，许多天然湖泊逐渐由大变小、由小变无。湖泊的面积缩小、淤浅和湮废，降低了它们调节气候的能力，极大地破坏了自然生态系统的调节功能，严重影响了自然环境的稳定与平衡。另外，明代由于滥垦滥伐，中原及沿海各省成片分布的森林极少，野生动物明显减少，也影响着各地的生态状况；灾荒频发也是生态环境恶化的表现。③

二、环境恶化，环境灾变频发

自然灾害情况是生态环境的重要内容。明代自然灾害严重，可以说，其严重程度是空前的。这也表明明代生态环境恶化程度。历史学家邓拓统计：

---

① 王玉德、张全明等：《中华五千年生态文化》，华中师范大学出版社 1999 年版，第572 页。

② 关于乌兰布和沙漠、毛乌素沙漠扩展情况，曲格平、李金昌著《中国人口与环境》称："汉、唐盛世时在西北、华北北部的一些垦区和古城，在明清时期基本上全被流沙侵吞。如中国古代的艺术明珠——敦煌石窟，被沙漠包围；闻名世界的古代贸易热线——丝绸之路，也湮没在茫茫沙海之中；巴丹吉林沙漠、乌兰布和沙漠、毛乌素沙漠等，随着植被的破坏，不断扩展。"（曲格平、李金昌：《中国人口与环境》，中国环境科学出版社 1992年版，第 23 页）

③ 王玉德、张全明等：《中华五千年生态文化》，华中师范大学出版社 1999 年版，第572—582 页。另，关于明代生态环境及自然灾害研究成果，可参阅赫治清主编：《中国古代灾害史研究》，中国社会科学出版社 2007 年版；鞠明库：《灾害与明代政治》，中国社会科学出版社 2011 年版；赵玉田：《环境与民生：明代灾区社会研究》，社会科学文献出版社 2016 年版；等等。恕不枚举。

明代"灾害之多，竟达一千零十一次，这是前所未有的记录。计当时灾害最多的是水灾，共一百九十六次；次为旱灾，共一百七十四次；又次为地震，共一百五十六次；再次为雹灾，共一百十二次；更次为风灾，共九十七次；复次为蝗灾，共九十四次。此外歉饥有九十三次；疫灾有六十四次；霜雪之灾有十六次。当时各种灾害的发生，同时交织，表现为极复杂的状态"。① 陈高傭统计，明代灾荒共计 1224 次。其中，水灾 496 次，旱灾 434 次，其他灾害计 294 次。② 鞠明库则据《明实录》《明史》《古今图书集成》等资料相关记录统计得出，明代共发生自然灾害 5613 次。③

就灾害频率而言，明代水旱灾害频次增多。公元 1000 年至 1099 年，我国发生旱灾 8 次、水灾 97 次；1100 年至 1199 年，旱灾 23 次、水灾 77 次；1200 年至 1299 年，旱灾 9 次、水灾 59 次；1300 年至 1399 年，旱灾 31 次、水灾 250 次；1400 年至 1469 年，旱灾 39 次、水灾 323 次。④ 又如湖北历史上洪灾频率：东汉为 8.43 年，魏晋南北朝为 8.71 年，唐朝为 7.96 年，北宋为 5.68 年，南宋为 4.20 年，元朝为 1.93 年，明朝为 1.63 年；干旱频率，东汉为 11.50 年，魏晋南北朝为 19.50 年，唐朝为 11.95 年，北宋为 7.57 年，南宋为 3.26 年，元朝为 2.78 年，明朝为 1.78 年。⑤ 陕西水灾平均间隔，隋唐五代

① 邓拓：《中国救荒史》，北京出版社 1998 年版，第 33—34 页。
② 陈高傭：《中国历代天灾人祸年表》，上海国立暨南大学十卷线装本，1939 年版。
③ 鞠明库：《灾害与明代政治》，中国社会科学出版社 2011 年版，第 65 页。另注：鞠明库认为：明代共发生自然灾害 5613 次，即使扣除统计中存在的重复部分，其绝对数字也是非常大的，远远超过以往学者统计的数字，称"旷古未有之记录"实不为过。在主要的自然灾害中，水灾是第一大灾害，达到惊人的 1875 次，年均 6.77 次。地震总数为 1491 次，年均 5.38 次。旱灾总数为 946 次，年均 3.42 次。雹灾总数为 446 次，年均 1.61 次。蝗灾总数为 323 次，年均 1.17 次。疫灾总数为 170 次，年均 0.61 次。风沙灾害总数为 272 次，年均 0.99 次。霜雪灾害总数为 90 次，年均 0.32 次（《灾害与明代政治》，第 65 页）。
④ 宋正海等：《中国古代自然灾异动态分析》，安徽教育出版社 2002 年版，第 119、175 页。
⑤ 刘成武等：《湖北省历史时期洪、旱灾害统计特征分析》，《自然灾害学报》2004 年第 3 期。

为 4.41 年，宋辽金元为 8.50 年，明代为 2.46 年；旱灾平均间隔，隋唐五代为 2.51 年，宋辽金元为 2.72 年，明朝为 1.70 年。[①] 广东旱涝灾害频率：宋代为 22.8 年，元代为 5.9 年，明代为 1.3 年。广西旱涝灾害频率，宋代为 16.8 年，元代为 3.3 年，明代为 2.0 年。[②]

显然，较之以往，明代灾害频率增快，灾害次数增多，灾害破坏性自然增大。当然，我们还可以从另一个角度审视明代频繁而严重的灾荒，即繁重灾荒既是自然环境恶化的表现，也是生态环境自我修复的一种形式。

第二节 川原饶沃与灾害频发
——明代韩江流域生境

明代韩江流域的山水林田湖草生命共同体处于一种什么状态？是各安生理而和谐共生，还是岌岌可危而“分崩离析”？无疑，明代韩江流域生态环境是本研究起点。若给明代韩江流域生态环境一个基本概括，笔者认为可以用八个字，即川原饶沃，灾害频发。

一、负山带海，川原饶沃

明代韩江流域气候湿热，地形多样，地势起伏大，植物繁茂，河流众多。韩江由北而南，穿境而过，水利资源丰富。其中，韩江流域北部位于闽粤赣三角之地，山脉纵横，林木茂盛，川流不息，土特产种类繁多；韩江流域南部为潮汕平原，土质肥沃，河汊纵横，水产丰富，农作物易于生长。整体上看，韩江流域地势北高南低，北部与中部为山地丘陵，南部是平原。韩江流域河流主要有韩江、榕江、练江、龙江及黄冈河等。在各条河流沿岸，分布着低谷平原和河口三角洲平原，平原之上又有高地和低矮山地，镶嵌其中，

---

① 袁林：《陕西历史水涝灾害发生规律研究》，《中国历史地理论丛》2002 年第 1 辑。
② 黄镇国、张伟强：《历史时期中国热带的气候波动与自然灾害》，《自然灾害学报》2004 年第 2 期。

俯仰相宜。

(一) 江水丰枯，民生系之

韩江是一条典型的南亚热带暴流性河流，韩江与两岸民生息息相关。

韩江安澜，水量丰沛，则江水惠及百姓；韩江泛滥，水灾多发，人或为鱼鳖；韩江水枯，旱灾加重，农作物歉收或绝收。如《潮州民歌新集·治水歌》云："滔滔韩江水，自古向东流。千顷沙，万斛石，冲积平原三角洲。洲南村落临大海，洲北农舍半环河。暮春苦旱田断水，枯苗叶上飞螟蛾；初夏长夜风吹雨，荒土洋中浸稻禾；秋潮冬涧盐满地，洲中人民灾难多。日日忍饥盼年丰，辛勤落得一场空。劫后豪门又欢醉，狂奴催租气势凶。无力抗强暴，惟有怨天公！嗟尔韩江水，滴滴泣泪红。君不见，水涨水落秋风冷，荒野凄凄处处穷。"[①] 若说韩江流域民众生计"成也韩江，败也韩江"，亦有一定道理。

韩江持续塑造流经之处的地形地势，韩江流域内居民亦持续塑造韩江流域地形地势地貌。实际上，韩江流域沿岸居民的环境影响力因韩江"塑造力"变化而变化。有研究指出，元代以后，韩江流域由于"气候干燥，上游来水来沙减少，使河流的活力减弱，造床流量历时短，无力塑造新河道，所以这个时期河流普遍稳定……宋末的战乱，使大量移民从福建迁至韩江三角洲，他们大量开垦土地，开渠筑堤，在一定程度上改变了过去洪水横溢的面貌。气候因素加上人为因素，使区内的河道格局基本固定下来……韩江上游宋末从北方迁来的大批客籍移民，他们砍伐森林，开荒垦殖，使水土流失日益加剧，更兼人工围垦海涂，'海坪子母相生'（清·乾隆《潮州府志》）。所以，这个阶段三角洲扩展较快，主要是人类活动的结果，气候并非主导因素"[②]。

---

① 转引自杨向艳：《明代潮州的自然灾害与地方社会》，天津人民出版社2014年版，第32页。

② 李平日、黄镇国、宗永强、张仲英：《韩江三角洲》，海洋出版社2011年版，第168页。

（二）地势形态与土壤类型

关于韩江流域地形地势，当今学者指出，韩江流域"在海拔 400 米以上的高丘低山和中山的面积占全区山地面积的 1/3 强，尤其山峰有 19 座之多，最高的铜鼓峰，海拔高达 1560 米。由于不同的海拔高度，形成不同的山地垂直土壤气候带。境内除山地和高丘外，尚有低中丘陵、盆地、山谷、河谷、三角洲和海滨等多种地形，由于成土母质和人为生产活动的影响，使研究区内的土壤资源，既有水平地带性，又有垂直地带性和区域性的各种差异"①。历史地理学者王双怀指出："明代华南的土壤情况，文献中没有留下系统的记载，不过，从本质上讲，古今土壤变化不大，可由现在的情形推知过去。当今华南的土壤，主要有黄壤、红壤、赤红壤、砖红壤及各色石灰土，具体又可以划分为若干类型和土种……以明代政区而言，即南雄、韶州二府全部，广、惠、潮三府北部地区为红壤地带；广、惠、潮三府南部，肇庆府大部，罗定州全部及高、濂二府北部为赤红壤地带。"②据此，韩江流域北部土壤大抵以红壤为主，韩江流域南部土壤以赤红壤为主。

（三）鱼米之乡，物产丰饶

韩江流域水资源丰富，气候湿热，地形多样，具有种植粮食作物与经济作物得天独厚的有利条件。明前期，韩江流域兴修很多陂塘和堤堰。当时，韩江流域北部山地与南部潮汕平原的农业生产条件进一步优化，耕地面积增加了，粮食亩产量与总产量增加了。韩江三角洲和榕江流域、练江流域平原是韩江流域重要产粮区，韩江流域成为广东重要产粮区。如洪武二十四年（1391），广东韶州东昌亩均税粮 0.04 斗，肇庆高要亩均税粮 0.04 斗，惠州长乐亩均税粮 3.39 斗，潮州府亩均税粮 5.62 斗。可见，潮州府亩均税粮在华南诸府中最高。因粮食亩产量较高，韩江流域的潮州府成为缴纳税粮较多

---

① 张正栋：《韩江流域土地利用变化及其生态环境效应》，地质出版社 2010 年版，第 22 页。

② 王双怀：《明代华南农业地理研究》，中华书局 2002 年版，第 33—34 页。

地区。[①]

韩江流域北部属于南部亚热带林区，沿海地区属于热带季雨林及热带雨林区域，大部则属于南亚热带季风常绿阔叶林地带，植物丰富繁茂，具有亚热带植物的特色。如明代韩江流域粮食作物品种较多，不同地形土质也都有其最适宜生长的粮食作物。如白早（水稻）、赤早（水稻）、安南（水稻）、旱秫（高粱）、白尖、赤脚尖、齐种、湖田、大秫、黍、稷、大麦、小麦、荞麦、乌豆、赤豆、绿豆、白目豆、芝麻等在潮州大量种植。[②] 除了盛产粮食与经济作物外，明代韩江流域所产中药材亦多达五十余种，品种多样。如中药材有郁金、青厢、乌首、黄精、车前、苍耳、益母、杜荆、紫苏、史君子、寄生、扶留、蛇床子、木鳖子、金樱子、柴胡、桔梗、鳔鮹、决明、豆蔻、乌桑、茱萸、香附、牵牛、枸杞子、山栀、蓖麻子、鹤虱、天门冬、麦门冬、地骨皮、三苹、溪桐、乾葛、香薷、穿山甲、黄连、白芨、禹余粮、天南星、半夏、薄荷、茴香、土当归、海马、山药、槐花、白扁豆、陈皮、荆芥、薏苡仁、艾等，[③] 堪称"药材之乡"。无疑，这些中药材起到防治疾病作用，而且也成为民众的一个经济来源。

明代韩江流域所产蔬菜、水果、树木及花草多种多样，种类丰富。其中，蔬菜类有葱、蒜、韭、薯、茄、笋、薤、蕨、瓠、瓜、姜、萝葡、芫荽、莴苣、苦荬、菠菱、莙荙、苋菜、瓮菜、芹菜、木耳、香菇、茼蒿等；水果类有荔枝、龙眼、柑（七种）、橘（二种）、橙、柚、香园、芭蕉、橄榄、甘蔗、杨梅、杨桃、葡萄、木瓜、黄弹、枇杷、石榴、桃、梅、李、柿、梨、枣、栗、榛、藕、菱、莲子、不纳子；竹木类有筀竹、绿竹、麻竹、甜竹、筋竹、苦竹、黄竹、赤竹、淡竹、观音竹、苗竹、丝竹、箭竹、川竹、桄榔、桑、

---

① 王双怀：《明代华南农业地理研究》，中华书局 2002 年版，第 238 页。

② （明）郭春震校辑：嘉靖《潮州府志》卷 8《杂志·物产》，《日本藏中国罕见地方志丛刊》，书目文献出版社 1991 年版，第 284 页。

③ （明）郭春震校辑：嘉靖《潮州府志》卷 8《杂志·物产》，《日本藏中国罕见地方志丛刊》，书目文献出版社 1991 年版，第 284—285 页。

柳、枫、松、榕、槐、樟、柏、楠、梨、槁、桂、榉、樛、柏、桐、棕、桧、楝、柘、柯、檀、杉、相思；花草类有素馨、茉莉、兰花（二种）、蔷薇、长春、芙蓉、山茶、鸡冠、菊花、萱草、佛桑（红白两种）、含笑、鹰瓜、瑞香、露滴金、金凤、木犀、荷花、木槿、海棠、紫荆、山矾、凌霄、葵花、鹿春、金莲、石榴（二种）、红花、夜合、七里香、九里香、满天星、锦绣球、剪春罗、玉簪；等等。① 这些蔬菜、水果及木材，成为潮州民众日常生活及经济社会发展的重要支撑。

有明一代，韩江流域动物种类繁多，动物分布与地形地貌有很大关系，热带亚热带鸟类和鱼类种类不胜枚举。如在韩江流域繁衍生息的鸟类有鸳鸯、凫翳、鹭鸶、鹈鸪、燕子、白鹇、雉鸡、鸬鹚、杜鹃、黄莺、布谷、斑鸠、鹳、鸥鸪、翡翠、山胡、乌鸦、白头、喜鹊、麻鹊、锦鸡、鹁鸪、鹦鹉、鹌鹑、练雀、画眉、海马、鹁鸽、啄木；陆生动物有鹿、麋、獐、虎、猿、狸、狐狸、山猪、獭、豺、熊、竹豚、豪猪；水生动物有金鳞鱼、草鳊、鲇鱼、鲤鱼、鲫鱼、鳝鱼、银鱼、鳜鱼、鲦鱼、马交、黑鱼、鲋鱼、鲲鱼、鳊鱼、鲂鱼、班鱼、鳗鱼、午鱼、蒲鱼、鲈鱼、鲳鱼、鲙鱼、章鱼、鲢鱼、鳝鱼、虾、龙虾、水龟、鲨鱼、龟、鳖、香螺、蚶、蛏、蚌、蛎方、螃蟹、蟛蜞、月沽、文蛤、白蚬、九孔螺、马甲蛀；等等。②

二、气候趋冷，灾害频发

韩江流域自然灾害类型主要有水灾、旱灾、风灾、潮灾、地震、虫灾以及其他灾害。明清时期是中国历史上的寒冷期，被称为"明清宇宙期"，或称"明清小冰期"。在这个寒冷时期，许多地方的冬季气温变幅达2℃。③ "明清小冰期"对韩江流域的气候也产生较大影响，气象灾害等增多。

---

① （明）郭春震校辑：嘉靖《潮州府志》卷8《杂志·物产》，《日本藏中国罕见地方志丛刊》，书目文献出版社1991年版，第284—285页。

② （明）郭春震校辑：嘉靖《潮州府志》卷8《杂志·物产》，《日本藏中国罕见地方志丛刊》，书目文献出版社1991年版，第285—286页。

③ 张德二：《中国南部近500年冬季温度变化的若干特征》，《科学通报》1980年第6期。

(一) 气候趋冷，气候异常现象增多

明代韩江流域气候整体特征趋冷及气候异常现象增多。如学者王双怀提出：华南地区在"15 世纪中后期，冰雹逐渐增多，然而并没有改变气候温暖的基本格局。但 16 世纪初，华南地区的气候发生了很大改变，中纬度西风带南移，温暖的气候逐渐消失，气温随之下降，出现了寒冷的天气。从此，华南进入了寒冷时期。16 世纪前期，华南气候寒冷尤甚，冷害不断发生，有时候情况相当严重。如弘治十四年（1501），福建兴化出现了前所未有的严冬，寒风刺骨，河湖结冰达半寸之厚。十七年（1504）春三月，惠州陨霜伤稼。正德四年（1509）十月，广东潮州下了百年不遇的大雪，积雪'厚尺许'。嘉靖十一年（1532）十一月，广东普降霜、雪，广州、韶州、潮州、惠州、肇庆等府发生大面积冷害……17 世纪 30 年代以降，华南气候的寒冷程度又有所增强。崇祯九年（1636）十二月，广东潮州府和惠州府出现罕见的霜雪灾害，'草木禽鱼冻死无数'"①。

明代韩江流域气候变冷，雪灾霜灾冻灾等明显增多。笔者检索相关方志，发现明中期以来关于气象灾害记载明显增多。如明修《潮州府志》载："正德二年夏六月，雨雹，其大如拳。七县同……（正德）十二年春正月，大雨雹……（嘉靖）十一年冬十一月，揭阳陨霜为灾，草木皆枯。"②另，清乾隆《潮州府志》载："正德二年丁卯六月，雹如拳，损禾稼，击伤房屋牲产……（正德四年）冬十二月，雪厚尺许。（正德）七年壬申夏五月，雹……（嘉靖）十一年壬辰冬十月，陨霜杀草……（嘉靖）四十三年甲子雨雹地震，（嘉靖）四十五年丙寅春二月迅雷大雨雹，人物触之立毙……（万历）十六年戊子冬十一月雨雹。"③至清代，"明清小冰期"继续。

---

① 王双怀：《明代华南农业地理研究》，中华书局 2002 年版，第 23—25 页。
② （明）郭春震校辑：嘉靖《潮州府志》卷 8《杂志》，《日本藏中国罕见地方志丛刊》，书目文献出版社 1991 年版。
③ （清）周硕勋：乾隆《潮州府志》卷 11《灾祥》，《中国方志丛书》，成文出版社 1967 年版，第 95—96 页。

（二）水灾是明代韩江流域主要自然灾害

韩江流域属于亚热带气候，日照时间长，常年气温较高，降水丰沛，降水的季节性较强，降水集中在4—9月，雨热同期。由于韩江中下游地势低平，沟汊众多，所以极易发生洪涝和干旱灾害，水旱灾害危害较大，水灾是最常见灾害。明代韩江流域乃水灾频发之地，水灾是明代韩江流域主要灾害。

潮州地处韩江中下游平原，地势低平，沟渠河汊众多，极易发生水灾。关于潮州年度降水季节性分布情况，当代学者唐文雅统计得出：潮州"1—3月和11—12月间，极少发生水灾，是水灾少发性季节；4—10月水灾发生较多，是多发性季节，其中，5—6月最多，是水灾高发期，7—8月其次，发生水灾较多"①。当然，唐文雅所述是当今潮州正常年份降水分布情况。历史上潮州的年度降水量分布与当今情况也许会有一些出入。明代潮州籍士人薛侃（1486—1545）云："潮治东南，夹溪为堤，民居其下。一遇崩溃，巨浸百里，沉庐倾堵，禾稼弗登，潮民之害未有甚于此也。"②明代潮州籍士大夫林大春亦称："潮本泽国，盖合赣、循、梅、汀、漳五郡之水，注之韩江，千里建瓴，万派归壑。而龟湖凤溪以下，势转而东，东津正其要害处也。沿江两岸，赖堤以固。春夏之交，雨淫江涨，云昏天回，几撼地轴。"③明朝御史杨珙（1464—1516，潮安县人）对潮州水灾认识颇为深刻。他于正德七年（1512）上《请留公项筑堤疏》。该疏中，他称：

> 窃思潮地，北跨汀州、程乡、兴宁、长乐诸山，南距大海，群山之水汇于三河，顺流经府治七十里入海。自海阳北厢至揭阳龙溪官路，民间庐舍田亩适当众水入海必经之路。自唐时砌筑圩岸为保障，实生灵命脉所关。每遇春雨淋漓，山水骤发，河流泛涨，势若滔天。冲决圩岸，一泻千里，飘荡田庐，淹没禾稼，溺死人物不可胜数。匝一月水患稍除，

---

① 唐文雅：《广州地区历史上的水患特征及当今对洪涝灾害的防御》，《广东史志》1999年第3期。

② （明）薛侃：《薛侃集》，上海世纪出版有限公司2014年版，第241页。

③ （清）冯奉初：《潮州耆旧集》，暨南大学出版社2016年版，第444页。

然后长吏呼集疲民运沙泥补倾地，或修筑甫成，复值霖雨，随即崩塌。

计自弘治壬子至癸亥十一二年间，圩岸崩至六七次，伤民命者不知凡几，坏民房者不知凡几，淹损田禾者不知凡几。海、揭之民，呼天抢地，无所控诉。民困如此，若不预为之计，服先畴者已不得耕，而耕者复忧于湮塞之无时。死于溺者已不可生，而生者复忧于死期之不远。嗟此小民，日就穷蹙。如之何不为盗也？盖圩岸约长七十里，民居其上者二十里。为患者共五十里。今若于旧堤增高五六尺，外岸临河悉用荒石裹岸，临田填广一丈，上树木以护之，一应工役民皆踊跃争输……夫水火盗贼为害一也，若地方有盗贼，郡县及镇巡各官设策剿捕，必求殄绝而后已。今水患为害不减于盗贼，若皆委诸天数，民其鱼乎？伏乞陛下明照万里，布德遐方，敕抚按会议修一方之保障，全两邑之生灵。狂澜永奠，滨海无虞。幸甚望甚。①

持续的水灾等自然灾害侵袭，造成明中叶以来韩江流域一直处于水灾灾害环境之中（见表2-1）。

表2-1　明代韩江流域潮州水灾一览表

时间（公元）	年号纪年	地区	灾情
1410	永乐八年	潮州府	大水
1422	永乐二十年	海阳、揭阳	海溢
1436	正统元年	海阳	霜雨连月
1445	正统十年	海阳	大水
1486	成化二十二年	潮州府	大水
1492	弘治五年	海阳、潮阳、饶平、揭阳	大水
1495	弘治八年	海阳	大水
		海阳、潮阳、澄海、揭阳	飓风暴雨
1496	弘治九年	海阳	大水

---

① （清）周硕勋：乾隆《潮州府志》卷40《艺文》，《中国方志丛书》，成文出版社1967年版，第992—993页。

续表

时间（公元）	年号纪年	地区	灾情
1499	弘治十二年	海阳	淫雨、大水
1509	正德四年	海阳、揭阳	飓风、海溢
1513	正德八年	海阳、揭阳	飓风、海溢
1514	正德九年	潮州府	洪水
1515	正德十年	海阳、潮阳	大雨水
		海阳、揭阳	飓风、海溢
1517	正德十二年	饶平	大雨弥月
1524	嘉靖三年	潮阳	大雨水
		揭阳、海阳	飓风、海溢
1528	嘉靖七年	潮阳、海阳、惠来	台风大作
1531	嘉靖十年	大埔	大水
1535	嘉靖十四年	潮阳、饶平	大水
1539	嘉靖十八年	饶平、揭阳	飓风
1544	嘉靖二十三年	惠来	大台风
1545	嘉靖二十四年	揭阳、大埔、海阳	秋涝
1556	嘉靖三十五年	大埔	大水
1565	嘉靖四十四年	大埔	大水
1569	隆庆三年	饶平	飓风、海溢
1570	隆庆四年	大埔	大风、洪水
1571	隆庆五年	大埔、澄海	大水
1573	万历元年	澄海、潮阳	大飓
1575	万历三年	澄海	涝
		潮阳	台风
1581	万历九年	海阳、澄海、大埔、潮阳	飓风
1582	万历十年	澄海、潮阳	淫雨、涝
1583	万历十一年	澄海、潮阳	飓风
1584	万历十二年	澄海、潮阳	大水
1586	万历十四年	海阳	大水
1558	万历十六年	澄海、海阳	雨雾、涝

时间（公元）	年号纪年	地区	灾情
1589	万历十七年	澄海	飓风
1590	万历十八年	海阳、澄海	大水
1601	万历二十九年	饶平、惠来	飓风
1604	万历三十二年	潮阳、大埔	飓风、大水
1605	万历三十三年	澄海、海阳	大飓
1611	万历三十九年	海阳	大水
1614	万历四十二年	海阳	大水
1615	万历四十三年	澄海、海阳	大水
1616	万历四十四年	澄海、海阳	大水
		揭阳	飓风
1617	万历四十五年	潮阳、大埔、澄海、海阳	淫雨、大水
1618	万历四十六年	大埔	大水
		海阳、澄海、潮阳、揭阳、惠来、饶平、普宁等县	飓风、海啸
1621	天启元年	澄海、大埔、普宁、潮阳、海阳	大水
1625	天启五年	澄海、潮阳、海阳、普宁	飓风、大水
1626	天启六年	大埔	淫雨
1628	崇祯元年	饶平	飓风
1631	崇祯四年	海阳	大水
1632	崇祯五年	普宁、饶平、惠来	大水
1633	崇祯六年	澄海、大埔、饶平	大水
1636	崇祯九年	揭阳、澄海、潮阳	飓风
1637	崇祯十年	惠来	连雨三日
1640	崇祯十三年	海阳、澄海、潮阳	海溢
1642	崇祯十五年	揭阳、澄海	大水
		惠来、普宁	飓风
1643	崇祯十六年	饶平	淫雨、大水

资料来源：广东省文史研究馆：《广东省自然灾害史料（增订本）》，广东省文史研究馆 1961 年版。

（三）灾害种类多，多灾多难灾害环境

有明一代，特别是明中叶以后，韩江流域灾害频发，灾害种类多，水灾、风灾、旱灾、地震、虫灾等各种灾害频发，进入多灾多难阶段，进而韩江流域一些地域形成灾害性环境。以明代潮州为例，据嘉靖《潮州府志》载：

　　弘治五年，海、潮、揭、饶同日大水，漂民居淹禾稼。（弘治）八年九月大水，海阳北门堤决城崩二百丈，浸民居，坏田禾，及于潮、揭、饶三县。（弘治）十二年夏四月大雨水……（正德）四年夏六月飓作海溢，潮、揭、饶三县民溺死者众。冬十二月陨雪厚尺许。（正德）十年秋七月飓大作，海潮滔天，漂屋拔木，凡沿海之田厄于咸水，越年不种，民多溺死。（正德）十二年春正月大雨雹，是年春涝，秋蝗，夏无麦苗，民饥……嘉靖三年秋八月大飓海溢，潮、揭、饶之民沿海居者皆为漂没，浮尸遍港，舟不能行。（嘉靖）七年秋飓发连月，民多饥。（嘉靖）八年旱，斗米价至二钱，山无遗蕨，民多饥殍……（嘉靖）十四年夏五月，揭阳地震，饶平夏旱，秋大水，山谷崩裂，城垣倾颓，水溢襄陵，民家临流者皆没焉……（嘉靖）二十四年春大旱，秋潦害稼，大埔饥。[①]

另，据乾隆《潮州府志》载：

　　（嘉靖）十一年壬辰冬十一月，陨霜为灾，草木皆枯，昆鱼冻死；（嘉靖）十四年乙未夏五月，地震；（嘉靖）十八年己亥秋七月，飓风发；（嘉靖）十九年庚子夏，蝗害稼；（嘉靖）二十三年甲辰春，旱饥；（嘉靖）二十四年乙巳，春旱饥，秋潦害稼……（万历）二十五年丁酉秋八月初三日夜初更，地震屋响如掀瓦，居民惊走。至十八日辰时，又震，池塘中水溢北又还南移，时乃定；（万历）二十八年庚子秋八月念三日夜，地大震，墙屋倾倒，翌日下午又震；（万历）三十二年甲辰地震；……（万历）四十四年丙辰夏五月，海水啸。秋八月，飓发，海溢

---

　　① （明）郭春震校辑：嘉靖《潮州府志》卷8《杂志》，《日本藏中国罕见地方志丛刊》，书目文献出版社1991年版。

城内，水深三尺，水中恍惚有火光漂庐舍、淹田禾，溺死民物，村落为墟；崇祯二年己巳春正月二十七日，渔湖之西洋村地裂，春夏旱；（崇祯）三年庚午复旱，秋大饥；（崇祯）九年丙子二月雨雹，秋九月大飓风，冬十月冰厚盈寸。旧邑志云，揭邑自古少冰，至是坚厚盈寸，为次年丰登之兆……（崇祯）十三年庚辰，地屡震，海潮溢……二十四日夜大震有声如雷，自西北而东南，倒墙坏屋，桃山邹堂等处地裂山崩，压死人物，至次日地生毛，黑赤色，长四五寸，以后连震至十一月十九，殆无虚日；（崇祯）十五年壬午夏四月黑眚见。米盐物价腾贵，自十四年冬至是年春三月地数震。夏月雨潦水溢，大饥。冬，丰稔。秋八月旱，至冬十一月骤雨又旱，至次年正月始雨。[①]

灾害种类多与局部"灾害性环境"成为明代中后期韩江流域生态环境恶化的重要标志之一。无论是一种自然灾害长期多发，还是多种自然灾害长期多发，都对明代韩江流域生态环境与民生造成持续的破坏，这种破坏是呈波浪状扩散、层次递进的，甚至对人们的思想观念也会产生诸多影响。

三、生态环境呈恶化趋势

明代处于明清小冰期，气候变冷，气候灾害增多，生态环境灾变加快。有明一代，韩江流域气候环境较差，生态环境恶化，水灾频发，灾害性环境增多，灾害种类多，加之人为破坏，生态环境呈恶化趋势。这是一个基本事实。

明中后期，韩江流域经济商品化逐渐加速，随着区域人口增多，开垦田地增多，木材需求量猛增，滥伐林木，森林面积锐减。如明代万历二十九年（1601），大埔知县王演畴如此自述其亲身经历，即：

度岭而南入（县）境，峰头石上见男妇老弱皆樵采，负载相错于道，黎烈日，履嵯岩，走且如鹜。甫下车，进邑父老问焉。古称男耕女织，

---

① （清）周硕勋：乾隆《潮州府志》卷41《艺文》，《中国方志丛书》，成文出版社1967年版，第106页。

今皆以力事人，岂非农桑无地、故以樵负当耕织与？良苦矣。父老为予言，君侯谓其苦，此犹乐事。彼之生计在樵，所从来矣。今道旁之山且将童，非深入不能得。[①]

除了滥伐，还有滥垦。由于经济作物需求量增多，农民大量开垦荒地，土地复种指数增高。由于滥垦滥伐，加之气候变冷，水土流失、植被被破坏程度加剧，环境继续恶化，自然灾变增多。是时，不只韩江流域，整个岭南都遭遇滥垦滥伐命途。如学者王双怀研究称：

在明代 276 年间，华南的生态环境受自然因素和人为因素的影响，本身也发生过一些变化。以植物而论，从明代中期开始，随着气候由暖到冷的转变，冰雪线南移，许多热带、亚热带植物被冻死。另一方面，华南民族地区往往有"刀耕火种"的习惯，以树木柴薪为燃料的情况极为普遍。天气转寒后，对柴薪的需求量增大，一些人见利忘义，滥砍树木，烧炭谋利……此外，随着人口的增加和商品意识的增强，滥垦滥伐的现象日益严重，再加上番薯、玉米等旱地高产作物的引种，天然植被被大量破坏。到明朝末年，虽然华南各布政司还有大片的原始森林，但森林覆盖率较明初已大幅度下降。就动物而言，也遭受了与植物相似的浩劫。在森林遭受破坏的同时，动物栖息的场所逐渐缩小，许多鸟兽被作为"野味"而捕杀，珍奇动物更成为狩猎者追逐的对象。到明末大象已是凤毛麟角，华南虎比明代中期也有所减少。动植物大量减少，在一定程度上引起了生态环境的恶化。[②]

黄挺先生是潮汕史研究名家，成果颇丰。其中，黄挺与陈占山合著《潮汕史》（上册）对明清时期韩江流域潮汕地区生态环境论述称：

明清时期（距今 600 年以来），与气温降低的长期趋势相一致，气候也明显比两宋干旱。由于本地人口剧增，潮汕平原得到大规模的开垦。

---

① 邹正之修、温廷敬纂：《大埔县志》卷 36《金石志》，民国三十二年（1943）铅印本。

② 王双怀：《明代华南农业地理研究》，中华书局 2002 年版，第 36—37 页。

　　而气候干燥，江河径流量减少，河床的泥沙沉积加剧。榕、练二江挟沙量小，对河道影响不大。韩江上游开发程度较高，毁林垦荒，导致水土流失，河道逐渐淤积。洪水为害日见严重，防洪堤岸的修筑也日益牢固。在人工堤围的压缩下，更多的泥沙被冲到河口，沿海堆积。气候因素加上人类活动，使得韩江三角洲平原的河流在这一时期基本定型。①

　　上文通过素描形式，呈现明代韩江流域静态自然环境，借以管窥有明一代韩江流域生态环境基本构成与基本状况。事实上，这些静态因素的静态，实则是一种暂时存在状态。即便是暂时状态，也处于变化之中。从古到今，生态环境的变化是永恒的。

---

　　① 黄挺、陈占山:《潮汕史》(上册)，广东人民出版社 2001 年版，第 294—302 页。

第三章 "鸽变"与灾害环境

元明鼎革之际，韩江流域天灾兵燹肆虐。[①]明初，朝廷移民屯田、鼓励垦荒，重视农田水利建设，韩江流域传统经济也逐渐恢复与发展起来。至明中期，以海外贸易为牵引，韩江流域工商业异常活跃，商品集市增多，农产品商品化趋势增强，商品观念与金钱至上观念盛行，商业网络遍布韩江流域与南洋诸地，经济社会生活呈现近代化转型新气象。然而，这种新气象实则昙花一现。如潮州府潮阳县"方隆盛时，财富甲于东广"。[②]然而，隆庆时（1567—1572），潮阳籍士大夫林大春（1523—1588）称：潮阳县于明"太祖开疆以来，驯至孝皇之盛，一时境内晏然，户口殷富，鸟兽草木咸若。百里之内，禾满阡陌，桑麻蔽野，牛羊不收。千里之内，鱼盐载道，行者不赍粮。当是时，以其土之所出，自足以供贡税、蓄妻子而有余。乃今田野宜辟矣，而家有悬耜；山泽之利宜增矣，而市无藏贾，即供力于他（谓以他技谋利，及取诸异地之所有者）以充赋，而反不足者，何也？其生之者寡，而害之者众也"[③]。这则自问自答可称为林氏问答。林氏之问，道出明中后期韩江流域潮阳县经济社会衰败状态；林氏之答，实则概括出潮阳县"生之者寡，而害之者众"症结。明代潮阳县社会经济由盛而衰的发展轨迹只是韩江流域的一个

---

① 元"泰定以来，潮州五路大饥。至至顺、后元至正之间，复水旱相继，星变屡作，山崩川溢，不可胜记"。而南宋流亡朝廷入粤，元兵攻夺潮州，文天祥南下潮州组织抗元，南宋潮州知州刘兴与潮阳县都统陈懿鼠首两端，叛服不常，潮州兵燹肆虐［（明）林大春：隆庆《潮阳县志》卷2《县事纪》，《天一阁藏明代方志选刊》，上海古籍书店1963年版］。

② （明）林大春：隆庆《潮阳县志》卷2《县事纪》，《天一阁藏明代方志选刊》，上海古籍书店1963年版。

③ （明）林大春：隆庆《潮阳县志》卷7，《天一阁藏明代方志选刊》，上海古籍书店1963年版。

缩影，"生之者寡，而害之者众"则是明中后期韩江流域普遍存在的问题。

第一节　晚明潮州"鸽变"事件

明代潮州位于粤东，所辖区域主要位于韩江流域下游。历史上，潮州名称有一些变化。东晋时，潮州之地属义安郡，隋朝始称潮州，至元代则改设潮州路。明代洪武二年（1369），改潮洲路为潮州府。《明史》称："潮州府，元潮州路，属广东道宣慰司。洪武二年为府。领县十一。西距布政司千一百九十里。"① 明代潮州府是粤东政治、经济与文化中心。有明一代，潮州府所辖区域不断变化，县级建制区划不断增加，至明后期稳定下来，主要包括海阳县、潮阳县、揭阳县、程乡县、饶平县、惠来县、镇平县、大埔县、平远县、普宁县、澄海县。②

晚明，偏于一隅的潮州发生"鸽变"事件。对于大明帝国而言，"鸽变"不是一件大事，而是一件小事，是一件中央政府可以"忽略不计"的偶发事件。然而，对明代潮州府官民而言，"鸽变"则是当地一件不得不书写的怪事；对于区域史研究者来说，"鸽变"是值得探究的一件地方上的大事。

一、方志中的"鸽变"

关于晚明潮州"鸽变"事件，明清时期编修的潮州府各方志中是有记载

---

① 《明史》卷45，中华书局1974年版，第1141页。

② 明代潮州府辖县级行政区包括：饶平县，"成化十二年十月以海阳县三饶地置，治下饶"。惠来县，"嘉靖三年十月以潮阳县惠来都置，析惠州府海丰县地益之。南滨海。西有三河，以大河、小河、清远河三水交会而名，即韩江之上源"。镇平县"本平远县石窟巡检司，崇祯六年改为县，析程乡县地益之"。大埔县"嘉靖五年以饶平县大埔村置"。平远县"嘉靖四十一年五月以程乡县豪居都之林子营置，析福建之武平、上杭，江西之安远，惠州府之兴宁四县地益之属江西赣州府。四十二年正月还三县割地，止以兴宁程乡地置县，来属"。普宁县于嘉靖四十二年正月设置。澄海县"本海阳县辟望巡检司。嘉靖四十二年正月改为县，析揭阳、饶平二县地益之"（《明史》卷45，中华书局1974年版，第1142—1143页）。

的，而且有些记载的内容还较为详细。

嘉靖十四年（1535），戴璟主修《广东通志初稿》记载：

> （嘉靖）甲申、乙酉年间，[①]潮州鸒鸽腾价。时，少年养鸽相鸒，因荡产入刑，人事既忞，大变虽[②]生。飓风大作，走石扬沙，海洋泛溢，毁民居以万数。三阳[③]旧称富康，至是亦凋敝矣。[④]

隆庆年间（1567—1572），明修《潮阳县志》记载，嘉靖三年九月：

> （潮阳县）鸽鸟价值百金。先是，有鸟自中州来者，菊冠紫衣，首尾纯素，号曰四停花，羽毛以墨绿为上，红紫为次，其品色名号不一，人争尚之。初值仅一二金，稍长至十数金，殊未之觉也。已而转相夸艳，价遂腾踊。甚至倾赀以易二卵者。得之便以美锦包裹函护，不啻如双璧然。卒抱成雏，则邻里亲朋哗然往贺之。日求贸易者填门，须臾价增十倍，以先得为幸。或购得一鸽，曾未移晷，即有负重略而至者，委诸其家而去，竟无难色。以致百姓废业，商贾罢市，人情汹汹，道路剽夺，虽厉禁之不止也。其异如此。其后，黄少詹作《广东通志》，书之曰"鸽变"。[⑤]

万历初，潮州籍士大夫陈天资纂修饶平县《东里志》，该志对"鸽变"事件也作了记载，即嘉靖三年，潮州府：

> （潮州府）鸽鸟腾贵，价至十金，或百金、或二三百金。以四停花为奇品，盖菊冠紫衣、首尾纯白者也。下此，则黑青纯绿，杂花鱼鳞色，名号不一。转相夸诩，至倾赀以易二卵者。须臾，价增十倍，以先得为幸。阖郡惶惑，至废业、罢市以趋，道路剽夺，虽厉禁之不可止……分

---

① 嘉靖甲申、乙酉年间系指嘉靖三年（1524）、嘉靖四年（1525）。
② 引文为"大变雏生"。笔者认为，引文中"雏"当为"随"字之意。
③ 文中"三阳"系指海阳、潮阳、揭阳。
④ （明）戴璟：嘉靖《广东通志初稿》卷37《祥异》，广东省地方志办公室2003年誊印本，第605页。
⑤ （明）林大春：隆庆《潮阳县志》卷2《县事纪》，《天一阁藏明代方志选刊》，上海古籍书店1963年版。

巡西弁施公，令骁勇搜捕，郡几大变。①

另，清修《揭阳县正续志》，亦有"鸽变"记载，即：

> （嘉靖）三年甲申鸽变。先是，市民有得鸽于河南者，黑白相杂，名
> 四停花。黠者以之愚人，价渐增至累十累百，不分少长男女，倾产市之。
> 百业皆废，有至杀夺者。兵备金事施孺按潮，厉禁之。民犹不悟，其夜
> 飓发海溢，始稍息焉。然余风未殄，遂有养鸽赌赛者，以认路远近为胜
> 负。或养画眉，或养山鹊，竞斗胜者得高价。②

据上述史料内容分析，不难发现，晚明潮州"鸽变"是"奸商"精心策
划的一场"炒买炒卖"的商业欺诈事件。《东里志》也是这样界定的。如《东
里志》称："窃原鸽鸟之变，起于奸商之狡谋……故奸商合伙二十余人，挟
赀千余两，假言镇守府买禽鸟，分为二伙，一从南门入，凡遇鸽鸟，则三五
金，或十数金，悉尽买之。一从北门入，亦云买鸽鸟。倡为四停花、一条线、
黑青纯绿、杂花之号，或数金，或十金，尽买之，或转卖与其徒，或得数十
金及增至百金。市民炫惑，以为可得利而趋之，而奸商饱欲以去，一郡哄然
如狂。"③

二、"鸽变"：炒卖引发的社会事件

晚明潮州"鸽变"不仅是一场"奸商"精心策划的炒买炒卖的商业欺诈
事件，也是一场因炒卖而引发的社会事件。"鸽变"事件之所以发生，原因是
多方面的，而就发生地而言，晚明潮州等地民众商品意识与钱本位思想强势，
一些人为了金钱而无所不为，毫无忌惮。当代学者认为，在 16 世纪的潮州社
会，工商业活动的重兴，再一次激起潮州人心中那种不惜冒险追逐货利的惯

---

① （明）陈天资：《东里志》，饶平县地方志编纂委员会办公室校订，2001 年版，第
52—53 页。

② （清）刘业勤纂修：乾隆《揭阳县正续志》卷 7《事纪》，《中国方志丛书》（华南地
方第 195 号），成文出版社 1937 年版，第 944—945 页。

③ （明）陈天资：《东里志》，饶平县地方志编纂委员会办公室校订，2001 年版，第
52—53 页。

性，终于导致了"鸽变"事件。① 此论不无道理。

笔者认为，"鸽变"发生，在于活跃的商品经济刺激民众金钱本位思想，竞奢的社会风气不断刺激民众追求暴富暴利欲望，而"炒卖经济"成为民众牟取暴富暴利的主要手段之一。"炒买炒卖"也是"鸽变"事件的基本内涵与最主要特征。换言之，"鸽变"系因"奸商"精心设计的商业欺诈骗局引起，民众为了获取暴利而竞相"炒买炒卖"鸽鸟，"鸽变"策划者与身陷"鸽变"事件当中的普通民众都有强烈的逐利之心，逐利与追求暴富是他们共同的目的。如晚明潮州籍士大夫林大春如此评析"鸽变"事件："非物之能自为变也，人心之变使之也；亦非人心之自为变也，货利之习趋之也。夫邯郸之市，居货之贾，即微如刀锥，犹不遗余力求之。矧兹一物不崇朝而可致千金，虽佣夫贩妇谁不争？且以夫妇之愚，岂其果能破家钓奇事玩赏者，乃至弃其产业以求一鸽而不顾？则以所失者小，而所图者大也。"②

进而言之，明代潮州"鸽变"最初为炒买炒卖的经济事件。由于地方政府控制失措，未能及时化解危机，"鸽变"一度造成社会动荡，甚至激发杀人越货事件，"鸽变"继而演变为群体性社会事件。关于"鸽变"事件，笔者曾撰文提出，"鸽变"事件发生看似偶然，实则是一种必然结果。它是晚明"奢靡陷阱"产物，也是"奢靡陷阱"一种表现形式。③ 不过，如果仅仅从经济与社会层面探究"鸽变"发生原因，还是不能洞悉"鸽变"的全部历史内涵。其中，关于"鸽变"发生的社会环境赖以依存的生态环境，应该给予必要的关注。

---

① 黄挺、陈占山：《潮汕史》，广东人民出版社 2001 年版，第 355 页。

② （明）林大春：隆庆《潮阳县志》卷 2《县事纪》，《天一阁藏明代方志选刊》，上海古籍书店 1963 年版。

③ 赵玉田：《明代潮州的"鸽变"事件与"奢靡陷阱"》，《中国社会科学报》2018 年10 月 8 日。

第二节 "鸽变"与害之者众

如果我们进一步追问"鸽变"事件成因与背景,"鸽变"事件还有许多值得我们关注和思考的问题。换一句话说,看似偶发的"鸽变",实为晚明韩江流域诸多因素共同作用的必然之果,是害之者众的一种表现、一个致因及必然结果。要言之,"鸽变"发生是有经济、社会与思想文化基础的,不是孤立存在的。其中,在晚明韩江流域生态环境恶化背景之下,韩江流域频繁的灾荒、活跃的商品经济及逐利竞奢民风等诸多因素共同作用,成为"鸽变"事件发生的"经济社会—生态环境—文化价值观念"基础。进而言之,晚明韩江流域之所以出现害之者众问题,当是韩江流域社会环境、经济生活内容与生态问题相互作用的结果。其中,自然灾害是害之者众的众害之一,生态环境因素也是造成"间阎转贫窭"问题的一个致因,而"鸽变"则是阐释"生态环境致因"的一个重要视角与典型案例。

一、林熙春之问:云何间阎转贫窭

至明中叶,韩江流域经济经历百余年近于稳定的持续发展之后,逐渐繁荣起来,尤其是经济社会商业化趋势增强,与之伴随的,是社会上竞奢成风,以及随即出现经济由盛而衰的问题。为此,晚明潮州籍士人林熙春(1552—1631)写诗追问:"弘正以前正淳庞,上下恬熙实宁宇。岛彝煽乱嘉隆间,因之海酋大跋扈。此时扰扰不堪闻,儋石百钱犹充腋。数十年来似苟安,云何间阎转贫窭?岂其器服事豪奢,抑亦樗蒲萃成薮?岂其雀鼠日繁多,抑亦貂珰猛于虎?岂其逐末少农桑,抑亦闽舵如鸟飞?"[①] 显然,"间阎转贫窭"事实令林熙春困惑,他从倭寇杀掠、山贼海盗抢劫、奢靡赌博风习、贪官污吏肆意盘剥、民众弃农重商活动等方面逐一考量,探寻其中原因。

---

① 温廷敬辑、吴二持等编校:《潮州诗萃》,汕头大学出版社 2001 年版,第 150 页。

　　林熙春之问是历史之问。为何晚明潮州出现"闾阎转贫窭"？林熙春并没能弄清楚"闾阎转贫窭"的真正原因。诚如上文所论，隆庆年间，潮州府潮阳县亦出现类似"闾阎转贫窭"问题。是时，潮州籍士大夫林大春亦感叹潮阳县"害之者众"而造成经济衰退、民生维艰事实。[①]事实上，林大春的林氏问答同样适用于晚明潮州府与整个韩江流域。正是由于害之者众，最终造成林熙春所称"闾阎转贫窭"事实。谨就笔者分析，概要说来，"闾阎转贫窭"是晚明韩江流域经济生活与生态环境问题等多种因素共同作用的结果。所以，要回答林熙春之问，首先要弄清楚林大春所谓害之者众有哪些众害？

二、"鸽变"与晚明潮州灾害环境

　　晚明潮州"鸽变"事件，表面看来，似乎与潮州灾害环境没有干系。实则不然。生态环境因素直接影响民众生活，生态环境因素通过作用于经济社会因素而间接影响"鸽变"事件发生与走向。因此，可以说，"鸽变"是一种经济社会生活状态，同时也是晚明韩江流域生态环境的一种状态的表征。

（一）晚明潮州灾害环境

　　有明一代，潮州幅员与县级建制不断变化，至晚明才稳定下来。

　　水害环境构成明代潮州灾害环境的主要内容。明代潮州，干旱与水灾的破坏性最大，其中水灾最为频繁严重，这与明代潮州所处地理位置、地形地貌、河流分布等有密切关系。潮州北部位于粤东北山区，山川纵横，林木繁茂；潮州中部与南部是潮汕平原，地势平衍。潮州境内河汊纵横，主要有韩江、榕江、练江、龙江及黄冈河等河流穿境入海。在河流沿岸，分布着低谷平原和河口三角洲平原，平原被丘陵、山地、河流分割得支离破碎。古代潮州，干旱与水害是其大害，以水害为主。关于明代潮州水害环境，明中期潮州籍士大夫薛侃在其所撰《修堤记》中概括明代潮州水害环境，即"潮治东南，夹溪为堤，民居其下。一遇崩溃，巨浸百里，沉庐倾堵，禾稼弗登，潮

---

　　① （明）林大春：隆庆《潮阳县志》卷7《民赋物产志》，《天一阁藏明代方志选刊》，上海古籍书店1963年版。

民之害未有甚于此也"①。晚明潮州籍士人林熙春对潮州水害环境——暴雨与水
灾频发、江堤频繁溃决等亦有精彩论述。如他在所撰《海阳县重修东津沙衙
堤记》称：

> 潮本泽国，合赣、循、梅、汀、漳五郡之水注之韩江，千里建瓴，
> 万派归壑，而龟湖凤溪以下，势转而东，东津正其要害处也。沿江两岸，
> 赖堤以固。春夏之交，雨淫江涨，云昏天回，几撼地轴。白浪越雉堞出，
> 居民望之摇摇然。夜则迅雷震惊，甫就枕辄彷徨起，若此者十余日，或
> 五六日，每岁三四至以为常。仓卒有警，则扶白负黄，号泣闻数里。他
> 不具论，即东津沙衙堤，庚子以来，已三溃矣。庚子之溃，赖直指李公
> 用薛孝廉采议，发帑金八百予司理姚公，拮据修治。仍自虎豹陂培土增
> 矶，以逮于此。不可谓不计久远，奈旁多流沙，水且易啮。壬子圮甫塞。
> 癸丑复圮东厢。秋溪、隆眼城、苏湾诸都，禾没殆尽。时直指周公正代
> 狩入潮，士民许绍等合词以疾苦请。周公穆然咨嗟，遂捐百金为帜，因
> 饥未举。越岁而观察陈公，首重民瘼，捐亦称是，太守陆公复捐溢其半，
> 盖所谓同心出治者。而令尹沈公，甫下车辄毅然补救，谓此地善圮，非
> 中砌地龙，无以杜渗泄；非外培荒石，无以御冲激；非上流加石矶，无
> 以障狂澜。议上，诸大吏悉报可。遂命主簿黄君大德，集者义廖一潜等，
> 戴星敦督……余惟潮地滨江，赖堤以固。利害眉睫，存亡呼吸，若非民
> 隐之难知也。②

当然，明代潮州除了频繁严重的水灾及"万派归壑""雨淫江涨，云昏天
回，几撼地轴"的水灾环境，还有其他险害者。明代气候转冷，灾害性天气

---

①（明）薛侃：《薛侃集》，上海古籍出版社2014年版，第241页。另，薛侃
（1486—1545），字尚谦，号中离，明代揭阳人，早年师事王阳明，一生致力于王门心学。
正德十二年（1517）登进士，官行人、司正，晚年在潮州宗山书院讲学，传播王学。

②（清）冯奉初辑：《潮州耆旧集》，吴二持点校，暨南大学出版社2016年版，第
444页。

增多，水灾、旱灾、雪灾与雹灾、风灾增多。①另如明清之际思想家顾炎武（1613—1682）撰《天下郡国利病书》所载："潮郡十县，皆阻山带海，而最为险害者，程乡之径，饶平、惠来、澄海之澳港，平远之隘。山峒葱郁，海涛喷薄，或连闽、粤，或通广、惠、琼崖及外夷之属，号为水国，最霸胜矣。山川之气，代有凭依，故治则贤哲藉以兴，乱则鲸鲵薮之，狐兔穴之。"②另，清修《潮州府志》称："潮郡当闽广之冲，上控漳汀，下临百粤，右连循赣，左瞰大洋。由闽入粤则柏嵩分水，锁钥重关自嘉至潮则畲坑、留隍、提封、百里、葵潭为潮地要隘，石上亦汀郡咽喉三河城宛矣，金汤览表渡居然天堑；南澳为外海门户，庵埠、黄冈、樟林乃内洋门户，他如柘林、达濠、海门、蓬洲、南洋、鸥汀、大城、靖海、神泉诸城皆沿海保障，山多悬崖哨壁，鸟道羊肠，大多险以成奇奥而毓秀。故乱则城狐社鼠，最易凭依；治则日趋淫靡讼狱繁矣。"③

（二）"鸽变"发生在灾害密集暴发时期

晚明潮州"鸽变"似乎与灾害环境（或曰生态环境）并无关系，但是，"鸽变"发生的经济社会环境与生态环境不无关系。进而言之，"鸽变"并非发生在天公作美的好年景，而是发生在灾害频发的"灾害密集暴发时期"。

明代原本就是一个灾荒空前的朝代，偏于岭南一隅的韩江流域，坐落于韩江流域的潮州府，同样遭受着密集灾害袭击。其中，嘉靖三年（1524）潮州发生"鸽变"前后，正是潮州天灾肆虐之际。史载：

> 正德二年夏六月雨雹，其大如拳。三年冬十月地震。四年夏六月飓作海溢，潮揭饶三县民溺死者众，冬十二月陨雪厚尺许。十年秋七月，飓大作，海潮滔天，漂屋拔木，凡沿海之田厄于咸水，越年不种，民多

①（明）林大春：隆庆《潮阳县志》卷2《县事纪》，《天一阁藏明代方志选刊》，上海古籍书店1963年版。

②（清）顾炎武：《天下郡国利病书·广东备录中》，上海古籍出版社2012年版，第3240页。

③（清）周硕勋：乾隆《潮州府志》卷5《形势》，《中国方志丛书》，成文出版社1967年版，第63—64页。

溺死。十二年春正月大雨雹，是年春涝，秋蝗，夏无麦苗，民饥。十四年秋八月地震。嘉靖三年秋八月，大飓海溢，潮、揭、饶之民沿海居者皆为漂没，浮尸遍港，舟不能行。七年秋，飓发连月，民多饥。八年旱，斗米价至二钱，山无遗蕨，民多饥殍……（嘉靖）十四年夏五月，揭阳地震，饶平夏旱，秋大水，山谷崩裂，城垣倾颓，水溢襄陵，民家临流者皆没焉……二十四年春大旱，秋潦害稼，大埔饥。[①]

可见，"鸽变"前后，潮州与韩江流域正处于自然灾害频发的背景之下。因此，认识与解读"鸽变"，需要尽可能全面考察当时的各种客观环境与主观因素。其中，生态环境不能被漠视，因为它是客观的当然的一种环境。

实际上，明中叶以来，韩江流域生态环境持续恶化，"鸽变"几乎就发生在生态环境恶化的同步的历史当中。若就其二者关系而言，正是由于日趋频繁严重的水旱灾害连同倭寇不时杀掠、山贼海盗时常抢劫、奢靡赌博风习、贪官污吏肆意盘剥等"灾难性"社会环境一并加剧晚明韩江流域的民众苦难。生态环境威胁（主要是自然灾害）与社会环境威胁（海盗、山贼、倭寇等）[②]使得民众生存在朝不保夕的惶恐之中，因而催生及时享乐的心理，奢靡之风进一步强化民众及时享乐心理与暴富暴利愿望。因此，表面看来，晚明"鸽变"是经济社会现象。稍加分析，不难看出，它实际上恰是晚明韩江流域生态环境恶化（或曰灾害环境）的另一种"面相"。

第三节　鸽变型社会与灾害型社会

有明一代，嘉靖初年的潮州府"鸽变"不能算作一个大事件。然而，今

---

① （明）郭春震校辑：嘉靖《潮州府志》卷8《杂志》，《日本藏中国罕见地方志丛刊》，书目文献出版社1991年版。

② （明）林大春：隆庆《潮阳县志》卷2《县事纪》，《天一阁藏明代方志选刊》，上海古籍书店1963年版。

天看来，对于明代潮州乃至韩江流域而言，"鸽变"当是一个地域性的标志性事变，它标志着明代潮州乃至韩江流域经济社会进入历史"拐点"，即进入鸽变型社会时期。本文所谓鸽变型社会，系指晚明韩江流域传统社会近代化转型的一种异化形式，是传统社会的一种变态，本质上属于传统社会，然而又兼具近代社会某些特征的一种传统社会的变态状态。进而言之，"鸽变型社会"是传统经济社会极端商品化产物，鸽变型社会是以城镇为中心的传统经济社会异化形态，它以金钱至上为主要社会规则，遵循"商品规则＞政治规则＞传统礼法道德规范"的社会价值模式，传统社会基本处于无序与混乱状态。

一、晚明潮州"鸽变型社会"

"鸽变"事件预示明代韩江流域进入以竞奢与推崇炒卖、暴利为主导方式的经济生活时期。"鸽变"是"鸽变"经济模式典型事件。"鸽变"经济模式则是晚明韩江流域害之者众之一，也是"鸽变型社会"的主要表现。鸽变型社会为我们探究明中后期韩江流域"闾阎转贫窭"[①]原因提供了一个新视角。

（一）财富成为社会价值标准，竞奢成风

明代潮州府地处粤东经济文化发达之地，襟山带海，千里韩江由北向南穿境而过。至明中叶，韩江流域农业经济恢复并发展起来。明代潮州地处国际贸易航道重要地位，天然良港很多。是时，以海外贸易为牵引，潮州工商业市镇增多，重商之风盛行，农业商业化趋势明显，[②] 商品经济活跃，手工业兴旺。[③] 史载，是时，"广之惠、潮、琼崖，狙狯之徒冒险射利，视海如陆，视日本如邻室耳，往来交易，彼此无间"[④]。又称，弘治（1488—1505）以来，

① 温廷敬辑、吴二持等编校：《潮州诗萃》，汕头大学出版社 2001 年版，第 150 页。

② 见（明）郭春震校辑：嘉靖《潮州府志》卷 2，《日本藏中国罕见地方志丛刊》，书目文献出版社 1991 年版。

③ 见（明）郭春震校辑：嘉靖《潮州府志》卷 2，《日本藏中国罕见地方志丛刊》，书目文献出版社 1991 年版。

④（明）谢肇淛：《五杂组》，傅成校点，上海古籍出版社 2012 年版，第 74 页。

潮州"士习浮夸，商竞刀锥，工趋淫巧"。① 如万历年间（1573—1619），官员王士性游历潮州，目睹潮州经济生活繁华景象，因此颇为震撼，故而感慨："今之潮非昔矣，闾阎殷富，士女繁华，裘马管弦，不减上国。"②

随着潮州社会财富积累，商业繁荣，世风由俭入奢，金钱至上价值观盛行，竞奢炫富成为风尚。如潮州籍士人林熙春称："吾乡曩时好稼穑而乐樵采，有古先民遗风。迨市廛逐末，四方辐辏，日以雕琢……驯至于今，则耕樵化而为纷华毕露矣。水陆争奇，第宅错绣，鲜衣丽裳相望于道。岁誉髦勃发，实繁往昔，而竞文灭质，识者忧焉。"③ 竞奢之风越刮越猛，持续刺激人们竞相追逐物欲，社会上及时享乐思想颇为流行。为满足民众奢靡生活需要，在海外贸易中，当时潮州进口货物多为贵金属和香料等高档消费品。④ 万历《广东通志》亦载：潮州"子弟之坏，务奢侈，比顽童，櫺蒲歌舞，傅粉嬉游，于今渐甚。其声歌清婉，闽广相半，中有无其字而独用声口相授，曹好之以为新声"⑤。

晚明潮州民众盲目崇尚生活享受，有强烈的炫富心理，竞奢之风弥漫，民众的财富多用于生活消费。换言之，潮州民众通过简单再生产而累积的资财，多用于"水陆争奇，第宅错绣，鲜衣丽裳"与"裘马管弦"，财富拥有者把财富主要用于毫无节制的奢靡生活当中，终至竞奢成风。时人王焜章为此忧叹："为尔民者，宜力勤本业，犹恐安饱无时，而乃恣情废业，纵酒呼卢，

① （明）郭春震校辑：嘉靖《潮州府志》卷8《杂物》，《日本藏中国罕见地方志丛刊》，书目文献出版社1991年版。

② （明）王士性：《广志绎》，中华书局1981年版，第101页。

③ （明）林熙春：《宁简约序》，见光绪《海阳县志》卷7《舆地志·风俗》，《中国方志丛书第64号》，成文出版社印行1967年版。

④ 刘强、王元林：《明代潮州对外贸易研究》，《汕头大学学报》（人文社会科学版），2006年第2期。

⑤ 万历《广东通志》卷39《潮州府·风俗》，《稀见中国地方志汇刊》第43册，第110页。

樗蒲一掷，称雄自诩，为王孙之绮席可乎哉？"① 凡此，商业活动及商品经济无力促成商品交换规则最终社会化，社会商品化亦逡巡不前，而经济商品化趋势最终为生活奢靡化所吞噬。在耗尽社会财力基础上，商品规则与原有的礼法秩序、政治权力规则等三者彼此颉颃与融通而最终构成以金钱至上为主要规则的混合式基层社会运行规则的基层社会规则逻辑运行模式，加剧传统社会的无序与混乱，进而造成传统社会陷于鸽变型社会。于是，传统社会制度规范与躁动的新规则一直处于冲突与相互否定的斗争之中，而新规则终因工商业经济萎缩及其内在动力不足而无法继续。

（二）追崇暴利暴富，盛行经济欺诈与巧取豪夺

成化时期（1465—1487），明代各地重商观念与拜金思潮已盛行。如成化朝大臣丘濬所言："今夫天下之人，不为商者寡矣。士之读书，将以商禄；农之力作，将以商食；而工、而隶、而释氏、而老子之徒，孰非商乎？吾见天下之人，不商其身而商其志者，比比而然。"② 且"凡百居处食用之物，公私营为之事，苟有钱皆可以致也。惟无钱焉，则一事不可成，一物不可用"③。竞奢风气持续刺激人们毫无底线的物欲，竞奢也成为人们追逐金钱的主要动力。如韩江流域经济中心潮州府，是时，"富家大贾往往以势利相高，公然修造大船，遍历诸部，扬帆而去，满载而归，金宝溢于衢路，彼小民者见之目夺心骇"④。

竞奢与及时享乐风气反过来又进一步刺激人们的生活性消费欲望，也不断刺激潮州民众热衷于类似赌鸽及讹诈等牟利行为，而且为了金钱无所顾忌。如嘉靖时期，潮州籍士大夫林大钦（1511—1545）所言：

---

① （明）陈天资：《东里志》，饶平县地方志编纂委员会办公室校订，2001 年版，第 170 页。

② （明）丘濬：《重编琼台稿》，上海古籍出版社 1991 年版，第 205 页。

③ （明）丘濬：《大学衍义补》，林冠群、周济夫校点，京华出版社 1999 年版，第 208 页。

④ （明）林大春：隆庆《潮阳县志》卷 2《县事纪》，《天一阁藏明代方志选刊》，上海古籍书店 1963 年版。

（潮州）自迩年以来，民聚久而民心易浇，俗之盛者，不得不转而为衰；法行久而人心易玩，治之得者，不得不变而为失。将见士业明经，惟志青紫而不敢实行。为民者尚习风以倾轧，全丧其良心。财产不明，则献入势豪；忿争不息，则倚资权门。富贵之家，侍门第夺人之土；强梁子弟，事游侠欺孤寒之心。婚姻惟论财，而择配以德之义疏；朋友尚面交，而责善丽泽之益少。丧祭重酒礼之费，有忍毁其亲之尸；疾病信淫祠之祷，全不叩扁鹊之门。如此者，无怪于风俗之衰也。有官守者，惟以荣身肥家为事；司案牍者，但以鼠食狗偷为贤。上有善政之颁，而徒揭之榜谕；下有冤抑之苦，未尝见之解申。农桑非不知劝也，而土木之役不辍；学校非不知重也，而奔竞之风未防。雇募机兵，所以御寇也，而反以招寇；通用体国，所以舒民也，而反以困民。名曰体公行道也，而干求日进；名曰杜绝贿赂也，而庖苴日来。若此者，无怪于政治之失也。

噫！俗之盛者既可转而复衰，则衰者可不转而复盛乎？治之得者既可转而失，则失者岂不可转而复得者乎？今日欲复其盛而反其衰，改其失而求其得，其道奈何？亦曰：委之兴革配。是故以潮之所当兴者言之，若建学校、择名师、表节义、崇德行，讲礼习乐之类。吾今日之所当举者，正吾潮之所渴望也。自是之外，若桥梁之建，往往又有陷溺之惧；堤岸之修，民居亦有崩裂之苦。豪强未抑，弱者常被其吞并；流贼未除，而商贾亦被其劫掠。无丁偿以盐利也，而屯田之害何可当也？孤独养济以院也，旁傍之尸何不问也？凡此者，何非吾潮之所当兴者也？以潮之所当革者言之，如造淫祠、搬杂剧、尚浮文、好靡丽、停丧赌博之类，吾今日之所当革者，正吾潮之所称快也。自是之余，如习风之啄，可畏甚于猛虎；积蠹之徒，其害毒于长蛇。里书加减人口，富户可也，而贫家安得安得不至于逃亡？滑吏出入人罪，轻者得矣，重者安得不至于构怨？工督之人，罪于移挪之侵欺；书写之辈，坐于盘桓之供给。①

"鸽变"事件就是货利之习浸润下的晚明潮州府民众通过炒买炒卖物品以谋取巨额财富的一种商业运作模式与经济生活具体表现。

（三）礼崩乐坏，传统社会秩序失范

明初重视教化，潮州礼教逐渐兴盛。如永乐十七年（1419），潮阳县人郑义所言："潮阳滨海甲邑，俗尚礼教，人习诗书，蔼然邹鲁之风映今耀古。"②弘治二年（1489），潮阳县知县王銮称："潮阳地极东南，滨海濒山，昌黎过化，极于富庶蕃衍，衣冠礼乐超越于前，若是则我国家文运之盛、德教之被，诚驾二帝三王矣。"③然而，至明中叶，随着韩江流域商品经济发展，商品意识浸润，商业规则似乎成为人们的日常行为规则。在商业活动刺激下，在竞奢之风冲击下，在金钱至上规则左右下，韩江流域社会呈现集体性的惶惶不安与浮躁情绪，人们以俭朴为耻，以奢靡为荣，以贫者为卑，以富者为尊贵。

问题在于，民众的财富多用于攀比性的物质生活消费，而不是投入生产力提高与生产技术改进，也不是用于扩大再生产，实则导致社会生产再发展乏力。然而，在商品意识与商业规则持续冲击韩江流域传统社会秩序的同时，商业规则未能成为社会规则而规范社会与人心。如嘉靖时，潮阳人萧端蒙④疏称：

---

① （明）林大钦：《林大钦集》，广东人民出版社 1995 年版，第 40—41 页。注：林大钦（1511—1545），明代潮州海阳县东莆都人，嘉靖十一年中进士，状元。后以母病老，乞归终养。

② （明）林大春：隆庆《潮阳县志》卷首《古序·永乐十七年潮阳县志序》，《天一阁藏明代方志选刊》，上海古籍书店 1963 年版。

③ （明）林大春：隆庆《潮阳县志》卷首《古序·弘治二年潮阳县志序》，《天一阁藏明代方志选刊》，上海古籍书店 1963 年版。

④ "萧端蒙，字曰启，潮阳人。嘉靖庚子乡荐，辛丑成进士，选庶常，著论二十余万言。上重其才，授山东道御史。后病归，上疏陈潮民疾苦，请拓城除害等六事。又陈时政十余疏。不报。"后，病卒。著有《同野集》（萧端蒙：《条陈远方民瘼六事疏》，载冯奉初辑《潮州耆旧集》卷 14《萧御史同野集（二）》，吴二持点校，暨南大学出版社 2016 年版，第 181 页）。

照得本县① 刁讦之风，近来颇炽。怨在睚眦，必兴讼词。事本纤微，至诬人命。而其尤可恶者，则扛尸图赖一事。盖当初死之际，呼集亲党百十为群，持执凶器，扛抬身尸，径至所仇之家，打毁房屋，搜括家财，掠其男妇，肆意凌虐。或行反缚，或加乱棰，或压以死人，或灌以秽物。极其苦楚，几于踣毙。必使供应酒食，打发钱银。满足所欲，然后闻官。及至勘鞠，类皆诬赖。有司之官，但知人命为重情，家财为细故。见已重事招虚，遂谓昭雪已足。虽明知抢夺是真，亦不复为民究竟。而其所被诬者，多系善弱之民，受此欺凌逮系之苦，已不胜其困顿。但乐得释，遑计其他。非惟不敢讼而求追，甚至加以厚赂。代之纳罪，以冀免再讼者。此风之煽，积以成俗。非有痛革，莫可救返。②

嘉靖时期潮州府潮阳县盛行刁讦之风，人们无视礼法，为了追求金钱物欲而毫无道德底线和法律意识，他们心中金钱最大，为了获取财富而不择手段，巧取豪夺，而且形成风习，以为当然，是时可谓礼崩乐坏，传统社会失序，整个下层社会动荡不安。一叶知秋，嘉靖时期潮阳县民风当属当时韩江流域典型。

二、自然灾害与鸽变型社会

"鸽变"与鸽变型社会发生，经济因素固然很重要，生态环境因素也不能忽视。生态环境因素与经济社会等诸因素相互影响、相互作用而形成一种合力，催生"鸽变"事件与鸽变型社会。需要强调的是，明中叶以来韩江流域生态环境恶化的历史，与鸽变型社会形成过程（历史）几乎是同步的。就其二者关系而言，正是由于日趋频繁严重的水旱灾害及不断恶化的灾害环境等一并加剧晚明韩江流域的民众苦难，催生"鸽变"事件与鸽变型社会。

---

① 引文中"本县"系指明朝潮州府潮阳县。

② （明）萧端蒙：《条陈远方民瘼六事疏》，载冯奉初辑《潮州耆旧集》卷14《萧御史同野集（二）》，吴二持点校，暨南大学出版社2016年版，第194、196、197页。

（一）"鸽变"与鸽变型社会发生，生态环境因素参与其中

明中叶以来，生态环境[①]与传统社会之间经常形成相互肯定或否定关系，韩江流域也不例外。仅就"鸽变"而言，"鸽变"发生在明中叶以来韩江流域生态环境恶化、自然灾害频发的背景之中。我们需要做的，是将"鸽变"事件与鸽变型社会置放于晚明韩江流域，特别是潮州具体而生动的经济社会生活与生态环境当中加以考察。如晚明潮州，在灾害频繁打击之下，潮州民生为灾害左右。自然灾害高发之地，生命财产毫无保证，人生转瞬阴阳阻隔，财富瞬息化为乌有。从灾害心理分析，频繁的自然灾害对民众心理产生巨大刺激与影响，容易激发民众悲观心理，也容易诱发民众渴望骤富与及时享乐心理。

进而言之，"鸽变"事件与鸽变型社会应当置放于晚明韩江流域，特别是潮州经济社会生活与生态环境相互作用的关系当中予以思考。如明中叶以来，韩江流域荒政废弛，农田水利多荒废，贫困无依的灾民或多或少产生与政府离心离德心理倾向及离经叛道之心。明代潮州籍官员王天性（1525—1609）所作《先涝后旱》诗，描写当时潮州的水旱灾害情况，也是当时民生的哭诉："四月五月雨不晴，六月七月断雨声。暵霪二沴更衰旺，禾黍午畦半死生。野老哀哀如有诉，皇天漠漠总无情。又闻簿吏朱书票，催促钱粮并限征。"[②] 又如正德七年（1512），潮籍官员杨琠撰《请留公项筑堤疏》所云："海、揭之民，呼天抢地，无所控诉。民困如此，若不预为之计，服先畴者已不得耕，而耕者复忧于湮塞之无时。死于溺者已不可生，而生者复忧于死期之不远。嗟此

[①] 论及环境史研究趋势，王先明先生撰文称："人类的生存环境不是单向度地表现在自然环境方面，人类改造自然环境的过程同时也是改造社会环境的过程；改造社会环境的过程也包含着改造自然环境的过程。在人类生活的实践中，自然环境和社会环境的改造，在历史进程中始终是同一的，而不是分离的。因此，真正的'环境史学'不能不包含这两个方面。在这里，环境史的自然史取向与社会史取向同样不可忽略。"（《环境史研究的社会史取向——关于"社会环境史"的思考》，《历史研究》2010年第1期）

[②] 温廷敬选辑：《潮州诗萃》，吴二持、蔡启贤校点，汕头大学出版社2001年版，第118页。

小民，日就穷蹙。如之何不为盗也？"①民逢灾害，深受灾害之害，物质生活与精神都备受折磨。

生态环境不是历史旁观者。频繁灾荒密集打击之下，包括晚明"鸽变"与鸽变型社会诸多变化等韩江流域经济社会生活都受到生态环境因素影响。

（二）在灾害频繁打击之下，潮州经济社会秩序为灾害所左右

韩江中下游地势低平，沟渠河汉众多，极易发生水灾。仅就水灾而言，"鸽变"前后，频繁而严重的水灾不断改变潮州灾区人口生存环境与经济社会发展状态。这种改变主要是破坏性的，水灾成为左右潮州经济社会发展状态的重要因素之一。水灾连同其他各种自然灾害，构成了"鸽变"事件与鸽变型社会产生的生态环境基础。如明代潮州府潮阳人萧与成②在《赠邑侯邹前郊先生入觐序》中所讲的鬻女金故事，虽然可以读出邹侯爱民救民之"仁心"，同时可以读到当时民众生活之苦、生计之艰难。是时，潮州民生已为灾害所左右：

> 今夫潮之民，憔悴于政，为日久矣。邹侯以恺悌之心，施而为和易之政。一念忧民之诚，时行于色。今岁春夏旱甚，民无力稼之望，厥心汹汹。侯朝夕焦劳，竭诚祈祷，遂得雨，民赖以安。上司以旱故，下州县发赈贷。侯惧实惠不及贫民，乃率吁众戚至于庭，询父老以赈给之策。恻恻之意，见于言面，有足感动人者。卒用父老议，令里之长，各疏其里中之贫者，按图给散，民得均沾。有旧负差役钱者，系狱久，侯许之释出，令竭力佣作以输。既数月，负如昔，复召之。其人泣曰："父母重恤，我即劬劳，敢爱其力？顾家之老稚，待食者众，佣作所入，未足糊口，曷有余者？今有一女鬻于人，仅数金，敢以此充役钱之半。"侯闻之

---

① （清）周硕勋：乾隆《潮州府志》卷40《艺文》，《中国方志丛书》，成文出版社1967年版，第992—993页。

② 萧与成，字宗乐，明代潮州府潮阳人，明正德十二年中进士，担任翰林院检讨，参与预修《明武宗实录》，后升为修撰承务郎。两年后以"丁外艰"告老返乡。乡居期间，时值倭寇扰乱中国沿海地区的高峰期，曾组织抗击倭寇。

恻然，竟释遣而去。越数日，会有赈饥之令，侯命以鬻女金籴仓谷给其家焉。其有意穷民类如此。①

学者赵冈明确提出："在人与自然资源的相对关系中，最重要的是人与土地的关系……农作物与天然植被是互相竞争土地的，要推广农业生产就要先铲除地面上的天然植被。此消然后彼长。人口增长后，就要增加耕地，垦殖的结果就会减少天然植被覆盖的面积。天然植被，如森林及草原，对生态环境有一定的保护作用，过量铲除后，就会导致生态恶化。"② 明中期以来，气候转冷，水旱灾害增多，而韩江流域农田水利失修，沿江堤坝疏于防护，河流沟汊多有淤塞，农业生产受害最为严重，灾害频发，加剧区域社会贫困化，饥荒严重，饥民嗷嗷，流民增多，区域经济发展自然无法维系，社会处在动荡不安之中。

（三）祸不单行："人祸"频发

成化以降，环境灾变频率加快，各地水旱灾害明显增多。其实，除了频繁自然灾害，还有不时出现的"人祸"。"人祸"加重了晚明潮州自然灾害破坏力。

所谓"人祸"，指明中期以来韩江流域屡遭山贼、海盗与倭寇劫掠，经济屡遭破坏，社会动荡不安。如正德"十一年，山贼曾钯头攻陷贵山、江南等乡③……（潮阳县）当武庙④时，承平日久，田野之人终身不识兵革，以故曾钯头得以杖马棰而东，一旦江南，数十里闻风瓦解，并为囚虏矣"⑤。另如明代士大夫林大春所言："五岭以外，惠潮最称名郡。然其地跨山濒海，小民易

---

① （清）冯奉初辑：《潮州耆旧集》卷3《萧太史铁峰集》，吴二持点校，暨南大学出版社2016年版，第30页。

② 赵冈：《人口、垦殖与生态环境》，《中国农史》1996年第1期。

③ 系指潮州府潮阳县属贵山乡、江南乡等地。

④ 系指明代正德时期（1506—1521），正德皇帝朱厚照庙号武宗，故文中称其"武庙"。

⑤ （明）林大春：隆庆《潮阳县志》卷2《县事纪》，《天一阁藏明代方志选刊》，上海古籍书店1963年版。

与为乱。其道通瓯越闽楚之交，奸宄易入也，以此故称多盗。盖自倭患以来，其亡命之徒、乌合之众，斩木为竿、揭木为旗，所以蜂屯蚁聚。弥漫于岩谷，充斥于岛屿者，十数年矣。"①

万历以后，山贼与倭寇横行，社会动荡不安。

《潮州志·大事志》记载，明代潮州寇盗及倭寇劫掠杀戮事件与官军平定祸乱战事，嘉靖三十一年（1552）到崇祯十七年（1644），90余年间一共发生90余起。② 也就是说，明代中后期，特别是万历以降，潮州天灾人祸密集袭来，经济社会生活处于动荡不安之中。如嘉靖时期海阳人陈一松称："潮州地方递悬岭外，山海盗贼匪茹，遭荼毒之惨者，垂十余年。群丑日招月盛，居民十死一生。"③ 光绪《潮州府志》亦载："万历间，大丈增额，重以墨吏诛求。穷民聚而摽掠，潮充斥於寇不得宁者六十余年。"④ 明代潮州知府郭子章（1543—1618）所著《潮中杂纪》称："潮自嘉靖四十一年以来，苦遭剧盗吴平、张琏、刘兴策等相继流劫，燕巢林木，民死锋镝。万历元年，潮惠之界始平……斩一万二千二百余名颗。大贼首六十一人，次贼首六百余人，贼属牛马无算。万历二年，始平叛贼朱良宝，俘斩一千二百五十余名颗，良宝死，刃下男妇不计。是年，海贼寇潮阳……三年，始平海寇林凤，获贼徒男妇八千余人，凤走外夷……七年以后，寇渐骚除，民渐耕耨。则六年以前，潮中莽为盗区。"⑤ 由于长期深受"山贼""海盗"与"倭寇"之苦，韩江流域经济社会屡遭劫难。

要言之，明中叶以来，随着韩江流域商品经济与海外贸易（包括走私）发展，民众商品意识明显增强，金钱至上观念盛行，为了获取金钱而不择手

---

① （明）林大春：《伸威张宪使平寇序》，载冯奉初辑《潮州耆旧集》卷21《林提学井丹集（二）》，吴二持点校，暨南大学出版社2016年版，第288页。

② 《潮州志·大事志》，《潮州志汇编》本，香港龙门书店1965年版。

③ （明）陈一松：《玉简山堂集》，载冯奉初辑《潮州耆旧集》卷19，吴二持点校，暨南大学出版社2016年版。

④ （清）周硕勋：光绪《潮州府志》卷21，《中国方志丛书》第46号。

⑤ （明）郭子章：《潮中杂纪》，香港潮州商会，1993年影印万历乙酉刊本。

段，人们的价值观念趋于混乱（或称多元化），社会矛盾增多，韩江流域还屡遭"山贼""海盗"与"倭寇"劫掠，经济屡遭破坏，民众生产生活处于威胁之中，社会动荡不安。除此，也包括"奢靡陷阱"。

三、鸽变型社会与灾害型社会

"鸽变"是一种民生状态，是一种为金钱发狂的动荡不羁的民众生存状态。这种"鸽变"状态，是疯狂逐利的痴迷金钱之态，也是无视传统礼法道德的民心失范之态。这种痴迷金钱之态与民心失范之态实则源于时人的人生价值以金钱财富为尺度的经济社会生活实际。也就是说，明中后期，随着商品经济活跃，社会物质产品更加丰富，商业行为与商品意识逐渐影响人们的社会行为准则，人们对金钱痴迷，物质欲望强烈，为获取金钱而不择手段，催生人们追逐暴富暴利心理，而炒卖经济[①]又是时人谋求暴利暴富的主要便捷方式。所以说，晚明潮州鸽变型社会是以城镇为中心的传统经济社会异化形态，鸽变型社会是一个具有代表性的案例。笔者指出，"鸽变型社会"是传统社会的一种特殊状态，是一种传统礼法纲常名教受到严重冲击与破坏的社会状态，是一种商品经济活跃、拜物教盛行的经济生活状态，是一种以商品规则为社会与人际准则、以商品意识为主要思潮与时尚的经济社会生活状态，是一种逡巡于传统经济社会与近代社会的夹缝中的变异的传统社会状态，但它在本质上仍是传统社会。

若放开视域，放眼整个明代与明朝疆域，我们还会发现，嘉靖三年（1524）潮州发生的"鸽变"事件不是一个孤立的事件，事实上此类事件不仅发生在潮州，也不只发生在嘉靖时期。明中叶以来，不只潮州，也不只韩江流域，明代各地类似"鸽变"的事件时有发生。也可以说，大明帝国后期，活跃的商品经济、频繁的自然灾害连同日趋贫困的农民一并把大明王朝推进此起彼伏的"鸽变型社会"当中。通常，鸽变型社会首先发生在城镇，如同

---

① 本文所谓"炒卖经济"，系指以炒买炒卖商品（或者物品）为主要获得高额利益的经济活动。

河中落石激起晕圈，层层外扩，席卷周边村落。进一步恶化，最终滑向生态环境导制的灾害型社会。从这点上来说，"鸽变型社会"可以称之为前灾害型社会。

（一）理论思考：灾区化现象与灾害型社会

明初以来，韩江流域随着人口增加与海外贸易发展，传统经济发展进入快车道。是时，经济作物种植面积扩大与农业商品化趋势增强，这些新变化都给生态环境与社会带来很大影响，即便是原本人迹罕至的深山密林之地也因之发生巨大改变。此种变化，何止韩江流域，岭南大多如此。如顾炎武《天下郡国利病书》载：

> （明代广东从化县）流溪地方，深山绵亘，树木翳密，居民以为润水山场，二百年斧斤不入。万历之季，有奸民戚元勋等招集异方无赖，烧炭市利，烟焰熏天，在在有之。每炭一出，沿溪接艇。不数年间，群山尽赭。久之，其徒渐众，遂相率为盗，四行杀掠。奸民利其财物，多为接济，每藉炭艇装载往来，人莫敢问。天启五年，知县雷恒力请督府禁止，然盗风已长，乃据险啸聚，竟成大乱，连年用兵，始克剿平。而山木既尽，无以缩水，流源渐涸，田里多荒，奸民陷一时小利而贻不救之大害若此。是宜永为申禁，以图安靖，斯地方赖之矣。①

包括韩江流域在内，明代社会经济经历了一个由盛而衰的过程。究其原因，大抵为自然因素与人为因素交相为恶的必然结果。其中，灾荒与生态环境及社会环境的相互影响、破坏，最终加剧社会脆弱性，而脆弱社会失去抵御灾害的必要功能。事实上，在传统农业生产中，人口增长必然导致为获取更多食物而扩大耕地面积，进而导致生态环境趋向恶化；环境恶化又导致农业生产环境恶化，农业产量降低，贫困问题加剧。即构成了古代农业社会人口（Population）、环境（Environment）与贫困（Poverty）三者之间的恶性

---

① （清）顾炎武：《天下郡国利病书》之《广东备录上》，上海古籍出版社 2011 年版，第 3193 页。

循环。①

至万历时期，明朝很多地方处于生态环境恶化、自然灾害频发境地，造成饥民嗷嗷，出现大量饿殍，经济生产自然无法维系，社会动荡加剧，一些地方再度地荒人稀，甚至出现灾区化现象。所谓"灾区化现象"，系指自然灾害在空间上耦合、在时间上相继发生的一类极其悲惨的灾区民生状态。灾区化乡村社会遂呈自然化倾向，终是村落萧疏，荒草弥漫。"灾区化现象"主要发生在乡村，实际上是一种乡村社会极端自然化的社会—自然现象，其发生机制不仅仅是灾害系统与自然生态系统是协同进化关系，实际上应该是灾害系统、自然生态系统与乡村社会系统三者协同进化的结果。"灾区化现象"是灾害型社会的主要表现。所谓灾害型社会，系指在传统农业社会里，一定时期内，自然灾害成为左右社会安危与民生状态的决定性因素的一种社会存在。在灾害型社会，相对于自然灾害破坏力而言，政府的社会控制能力与民生保障能力明显不足，甚至缺失，社会经济生活状态完全受制于自然状况与自然灾害程度。

（二）万历以来潮州鸽变型社会与灾害型社会

论及元代后期潮州经济社会状况，元代广东道肃政廉访司金事周伯温（1298—1369）《行部潮阳诗》云："潮阳壮县海之渍，海上风涛旦夕闻。遗老衣冠犹近古，穷边学校久同文。卤田宿麦翻秋浪，楼船飞帆障暮云。声教东渐无限量，扬清便欲涤朱垠。"②据此判断，元后期潮阳海上贸易繁忙，农业发展稳定，重礼重教，社会秩序井然。至于元末，天下大乱，灾荒兵燹横行，包括潮州在内的韩江流域也受到战乱冲击，地荒人稀。如"大明知府白淑敏，洪武十八年知潮州……时，潮州多绝户，荒田税粮令民赔纳，至鬻子女不能

---

① 文中部分观点受刘燕华、李秀彬的《脆弱生态环境与可持续发展》（商务印书馆2001年版，第141页）启发，在此对二位先生表示感谢。

② （明）林大春：隆庆《潮阳县志》卷15《文辞志》，《天一阁藏明代方志选刊》，上海古籍书店1963年版。

给"①。

明初实行休养生息政策，重视农田水利建设，潮州经济社会也逐渐恢复发展起来。同时，自然灾害也没有停息，而是时时发作。灾害屡作，这与人为因素有关，当然也与韩江流域自然环境状况有关。经过百余年休养生息，明代经济逐渐发展起来。至明中后期，以潮州海外贸易活动为牵引，韩江流域经济生活呈现近代化转型新气象，手工业与商业日益活跃，市镇增多，农产品商品化程度提高。甚至，还出现极具商业谋划色彩的"鸽变"，滑入鸽变型社会。然而，新气象昙花一现。随之而来的，则是田地荒废、市井萧条，区域经济萎靡不振。论及萎靡不振原因，接踵而至的天灾是一个重要因素。万历以来，潮州自然灾害不断加剧，整个社会也随之发生诸多变化。万历以来，潮州等韩江流域正经历着这种变化，这种变化表现为鸽变型社会逐渐形成，而且在鸽变型社会基础上，逐渐生成灾害型社会。换言之，鸽变型社会加剧灾害型社会生成。

明中叶以来鸽变型社会转而灾害型社会过程是具体而复杂的，概要说来，由嘉靖而隆庆而万历，韩江流域"鸽变型社会"在商品经济与奢靡之风及灾害环境等交相作用下而不断变化，民众经济生活徘徊在传统经济与商品经济夹缝当中，传统社会秩序在商品规则冲击下而支离破碎，传统社会道德（纲常伦教思想）在钱本位思想、拜物教思潮浸润侵袭之中权威力近失，民众生计在追逐奢靡生活甚至"超前消费"游戏中越发贫困脆弱。此等状态遭逢万历时期严重自然灾害，使社会发生巨变。

万历以来，韩江流域水旱灾害严重，民众生活凄苦。时人潮州籍士人林熙春称："敝潮谷米，原不甚贵，贵之则有丙寅、丁卯二年。维时饥民啸聚，动至数千，则有曾一本、林道乾等，敢行称乱，至勤四省之兵，而后输定，而后敉定。即今言之，犹令人疾首痛心也。今米价较往时犹逾矣。往者饥仅

① （明）嘉靖《潮州府志》卷5，《日本藏中国罕见地方志丛刊》，书目文献出版社1991年版。

一方，今则饥遍数邑；往者米贵数日，今则已贵数月；往者或啖鱼虾，今则已茹草木；往者只奄奄待毙，今则已饿殍无算；往者旧谷没，犹盼新谷，今则淫雨水溢，水田大半被淹。然犹未揭竿代鼓，啸聚山海如前年者……惟是民间已竭，十有九饥。"[1] 韩江流域"灾区化现象"越发普遍，灾害型社会逐渐形成。如"万历四十四年五月，潮州府大水，海阳、揭阳、澄海等县均受影响"。[2] 此次水灾较为严重，民众深受其害。当时，广东巡按御史田生金两次上疏请留税以赈济。田生金大约在万历四十三年（1615）至万历四十七年（1619）出任广东巡按御史，曾与两任两广总督张鸣岗和周嘉谟共事。其中，田生金第一疏《请留税赈灾疏》云：

> 盖粤自庚戌以来，无岁不有水患，兼之师旅相继，比屋萧条，臣待罪年余，日讨其疾苦而别除之，亦惟是徼灵造化，幸获有年，庶几疮痍之民有起色乎？不谓三月以后，阴雨连绵，迨至五月初旬而滂沱如注，昼夜不止，会城庐舍万栋倾颓，海涛杂怒，雨同声沉，与悬釜并号。臣耳闻目击，殊为恻心。无何而人自肇庆来，谓其孤城水绕，一望无涯，百里村烟，迨成沧海矣。无何而南海、三水等县之民环泣于庭，皆衣不蔽身，形如槁木，大抵家无栖址，枵腹，累累其何之矣。臣犹意广肇地势卑下，众流所汇，湍激使然。孰意韶州曲江两河泛滥，坏城垣，浸廛市，浮樯桶于巨浪，漂男妇于波心，虽官司衙宇亦归乌有哉！[3]

万历四十四年十二月，田生金再次上疏：

> 水旱之灾，有一于此，民已不堪，而东粤一岁之中盖两罹也。先是五月间洪水为虐，淹浸城市，坏庐舍，漂人民，殊为数十年未有之变。迨后七月不雨至于十有一月，民间树艺粒米无收，臣等发仓廪、搜库藏、

①（清）冯奉初辑：《潮州耆旧集》，吴二持点校，暨南大学出版社 2016 年版，第 426 页。

② 顺治《潮州府志》卷 2《赋役部·灾祥考》，《广东历代方志集成》，岭南美术出版社 2009 年版。

③（明）田生金：《按粤疏稿》卷 2《请留税赈灾疏》。

审贫赈急，余粟平粜，修城郭以防盗，筑圩基以聚民，而钱粮苦于无凑，多方移借以充之，至于带征者且缓，存留者议蠲，苟可拯民，惟力是视，而赈粜有限。修筑无资，挪移者易穷而蠲停，终难抵也。①

此疏上呈万历帝，留中不发，不了了之。

万历时期潮州，最严重的一次水灾当是万历四十六年的大水灾，潮州多地经历一场"地狱"般浩劫。史载：万历四十七年六月，"广东潮州府海阳、揭阳、饶平、惠来、澄海等县以去年八月初四日异常水患，火雷海飓交作，淹死男女一万两千五百三十名口，倾倒房屋三万一千八百六十九间，漂没田亩、盐埕五千余顷，冲决堤岸一千二百七十余丈，其有各都庐舍城垣衙署全化为乌有者，人民尤不可数计"②。需要指出的是，在明代，当然没有灾害型社会这种称呼。然而，明代一些士大夫有关潮州的撰述文字中，有着潮州及韩江流域水利、自然灾害对经济社会影响的诸多认识，从灾害型社会维度概述灾害环境中民生与社会状态，记述明代自然灾害对韩江流域民生与社会秩序造成的影响。

清代地理学家顾祖禹《读史方舆纪要》亦称潮州"介闽粤之间，为门户之地，负山带海，川原饶沃，亦东南之雄郡也"③。土壤肥沃，水利充沛，负山带海，这些都是潮州得天独厚的自然条件。然而，看似优越的自然条件，不一定就带来有序而富裕的民生及富庶的经济生活。晚明韩江流域及类似于韩江流域的地区的传统社会近代化转型抽绎之际随即陷入鸽变型社会及类似于鸽变型社会而终止。按照系统论理论与灾害学理论的观点，灾害系统与环境系统之间，各个灾害系统之间存在着相互联系，发生着相互作用。所谓灾害系统与自然生态系统的协同进化是指自然灾害系统随着自然生态系统的演化而形成的。即人类产生以后，人类的活动对自然生态系统的影响日益广泛、深刻，自然生态系统逐渐转化为生态经济系统，自然灾害中融入人的因素，

---

① 《明神宗实录》卷583，（台湾）"中研院"历史语言研究所1962年版。
② 《明神宗实录》卷583，（台湾）"中研院"历史语言研究所1962年版。
③ （清）顾祖禹：《读史方舆纪要》卷103《广东四》。

且越来越多，不断改变着自然生态系统与生态经济系统。[①]换言之，明中后期，包括韩江流域在内的明代部分地区的经济生活呈现近代化转型新气象。然而，新气象昙花一现。随之而来的，则是田地荒废、市井萧条，区域经济萎靡不振。鸽变型社会、天灾及人祸，可谓祸不单行，它们共同消耗韩江流域社会财富与生产发展，破坏区域经济再发展，凡此加速乡村及平民的贫困化，一并构成晚明社会近代化的死结。

---

① 张建民、宋俭：《灾害历史学》，湖南人民出版社 1998 年版，第 17—19 页。

第四章 水利环境与政治塑造
——以明清三利溪现象为个案

水利是农业的命脉。历史上，统治者大多重视农田水利建设。如明人王华所言："古之为治者，未尝不以水事兴废为轻重。"[①] 水环境是生态环境不可或缺的内容。如学者张俊峰所言："水利的有无与水利的发达与否，直接影响到地域社会的作物种植结构、经济水平和社会贫困分化，进而影响到地域社会的发展进程，可谓环环相扣。水利与土地、农业密切结合在一起，构成了地域社会发展的基础。"[②] 毋庸讳言，明代以来韩江流域水利环境研究尚未得到学界的充分重视。

关于水利史与水利社会史研究领域，钱杭先生做了很好界定："一般水利史主要关注政府导向、治水防洪、技术工具、用水习惯、航运工程、排灌效益、海塘堤坝、水政官吏、综合开发、赈灾救荒、水利文献等。水利社会史则与之不同，它以一个特定区域内，围绕水利问题形成的一部分特殊的人类社会关系为研究对象，尤其集中地关注某一特定区域独有的制度、组织、规则、象征、传说、人物、家族、利益结构和集团意识形态。建立在这个基础上的水利社会史，就是指上述内容形成、发展与变迁的综合过程。"[③] 笔者仅就明代以来潮州三利溪水利功能与政治形象关系问题稍做分析，探究明清三利溪的水利环境的政治塑造现象，即三利溪现象。

---

① 嘉靖《霸州志》卷 8《艺文志》，《天一阁藏明代方志选刊》，上海古籍书店 1963 年版。

② 张俊峰：《明清中国水利社会史研究的理论视野》，《史学理论研究》2012 年第 2 期。

③ 钱杭：《共同理论视野下的湘湖水利集团——兼论"库域型"水利社会》，《中国社会科学》2008 年第 2 期。

第一节 治水与治政：明代潮州的水利

明代潮州是韩江流域经济文化中心区域，与其他地区比较，明代潮州的农田水利工程较为发达。治水成为明朝潮州一件大事，水利事业成为时人管窥明代潮州官员政治能力与政绩的一项重要参照。

一、"得人则百废举，不得其人则百弊兴"

元朝末年，天下大乱。是时，暴政、灾荒与兵燹横行，田多荒芜，饿殍塞途，人口大量死亡，很多地方的经济社会破败不堪。很显然，明初政府若不能及时解决经济衰退、民生凋敝等关乎王朝命运之迫切问题，新生政权就会无法巩固。严峻的统治形势，加重明太祖忧患意识与急切"图治"的愿望。

为了尽快恢复农业生产，重建并强化封建统治秩序，明太祖"宵旰图治，以安生民"①。他鼓励垦荒，实施移民屯田举措，重视水利建设。史载："洪武二十六年定，凡各处闸坝陂池引水可灌田亩以利农者，务要时常整理疏濬。如有河水横流泛滥损坏房屋田地禾稼者，须要设法提防止遏。或所司呈禀，或人民告诉，即便定夺奏闻。若隶各布政司者，照会各司。直隶者，札付各府州，或差官直抵处所踏勘，丈尺阔狭，度量用工多寡。若本处人民足完其事，就便差遣。傥有不敷，著令临近县分添助人力。所用木石等项，于官见有去处支用。或发遣人夫于附近山场採取。务在农隙之时兴工，毋妨民业。如水患急于害民，其功可卒成者，随时修筑以御其患。（洪武）二十七年敕示天下：凡有陂塘湖堰可以潴蓄备煌旱者，或者宣洩以防淋潦者，皆因地势修

---

① 《明太祖实录》卷196，洪武二十二年六月戊午日。

治之，勿妄兴工役掊尅吾民。仍遣监生人才分诣天下督吏民修治水利。"①

洪武以后，明前期君主大多效法太祖，重视农田水利建设。如"正统六年诏：农作以水利为要。各处堤防闸坝或年久坍塌，不能蓄泄。陂塘淤塞，及旧为豪强占据，小民不得灌溉。已令修复或有未修复者，该管官司仍即依例整理，应修筑者悉令修筑，不许怠慢。敢有豪强占据水利者，以土豪论罪。布按二司官、巡按御史巡历提督，务见实效。若苟且文书，虚应故事，一体论罪"②。

不过，明朝最高统治者重视农田水利的政策，地方政府执行因时因地因人而异。治水则水利兴，不治则水灾频。治水与否，地方官是关键。明代地方农田水利之兴废，地方官所系甚重。如明朝永乐元年（1403）官员所言："洪武年间……县之各乡相地所宜，开浚陂塘及修筑滨江近河损坏堤岸，以备水旱，耕农甚便，皆万世之利。自洪武以后，有司杂务日繁，前项便民之事率无暇及，惟文移为虚具故实，事皆不立。该部虽有行移，亦皆视为文具。是以一遇水旱饥荒，民无所赖，官无所措，公私交窘。只如去冬今春，畿内郡县艰难可见，况闻今南方官仓储谷十处九空，甚者谷既全无，仓亦不存，皆乡之土豪大户侵盗私用，却妄捏作死绝及逃亡人户借用，虚立簿籍，欺谩官府。其原开陂塘养鱼者，有陻塞为私田耕种者。盖今此弊南方为甚。虽闻间有完处，亦是十中之一。其实废弛者多。其滨江近河，汙田堤岸，岁久坍塌，一遇水涨淹没田禾。及闸坝蓄泄水利去处，或有损坏，皆为农患。欲修惠实政，惟在守令而已。大抵亲民之官，得人则百废举，不得其人则百弊兴，

---

① （明）申时行等修：《明会典》（万历朝重修本）卷 199，中华书局 1989 年版，第999 页。另，清修《明史》亦载："明初，太祖诏所在有司，民以水利条上者，即陈奏。越二十七年，特谕工部，陂塘湖堰可蓄洩以备旱潦者，皆因其地势修治之。乃分遣国子监生及人材，遍诣天下，督修水利。明年冬，郡邑交奏。凡开塘堰四万九百八十七处，其恤民者至矣。嗣后有所兴筑，或役本境，或资邻封，或支官料，或採山场，或农隙鸠工，或随时集事，或遣大臣董成。终明世水政屡修，可具列云。"（《明史》，中华书局 1974 年版，第 2145 页）

② （明）郭棐：《（万历）粤大纪》，《日本藏中国罕见地方志丛刊》，书目文献出版社1990 年版，第 491 页。

此固守令之责。"①

二、明代潮州民生与水利兴修

总体上看，明中前期，潮州地方政府重视农田水利建设，乡绅士大夫也积极参与水利兴修事业。明后期，农业在潮州民众中的经济地位明显下滑，地方政府不作为，农田水利基本废弛。不过，明后期，潮州的一些在乡士大夫更加关注地方事务，他们成为潮州农田水利建设的主要参与者。

（一）地方人口增加，粮食需求量增大，倒逼农田水利发展

传统农业经济时代，一般情况下，地方人口增长数量与土地开发亩数成正比，地方人口增长速度与地方农田水利工程增加数量成正比。换言之，历史上，民众生存的基本物质需求倒逼地方农业经济发展。然而，这种"倒逼"成立是有条件的，即以地方尚有大量荒地为前提条件。明代潮州农田水利发展情况，大致就是这种"倒逼"关系的具体化。

明初以来，潮州人口平稳增长。有学者提出：明代潮州人口"按5‰的人口年平均增长率，以洪武二十四年（1391）本地区人口总数428000为基数，经过160年，到嘉靖三十年（1551）本地区人口数量的发展，可以达到950000人上下这样一个峰值"②。随着人口增加，粮食及物质生活产品需要增多。为了解决粮食需求及获得更多财富，尽可能地扩大粮食作物与经济作物种植面积。于是，耕地面积不断扩大，大量荒山荒地被开辟为农田，许多植被被砍伐破坏，原有的荒地荒山的生态系统与生态环境遭到破坏。问题还在于，潮州每年的降水量主要集中于4—9月，这几个月又恰逢韩江汛期。因而，农田容易受到洪涝或者干旱的威胁。③加之潮州雨量及月降水量的年际变化很大，对农田系统与原有堤坝涵闸破坏性极大。因此，兴修水利，提高防洪和抗涝抗旱能力，成为传统农业时代潮州农业经济发展的基本保障与重要前提。随着明代人口增加，潮州山地丘陵的垦种和韩江、榕江、练江三角洲

---

① 陈子龙等：《明经世文编》，中华书局1962年版，第114页。

② 黄挺、陈占山：《潮汕史》（上），广东人民出版社2001年版，第288页。

③ 王琳乾等：《潮汕自然地理》，广东人民出版社1992年版，第62页。

全面开发,大部分新开发农田缺少有效的水利灌溉系统支持,农田水利建设日益表现出重要性。事实上,正是这种倒逼作用,明中前期潮州的水利工程数量也随之增多。

明清时期,潮州农田水利建设备受当地官民重视。如清人周硕勋在《潮州府志》卷首"凡例"中写道:"潮郡为边海泽国,堤防以为田庐,民生之休戚系焉。故丈尺必载,废兴必详,实心爱民者斯志具在,必不高阁置之也。"①就明代而言,潮州水利建设形式与内容多样,有建造陂塘、修筑堤围,有修水关建涵闸、疏通河道,有挖掘水渠,既有灾前的预防工程,也有临灾的水利建设。农田开垦数量越多,水利工程数量亦几乎与之同步。仅就兴修的陂塘而言,嘉靖《潮州府志》所载,嘉靖(含)以前,明代潮州建造陂塘90处;顺治《潮州府志》记载,明代潮州修筑陂塘多达140处。②从水利修浚过程来看,明代潮州水利建设一般持续时间长,而且断断续续,大大小小的工程大多因时因事而临时兴作,缺少长期规划。相对说来,明中前期水利工程数量较多,也较为密集,明后期次数则较少,明代潮州堤坝修筑情况便是例证(见表4-1)。

表4-1 明代潮州堤坝修筑情况一览表

堤名	主修人	时间	情况	资料来源
北门堤	知府雷春	永乐十年(1412)	堤决,重新修筑	嘉靖《潮州府志》卷1《地理志》
江东堤南堤云步段	知府王源	正统元年(1436)	堤决修筑	嘉靖《潮州府志》卷1《地理志》
江东堤南堤云步段	知府谢光	成化八年(1472)	堤复决,修筑	嘉靖《潮州府志》卷1《地理志》
北门堤	知府周鹏	弘治八年(1495)	决堤,浸城壕,漂田庐。修筑	嘉靖《潮州府志》卷1《地理志》

① (清)周硕勋:《潮州府志·凡例》,《中国方志丛书》,成文出版社1967年版。
② 黄挺、陈占山:《潮汕史》(上),广东人民出版社2001年版,第295页。

续表

堤名	主修人	时间	情况	资料来源
北门堤	同知车份	弘治十二年（1499）	复决，修筑	嘉靖《潮州府志》卷1《地理志》
北堤	知府叶元玉	弘治十三年（1500）	复决，修筑	嘉靖《潮州府志》卷1《地理志》
南堤	知府叶元玉	弘治十三年（1500）	复决，修筑南堤不固者	嘉靖《潮州府志》卷1《地理志》
饶平虎扑潭堤	知府叶元玉	弘治年间	修筑	嘉靖《潮州府志》卷1《地理志》
南堤	知府郑宗古	正德八年（1513）	修筑	嘉靖《潮州府志》卷1《地理志》
南堤南厢抵龙溪段堤	知府谈伦	正德九年（1514）	修筑堤防增拓高广比旧加倍	嘉靖《潮州府志》卷1《地理志》
北厢堤白砂庙至走马埒段堤	知府王袍	嘉靖六年（1527）	筑小堤以巩固大堤	嘉靖《潮州府志》卷1《地理志》
揭阳霖田洪沟堤	主簿季本	嘉靖六年（1527）	重修堤坝	嘉靖《潮州府志》卷1《地理志》
北厢堤	盛端明	嘉靖十六年（1537）	内外皆水，多漏泄。筑龙骨以塞其漏	嘉靖《潮州府志》卷1《地理志》
海阳上莆横砂村堤	县丞叶文鼎	嘉靖二十三年（1544）	堤岸为水啮剥将尽。整筑	嘉靖《潮州府志》卷1《地理志》
东厢堤	县丞叶文鼎	嘉靖二十三年（1544）	堤岸为水啮剥将尽。整筑	顺治《潮州府志》卷1《地书部·水利考》
饶平隆都下堡堤			筑于明，完善于清。长1806丈7尺	乾隆《潮州府志》卷20《堤防》
澄海渔洲后洋堤			始筑于明，完善于清。长4725丈	乾隆《潮州府志》卷20《堤防》
澄海南溪洋堤			筑于万历十八年，长3500丈	乾隆《潮州府志》卷20《堤防》
澄海新港堤			长2500丈	乾隆《潮州府志》卷20《堤防》
澄海沙头堤			筑于万历九年（1581）。长220丈	嘉庆《澄海县志》卷12《堤涵》

续表

堤名	主修人	时间	情况	资料来源
南堤官路前至许陇涵	观察任可容	万历二十五年（1597）	再筑230丈	《庵埠志》，第48页
东厢堤	知府郭子章	万历年间	修护	顺治《潮州府志》卷1《地书部·水利考》
上中下外莆堤（南北堤）			始于宋，完善于明。长8534丈9尺	乾隆《潮州府志》卷20《堤防》
东厢堤	知府郭子章	万历年间	修护	顺治《潮州府志》卷1《地书部·水利考》
渔州堤			天启年间修筑。"所居渔州苦水患，捐金筑堤。"	乾隆《潮州府志》卷29《义行·余荐卿传》
东厢堤	知府郭子章	万历年间	修护	顺治《潮州府志》卷1《地书部·水利考》
澄海新港堤			筑于明万历前，长2500丈	万历《广东通志》卷4
金砂堤			万历年间叶玉元捐筑	乾隆《潮州府志》卷20《堤防》
澄海虎扑潭堤			弘治年间叶元玉捐筑	嘉靖《潮州府志》卷1《地理志》
澄海葫芦瑕堤			长20里	乾隆《潮州府志》卷20《堤防》
澄海水吼桥堤			筑于嘉靖二十六年前，长2里	嘉靖《潮州府志》卷1《地理志》
澄海沽汀洋堤			筑于嘉靖二十六年前，长2里	嘉靖《潮州府志》卷1《地理志》
澄海下店堤			筑于嘉靖二十六年前，长20里	嘉靖《潮州府志》卷1《地理志》
澄海雷岩堤			筑于嘉靖二十六年前，长10里	嘉靖《潮州府志》卷1《地理志》

资料来源：1.（明）郭春震校辑：嘉靖《潮州府志》，《日本藏中国罕见地方志丛刊》，书目文献出版社1991年版。

2.（清）吴颖：顺治《潮州府志》，顺治十八年（1661）刻本。

3.（清）周硕勋：乾隆《潮州府志》，成文出版社1967年版。

4.《庵埠志》编辑办公室：《庵埠志》，新华出版社1990年版。

（二）明代潮州：因水利而兴，因水害而衰

明代潮州对水利依赖性极大，水乡泽国，因水利而兴，因水害而衰。

东晋安帝义熙九年（413）始置义安郡。义安郡所辖地域包括粤东和闽南地区，下辖海阳县、绥安县、海宁县、潮阳县及义招县。[①]是时，有流民范昌谷等"始辟榛莽于潮阳"[②]。唐代及五代时期，韩江流域经济社会有所发展，修建一些农田水利工程。如明代海阳人杨琠（正德年间任御史）撰文："自海阳北厢至揭阳龙溪官路民间庐舍田亩，适当众水入海必经之路，自唐时砌筑圩岸为保障，实生灵命脉所关。"[③]韩愈主政潮州时，潮州已是"织妇耕男，忻忻衎衎"及"淫雨即霁，蚕谷以成"[④]。有学者指出，"纵观唐五代时期潮州的总体情况，尚且处于初步发展阶段"。[⑤]清阮元等《广东通志》称："潮州，濒海之郡也。负山而城，长江[⑥]走其下，合汀漳梅州之水以入于海，而汀水尤悍。方其急潦，遏于海口，冲击浩瀚，弥望成壑，居民苦之。"[⑦]清吴颖《潮州府志》则称：盖因潮州"凡三农皆藉溪泽，以收灌输之功。水少则引之溉田，水多则泄之归海。于是乎，岁无涝旱而田亦无荒废"。[⑧]显而易见，阮元和吴颖对潮州水利认识可谓各执一端。事实上，古代潮州，成也水利，败也水利；因水利而兴，因水害而衰。因此，潮州水利是潮州农业与民生命脉，对于明代潮州众生来说，这种认识是极为深刻而现实的。民众对于重视兴修水利官员及主持或资助水利工程的乡绅富户，都给以充分肯定，通过刻石立碑立传

---

①《宋书》卷38《州郡四》，中华书局标点本1974年版，第1199—1200页。

②（清）周恒重：《潮阳县志》卷5《古迹》，卷17《义行》，光绪二十六年（1900）刻本。

③（清）周硕勋：乾隆《潮州府志》卷40《杨琠·请留公项筑堤疏》，第7页，清乾隆二十七年（1762）刻本。

④ 马其昶校注：《韩昌黎文集校注》卷5《潮州祭神文》其四，上海古籍出版社1986年版。

⑤ 黄桂：《潮州的社会传统与经济发展》，江西人民出版社2002年版，第13页。

⑥ 这里的长江，系指长长的韩江。

⑦（清）阮元、陈昌齐：《广东通志》卷116，上海商务印书馆1934年版。

⑧（清）吴颖：乾隆《潮州府志》卷1，书目文献出版社1998年版。

以标榜他们的恩德，以兹纪念治水管员及鞭策后来者。

翻阅明清时期编修的潮州地方志与明代潮州籍文人官员的文集札记，就会发现，有关记载治水官员事迹的内容是这些文献中一项不可或缺的部分。如明修《潮州府志》载："大明永乐十年，（潮州）北门堤决。知府雷春修筑。正统元年，江东云步堤决，知府王源修。有邑人洪孝生记：潮之堤，循溪而东曰东厢、水南、秋溪……其堤以尺计者长六百〇丈有奇。障水田以亩计者不知其几千万顷，编氓枵腹待哺以户计者不知其几千万室，官府帑庚仰给赋税不知其几千万斛，民沿堤上下以居牲畜必资蓄以息。但众流暴涨堤决而田庐人畜半沉重渊，民之休戚所系甚大，有司岁岁虚烦民丁而修筑徒力竭而堤不足为防。天福我潮，于岁乙卯，讳菴王公奉玺书守潮，视篆之初，询民疾苦，即以兴利除害为己任。"①又如明中期潮州籍士大夫薛侃在其所撰《修堤记》中，就对嘉靖年间潮州知府王袍等人组织兴修韩江堤岸的"善政"予以充满感情的绘声绘色描述，即"潮治东南，夹溪为堤，民居其下。一遇崩溃，巨浸百里，沉庐倾堵，禾稼弗登，潮民之害未有甚于此也。自侍御杨君琠疏于朝，请以广济桥盐课易石为固，府主谈公克襄其事，二十年来赖以不溃，民称戴之若慈父。岁久湮圮，民复忧焉，乃嘉靖丙戌，府主王公归自述职，乡达郑玉之暨予以告。公曰：'此予责也'，遂率民修之，益崇三尺，广一丈。明年飓风发，水陵旧堤三尺，其不没者仅一尺耳。民咸走相谓曰：'顷若弗修，其崩决矣。然则今日之垣庐，吾君障之；今日之谷粟，吾君予之矣。'越冬，复会节推李公重修，亲临相视，且益石崇其险。民复走相谓曰：'吾君之功，若彼其速。吾君之仁，若是其笃。不可以为弗纪矣。'于是萃二邑之众，征予言为记。余曰：'噫！有是哉！公忧民之忧，而民斯乐公之乐。使后之吏斯土者咸若兹，则潮其永赖矣！'公慈祥温厚，爱民出于天性，讳袍，字子章，浙之山阴人"。②等等。

---

①（明）郭春震校辑：嘉靖《潮州府志》卷1《地理志》，《日本藏中国罕见地方志丛刊》，书目文献出版社1991年版，第169页。

②（明）薛侃：《薛侃集》，上海古籍出版社2014年版，第241页。

　　综上，不难得出，由于区域内的地理环境差异较大，山地、丘陵、平原及沿海滩涂次第分布，河流沟汊众多。所以，造成明代潮州水利工程建设具有明显的地域特殊性。这种现象已为学界所关注。如有学者指出：明代潮州的"饶平、惠来、普宁三县和潮阳、海阳、揭阳三县北境的水利工程，主要是修筑陂塘，其目的在于蓄水抗旱。海阳、揭阳的东南境和澄海县的水利工程以筑河堤防洪水为主体，辅以水关涵闸与堤内沟渠的修建，保证韩、溶两江平原的灌溉和排涝。潮阳、揭阳、澄海诸县沿海，明清时期新垦田的水利工程，则以筑土塭堤御海潮为主，同样辅以关涵修建，其目的在于蓄淡洗咸，防旱防涝"①。

　　环境史家王利华先生称："我们意识到，中国环境史需要尝试探讨一些深层次问题，其中特别包括思想和行为的关系——高明的理论怎样才能成为制度的指引，最终转化为社会的行动？何以思想与行动有时存在两相悬隔的距离？这是我们在赞叹宋代理学家关于人与天地、万物关系的精湛论说时所产生的一个很大困惑。这似乎是一个知行问题——不单指个人的知行，更是社会作为一个整体的知行。"②遵循王利华先生的思路，我们以明代潮州生态环境发生变化为例，具体探寻生态环境思想观念与生态环境变迁关系。明代潮州水患多发，水环境变化较大。维护民生与防治灾害之间，官民权衡利弊，有所为而有所不为。作为与否，生态环境都因应变化，人们的生态思想观念亦随之变化。

第二节　明代潮州三利溪现象

　　明清时期潮州的水利工程，主要以防治水涝、灌溉农田为主要目的，也

---

　　① 黄挺、陈占山：《潮汕史》(上)，广东人民出版社 2001 年版，第 294 页。
　　② 王利华：《思想与行动的距离——中国古代自然资源与环境保护概观》，《史学理论研究》2020 年第 2 期。

有灌溉与航运兼济功能。三利溪就是明清时期潮州著名的水利工程。三利溪是宋代以来潮州地方重要的灌溉与航运水利工程，是典型的民生工程，是粤东一条人工河。明代以来，三利溪多次淤塞，也多次疏浚。事实上，水利兴修与否，与地方官勤政爱民与否关系甚大，也与地方政治状态及经济社会发展密切相关。如明人所言："欲修惠实政，惟在守令而已。大抵亲民之官，得人则百废举，不得其人则百弊兴，此固守令之责。"①明代以来三利溪兴废事实亦大体遵循此道。

从某个角度而言，明代以来三利溪兴废不仅仅是生态环境变化现象，是水利现象，也是一个包含生态环境、政治经济及社会等因素的综合现象。笔者把明代以来三利溪兴废与地方社会治乱因应现象称为三利溪现象。

一、三利溪："三县利之，故名"

三利溪名字由来，与三利溪修浚目的有关，与三利溪造福地域有关。北宋元祐年间（1086—1093），时任潮州知州王涤②组织民众修浚三利溪。其后，三利溪多次疏浚。至于明代，三利溪自潮州府潮安县引入韩江水，辗转揭阳县、潮阳县而入海，长一百余里，三县同获灌溉与航运之利。如清代《三利溪小记》载："三利溪自海阳附郭而西，导濠水过云梯冈，历潮阳、揭阳入海。其间迤逦曲折，殆将千里，三县利之，故名。盖濬自宋知州事王涤，引以灌三县之田也。至明正统间，③知府周鹏疏其淤塞。"④

明代以来，三利溪之"利"实则时断时续，因为三利溪多次淤塞。如嘉靖《潮州府志》载：三利溪于"正统以来，日就湮塞。弘治五年，知府周鹏复濬……因（嘉靖）八年北门堤决，复塞。至今（嘉靖），惟小沟泄水潦

---

① 陈子龙等：《明经世文编》，中华书局 1962 年版，第 114 页。

② 王涤，字长源，山东莱州人。北宋哲宗元祐五年（1090）任潮州知州，时年六旬有余。

③ 据明代郭春震校辑嘉靖《潮州府志》卷 8《杂志》所载，当是弘治五年潮州知府郭鹏组织疏浚三利溪，而不是正统年间。

④（清）吴颖：乾隆《潮州府志》卷 8《三利溪小记》，书目文献出版社 1998 年版。

而已"①。不久，三利溪再次被疏浚。如乾隆《潮州府志》载，三利溪于"嘉靖间复疏之。水从南濠桥入桥口石氅，水溢则导之顺流，不至决溃"②。然而，淤塞未止。如清修《潮州府志》称：三利溪于"嘉靖后，屡疏屡塞"③。据笔者考证，周鹏疏浚三利溪时间是在弘治时期（1488—1505），而非正统时期（1436—1449）。周鹏，字万里，号简斋，湖南道州永明县人。明成化十四（1478），周鹏中进士，授刑部主事。明孝宗即位，周鹏出知潮州，任内疏浚三利溪。弘治九年（1496）四月，"改潮州府知府周鹏为云南右参政"④。其中，明代弘治五年（1492），潮州知府周鹏组织修浚三利溪的工程造福一方，社会影响较大。史载：三利溪于嘉靖之前再度淤塞。"嘉靖间，复疏之。水从南濠桥入桥口石氅，水溢则导之顺流，不致决溃。清顺治间，叛将郝尚久拓之，水涨决民居数百十间，西郊之田沙壅。九月，大师克城，仍筑为直堤，南濠遂废，河不复通矣。"⑤三利溪于北宋始浚以来，屡次淤塞，屡次疏浚。淤塞与否，与潮州地方政治环境及经济社会状态有着密切关系；淤塞与否，三利溪影响着三利溪流经区域生态环境。

二、三利溪：造福一方的水利工程

三利溪自北宋修浚以来，对潮州经济社会发展起到积极推动作用。

当代学者认为三利溪对明代潮州经济社会发展起到很大作用，堪称造福一方的水利工程。如司徒尚纪认为，宋代修建三利溪，韩江三角洲农业即从此发展起来。⑥学者王元林、刘强考证：明代前期，由于潮州所需的粮食量相

①（明）郭春震校辑：嘉靖《潮州府志》卷8《杂志》，《日本藏中国罕见地方志丛刊》，书目文献出版社1991年版，第168页。

②（清）周硕勋：乾隆《潮州府志》卷41《艺文》，《中国方志丛书》，成文出版社1967年版，第242页。

③（清）周硕勋：乾隆《潮州府志》卷41《艺文》，《中国方志丛书》，成文出版社1967年版，第242页。

④《明孝宗实录》卷112，弘治九年四月壬寅二十一日条。

⑤（清）吴颖：乾隆《潮州府志》卷8《三利溪小记》，书目文献出版社1998年版。

⑥司徒尚纪：《历史时期广东农业区的形成、分布和变迁》，《中国历史地理论丛》1987年第1期。

对较小，因而粮食贸易主要限于潮州府内部，供应地主要是潮阳和揭阳。三利溪和韩江联运水路，是潮阳、揭阳二县粮食运往潮州其他地区的主要贸易路线之一。揭阳、潮阳二县的粮食先由三利溪运到海阳县，然后通过韩江再运往饶平、海阳等韩江下游沿海地区以及程乡、镇平等北部山区。正统至嘉靖时期，由于三利溪数塞，三县的贸易往来一部分靠人力运输，一部分靠海运。为便于商民贸易往来，闲职在家的都御史翁万达向当地官员建议修建鲩济河。①

在明代，士大夫对三利溪之"利"有很高期待。如明人陈献章撰《潮州三利溪记》称："潮五属邑，其三在郡治西南，行若鼎力，广袤千里。水曲折行其中而民共赖之者，三利溪也。是溪之长百一十五里，东抵韩江，西流入于港。正统间湮于大水，潮州瀎而通之，水由故道行，东西注会于海。虑其冬旱而且涸也，凿郡城南沟，引韩江水注于溪，甃石为关，时而开闭之。凡役民于畚锸，卑之以为溪。高之为关也，仅一月而成。农夫利于田，商贾利于行，漕运者不之海而之溪，辞白浪于沧溟，谢长风于大舶。"②除了士大夫陈献章赞誉三利溪，明代官员李东阳亦称：三利溪"使历冬夏，虽旱涝无虞。耕者、行者莫不称便"③。

毋庸置疑，有一点是明确的，即三利溪在宋、元、明及清初的潮州，有利于灌溉农田和水上航运，对潮州经济发展起到了重要促进作用。

三、三利溪：民生符号与政治样板

明代潮州三利溪，亦曾享有榜样的荣光。潮州三利溪始浚于北宋。至明代，三利溪仍是潮州重要的灌溉与航运工程。弘治初年，潮州知府周鹏组织

---

① 王元林、刘强：《明清时期潮州粮食供给地区及路线考》，《中国历史地理论丛》2005年第1期。另，关于明代都御史翁万达建议修建鲩济河之事，具体内容见（明）翁万达《翁万达文集》卷4《鲩济河记》（上海古籍出版社，1992年据1938年郭泰棣印《东涯集》和1935年翁辉东印《稽愆集》等本辑）。

② （明）陈献章：《陈献章集》，中华书局1987年版，第46页。

③ （清）周硕勋：乾隆《潮州府志》卷41《艺文》，《中国方志丛书》，成文出版社1967年版，第1056页。

疏浚三利溪，使得淤塞已有时日的三利溪重新畅通，此为德政，士民欢跃。周鹏疏浚三利溪善举使其声名远播，三利溪成为陈献章等士大夫抒发济世思想的重要对象。凡此，地域性水利工程的三利溪渐渐跨越工程本体，逐渐演变为一种政治符号与政治样板，成为明中期一些士大夫的理想政治"化身"。榜样或样板是时代的产物，是理想在现实中的典型存在与示范。

（一）利民与爱民：陈献章心中的三利溪

陈献章（1428—1500），字公甫，别号石斋，广东新会白沙里人。明代著名学者，世称白沙先生，明代心学宗师。陈献章思想经历宗朱（朱熹）转而宗陆（陆九渊）的心路历程，信奉心学，提倡依靠静坐而达到静悟自得的精神境界。

明代成化（1465—1487）、弘治（1488—1505）年间，陈献章讲学江门，声名大震。弘治五年（1492），潮州知府周鹏组织修浚三利溪，民众大悦。三利溪受到明代心学宗师陈献章的关注。是时，"潮人相与立碑，颂潮州[①]之功，遣生员赵日新来请文，予以其事并诗记之"[②]。既是潮州士民之意，民意不可违，陈献章也就欣然命笔。陈献章撰写《潮州三利溪记》，至少有两层用意：一是知府周鹏修浚三利溪属于造福民众的善政，应该予以褒扬；二是周鹏是南宋大儒周敦颐后人，本着对先哲的景仰，他乐于为周鹏撰写文字记述其政绩。

陈献章撰《潮州三利溪记》具体内容如下：

> 古今学者不同，孔子以两言断之曰："古之学者为己，今之学者为人。"古今仕者不同，程子以两言断之曰："古之仕者为人，今之仕者为己。"古之人，人也；今之人，人也。一也判而两之，其不可同者，如阴

---

① 周鹏为潮州知府，陈献章称周鹏为周潮州。

② （明）陈献章：《陈献章集》，中华书局1987年版，第47页。另，赵日新与其父赵相师从陈献章。成化、弘治年间，陈献章讲学江门白沙里，"江门之学"兴起。潮州人师从陈献章的，有赵相赵日新父子、杨琠杨玮兄弟、饶鉴、蔡亨嘉、林岩、余善、杨潜斋、陈应麟、吴向等人（具体内容见黄挺、陈占山：《潮汕史》（上），广东人民出版社2001年版，第444—446页）。

阳昼夜，则有其故矣。圣贤之所以示人也，知微之显，知显之微。学为己也，其仕也为人；学为人也，其仕也为己，断不疑矣。

今守令称贤于一邦，利泽及于民，爱民而乐之。问于我岭南十郡之内，吾知其人者，周潮州也。潮，海郡也，东南距大海，忘之渺漫接天。习水者乘长风，驾大舶，出没巨浪中，小不支则有覆溺之患。每岁漕运，潮人共苦之。潮州来守郡，问潮父老所以便民者。父老曰："其惟三利溪乎。"潮五属邑，其三在郡治西南，行若鼎力，广袤千里。水曲折行其中而民共赖之者，三利溪也。是溪之长百一十五里，东抵韩江，西流入于港。正统间湮于大水，潮州濬而通之，水由故道行，东西注会于海。虑其冬旱而且涸也，凿郡城南沟，引韩江水注于溪，甃石为关，时而开闭之。凡役民于畚锸，卑之以为溪。高之为关也，仅一月而成。农夫利于田，商贾利于行，漕运者不之海而之溪，辞白浪于沧溟，谢长风于大舶。于是潮之士夫与其父老拜郡门谢曰："利吾潮者，吾父母也，吾子孙敢忘之？"

由是观之，谓周潮州仕而为人也，非欤？吏于潮者多矣，其有功而民思慕之，唐莫若韩愈，入国朝来莫若王源，驱冥顽之鳄，造广济之梁，其事显于为人，不可诬矣。今潮州以三利溪配之，辉映先后，称贤于一邦也，宜哉！夫短于取名而惠于求志，薄于徼福而厚于得民，菲以奉身而燕及茕嫠，陋于希世而尚友千古，黄涪翁之所称者，非濂溪先生欤？

潮州遗予书曰："我故舂陵族也。"潮州之举进士有声，郎秋官有声，守郡有声，其尚不忝其世也哉！吾尝赠之诗云："楚中有孤凤，高举凌穹苍。借问归何时？圣人在黄唐。望之久不至，岁宴涕淋浪。九苞有遗种，不觉羽翼长。三年集南海，使我今不忘。逍遥梧桐枝，长饮甘露浆。"吾生濂溪数百年之后，思濂溪而不可得见，见其族之云凝若此者，殆可与言矣。然则区区所爱慕于周潮州者，一关三利溪而已耶。

潮人相与立碑，颂潮州之功，遣生员赵日新来请文。予以其事并诗记之，俾潮之人知仕而为人者，有功不可忘，而潮州之进未艾也。潮州名鹏，字万里，道州之永明县人。①

陈献章撰写《潮州三利溪记》富有深意，绝非应景之作。

文为时而作。阅读《潮州三利溪记》，不难看出，陈献章首先从"为己""为人"辩证关系分析古人求学、做官之目的，论述过程基本遵循儒家"修齐治平"基本逻辑：修身为己，个体品质是家庭关系、国家治理、天下平定的根基。陈献章为何看重三利溪？关键在于三利溪所具有的"思想文化资源"禀赋。笔者认为，在陈献章笔下，三利溪已然超越水利工程本体，它成为一个政治符号与政治样板，已经是具有榜样作用的示范性的"政治形象"。

（二）政治样板：陈献章的三利溪情怀

从水利本体事实来看，明代的三利溪，疏浚则利民，淤塞则害民。在陈献章心中，已经步入中叶的明王朝亦如明代的三利溪，是淤塞的三利溪，而且主要是淤塞在思想方面，是程朱理学与社会价值观出现问题，"淤塞"了。为此，陈献章感叹："今人溺于利禄之学深矣！"②对于此时的大明王朝来说，问题不是疏浚与否，而是如何疏浚、为谁疏浚的问题。

如何疏浚明王朝？在陈献章看来，淤塞主要表现为思想淤塞，疏浚关键在于思想信念改造方式。清修《明史》称："献章之学，以静为主。其教学者，但令端坐澄心，于静中养出端倪。"③无疑，陈献章所谓的端倪，就是天理。陈献章推崇理学。但是，他认为天理在心，求天理只需求诸于心，无须外求。所以，陈献章主张通过静坐而激发人的内在的天理之心，进而达到自得层次，养出端倪，通过人人内心的自我道德纲常约束，自觉遵守伦理道德规范，进而"身修家齐国治天下平"，实现天下井然有序。文以载道，在陈献章等士大夫看来，三利溪化身一个政治符号，也是一种政治期待。

正统以来，明代商品经济活跃，商品意识与商品规则强烈冲击程朱理学学说与传统社会价值观念及道德伦理体系，程朱理学思想受到市民阶层质疑；

---

① （明）陈献章：《陈献章集》，中华书局1987年版，第45—47页。
② （明）陈献章：《陈献章集》，中华书局1987年版，第829页。
③ （清）《明史》卷283《儒林二·陈献章传》，中华书局1974年版，第7262页。

对于读书人来说，程朱理学不再是一种学说，或者说是一种手段，是读书人猎取功名的利禄之学。在陈献章看来，此时的大明王朝已经得了思想病，走上淤塞之途。可以说，陈献章一直有着理想社会情结，他要找到一个样板，树立为典型，作为自己表达社会主张的事实佐证和现实支撑。理想的样板正是陈献章多年苦苦追寻的，这是一种以发端于内心的善的道德规矩的物化，以及治政的理想状态与社会生活样板。换言之，陈献章通过《潮州三利溪记》阐发自己的经世救时理念与理想社会状态。[1] 如陈献章指出："潮，海郡也，东南距大海，望之渺漫接天。习水者乘长风，驾大舶，出没巨浪中，小不支则有覆溺之患。每岁漕运，潮人共苦之。潮州来守郡，问潮父老所以便民者。父老曰：'其惟三利溪乎。'潮五属邑，其三在郡治西南，行若鼎力，广袤千里。水曲折行其中而民共赖之者，三利溪也。"[2] 也就是说，淤塞的三利溪，不再利民，反而害民。周鹏采纳民意，以民意为己意，以利民为大利，组织民众疏浚三利溪，为民除害，为民兴利，三县受益。进而言之，陈献章写作《潮州三利溪记》可谓用心良苦，全文宣扬为民兴利除害为朝廷立政之本、理学是正心正风之本，官员尽职是从政之本，实则重新诠释三利溪之三利：一利民众生计。疏浚三利溪乃是造福一方之举，"农夫利于田，商贾利于行，漕运者不之海而之溪，辞白浪于沧溟，谢长风于大舶"[3]。二利劝官尽职。陈献章指出，官员要做到"称贤于一邦，利泽及于民，爱民而乐之"[4]。周鹏疏浚三利溪成为官员效法自励、施行善政的好教材。三利正心正风。三利溪榜样示范可以激励读书人"短于取名而惠于求志，薄于微福而厚于得民，菲以奉身而燕及茕嫠，陋于希世而尚友千古"[5]。这种人生境界与价值追求，正是理学所倡导的。

---

① （明）陈献章：《陈献章集》，中华书局 1987 年版，第 45 页。
② （明）陈献章：《陈献章集》，中华书局 1987 年版，第 45—46 页。
③ （明）陈献章：《陈献章集》，中华书局 1987 年版，第 46 页。
④ （明）陈献章：《陈献章集》，中华书局 1987 年版，第 45 页。
⑤ （明）陈献章：《陈献章集》，中华书局 1987 年版，第 46 页。

陈献章景仰理学宗师周敦颐（号濂溪），他因三利溪而与周敦颐后裔、潮州知府周鹏结缘，心生敬爱。如陈献章称自己"生濂溪数百年之后，思濂溪而不可得见，见其族之云凝若此者，殆可与言矣"①。在陈献章看来，周鹏疏浚三利溪，做到利民、爱民，称贤于一邦，学以致用。陈献章据此提出利民、励官与正心正风等救时经世主张，赋予三利溪新价值与新内涵。进而言之，可以说，"三利观"是陈献章治世救时思想之凝练。

四、三利溪：一种愿景

陈献章期望周鹏是坚信理学要义与具有治世实绩的榜样，他期待三利溪成为地方官为民除害兴利的典范，他期待周鹏与三利溪成为为官治世的楷模，引领示范。陈献章的这种政治期待当然不单是对周鹏个人的，而是期待官员如周鹏一样，传道爱民，与民同乐。由于陈献章对周鹏寄予期许，所以格外关注周鹏与三利溪的榜样作用，以致后来误听三利溪之利有名无实，陈献章因误信而伤心。如弘治十七年（1504），陈献章弟子张诩（1456—1515）称："先生文既成，每询之潮人，多言三利之利无实，因作一诗以代跋。云：'欲写平生不可心，孤灯挑尽几沉吟。文章信使知谁是，且博人间润笔金。'其意欲示后人失于审也。"②

关于潮人所言周鹏疏浚三利溪之利无实问题也许并非谎言，但也不尽然。因为三利溪位于韩江三角洲，土地平衍，且为沙质土质，极易淤塞。宋以后，三利溪多次淤塞。清人撰《乾隆二十四年重濬三利溪记》解释为三利溪"两岸沙土易坍"，即"苐两岸沙土易坍。昔陈白沙作碑记，既而悔之。以诗自嘲，职此之故"③。陈献章的这种政治期待绝非他一人所独有，实际上，他只是心存这种政治期待者之一，如李东阳也有。李东阳（1447—1516），号西涯，今湖南茶陵人，官至明朝礼部尚书兼文渊阁大学士。弘治初，周鹏疏浚三利

---

① （明）陈献章：《陈献章集》，中华书局1987年版，第46页。
② （明）陈献章：《陈献章集》，中华书局1987年版，第47页。
③ （清）周硕勋：乾隆《潮州府志》卷41《艺文》，《中国方志丛书》，成文出版社1967年版，第242页。

溪，李东阳撰写《三利溪记》。是记，李东阳以周鹏为"佚道使民"榜样，以三利溪为"利民"典范，并探讨为官为民兴利除害、治国平天下理念，借以表达他的政治愿景。如李东阳称："素知周君贤，非苟焉塞吏责者。而大理评事谢君有容辈，谓是溪之利甚溥，宜有所记……守令之职，固以利民也。民不能自遂，必藉有驱策之者而后安。故凡以佚道使民，虽劳不怨也。今玩事废日，一听其所自为利，以至于弊而不能救，恶用守令为哉！周君濬是溪，深猷熟计，盖亦有鉴于此矣。而今民犹昔，其不曰劳我，所以佚我者，亦非情也。君之功，殆与溪水俱长矣夫。"[1]

成化以来，一些尚有政治责任心的士大夫积极探寻救时方略，救时成为时代主题。如丘濬主张立政以养民，强调为民理财，重视海外贸易，重振程朱理学；[2] 陈献章提倡心学，希望强化个体内心的自我道德约束机制而达到规范社会目的；一些士大夫则从吏治层面探究救时策略。其后，还有张居正变法，徐光启等人的西学救时运动，[3] 以及东林党运动及复社活动。其中，弘治初年，潮州知府周鹏疏浚三利溪，陈献章等士大夫借以表述其救时方略。

陈献章在《潮州三利溪记》写道："予以其事[4]并诗记之，俾潮之人知仕而为人者，有功不可忘，而潮州之进未艾也。"[5]陈献章在其所作《答周潮州万里》诗中称："今代潮州守，濂溪是一门。乾坤吾道在，岁月此心存。行次天边路，书投海上村。夕愁空伫望，风雨暗高原。"[6]另，陈献章在《赠何侃如潮州刻三利溪记，用潮州见寄韵》一诗中再次表达了这种期待，其诗云："咫尺荆州地肯容，清光偏照荜门中。独怜孺子才堪赏，不道诗人巧更穷。已见

---

① （清）周硕勋：乾隆《潮州府志》卷41《艺文》，《中国方志丛书》，成文出版社1967年版，第1056—1057页。

② 具体内容见赵玉田、罗朝蓉：《丘濬经世思想研究》，暨南大学出版社2018年版。

③ 赵玉田：《晚明"利玛窦现象"新解》，《贵州社会科学》2012年第8期。

④ "其事"系指潮州知府周鹏疏浚三利溪之事。

⑤ （明）陈献章：《陈献章集》，中华书局1987年版，第47页。

⑥ （明）陈献章：《陈献章集》，中华书局1987年版，第383页。

千碑传好事，可辞束帛聘镌公。潮阳父老如相问，为说周陈共此风。"[1]由此可见，陈献章对潮州知府周鹏与三利溪是充满政治期待的，这种期待实际上是一种政治愿景，或者说是陈献章反思明中期政治与社会经济生活而源自内心的一种理想政治"样式"。换言之，以天理端正心志，以理学思想匡正世风。

五、三利溪现象：水利生态与政治生态混合体

纵观中国历史，不难发现，水利兴废与政权兴衰之间有着特殊关系。进而言之，一个王朝大治时期，也是农田水利建设较好之时；每当一个王朝衰败之际，亦多为农田水利荒废之时。宋代以来，三利溪兴废与区域社会治乱二者所演绎之故实，可称之为"三利溪现象"，"三利溪现象"可视为中国古代社会治乱与水利兴废关系的缩影与典型案例。进而言之，三利溪现象也是一种生态环境与经济社会关系状态，可称之为水利与政治混合体。

（一）传统社会价值观念之变：人心转向利心

元朝末年，大江南北，农田水利大多荒废；黄河泛滥，灾荒肆虐，哀鸿遍野，天灾人祸叠加，社会大乱至极。明初，统治者以元亡为鉴，重视经济社会建设，尤重农田水利建设。特别是洪武（1368—1398）、永乐（1403—1424）、洪熙（1425）、宣德（1426—1435）时期，朝廷多次诏令天下兴修农田水利。水利兴，天下安。

明初至成化时期百余年间，农业经济迅速恢复，民生有了保障，社会基本安定，出现"仁宣之治"。此间，潮州也处于农田水利建设最佳时期，三利溪也得到多次疏浚，惠及两岸民众。至明中叶，潮州农田水利建设亦趋废弛。明代潮州府境内河流众多，韩江、榕江、练江等主要河流经潮州府入海，河汉纵横，堤坝林立。一旦水利工程荒废，水利随即变成水害。从经济社会发展曲线来看，明中叶以来的潮州经济社会发展状况，好似明王朝的一个缩影。是时，潮州经济进入繁荣时期，人口不断增加。如明洪武元年（1368），潮州有89079户、296784口；正德七年（1512）90249户、483422口；万历

---

① （明）陈献章：《陈献章集》，中华书局1987年版，第493页。

二十年（1592）101588户、540806口。可见，终明一朝人口一直呈稳定上升趋势。[①]

至明代中后期，潮州人口增加，手工业与商业迅速发展，海外贸易活跃，市场对经济作物需求增多，各种经济作物得以大量种植，农业商业化增强，非农业劳动力人口也增多了，社会财富总量也随之增加了。如潮州甘蔗种植及加工规模更大。每当甘蔗收获时，潮州本地人手不够用，还要雇用大量潮州以外民工进行榨糖，采矿业和手工业的发展增加了非农业人口的比例。在商品经济冲击下，人们价值观念发生变化，财富成为衡量人的价值标准，民众漠视礼法，金钱至上，拜物教盛行，奢靡成风。[②]另一方面，城镇商品经济活跃，社会价值多元化趋势增强，奢靡成风，重商意识与金钱至上观念盛行，人心转向利心。[③]如时人丘濬（1421—1475）所言："今夫天下之人，不为商者寡矣。士之读书，将以商禄；农之力作，将以商食；而工、而隶、而释氏、而老子之徒，孰非商乎？吾见天下之人，不商其身而商其志者，比比而然。"[④]

（二）生态环境之变：自然灾害越来越严重

明中叶以来，明朝政治日趋腐败，明朝统治危机加深。一方面，人口增多造成区域社会的粮食需求量增大，农产品商业化刺激农民生发更强烈的物质欲望，凡此造成大量荒地被开垦；另一方面，灾荒频发，饥民遍野，流民塞途，传统农业经济日趋衰败，乡村社会处于动荡之中。

有明一代，潮州自然灾害频发。明中叶以来，潮州民众深为自然灾害所困。如明朝御史、潮阳人杨琠（1464—1516）于正德七年（1512）称："窃思潮地，北跨汀州、程乡、兴宁、长乐诸山，南距大海，群山之水汇于三河，顺流经府治七十里入海。自海阳北厢至揭阳龙溪官路，民间庐舍田亩适当众

---

① 潘载和：《潮州志·户口志上》，民国二十二年（1933）铅印本。

② （明）郭子章：《潮中杂纪》卷7，香港潮州商会，1993年影印万历乙酉刊本。

③ （明）郎瑛：《七修类稿》卷17《义理利·利》，上海书店出版社2001年版，第172页。

④ （明）丘濬：《重编琼台稿》，上海古籍出版社1991年版，第205页。

水入海必经之路……每遇春雨淋漓，山水骤发，河流泛涨，势若滔天。冲决圩岸，一泻千里，飘荡田庐，淹没禾稼，溺死人物不可胜数。匝一月水患稍除，然后长吏呼集疲民运沙泥补倾地，或修筑甫成，复值霖雨，随即崩塌。计自弘治壬子至癸亥十一二年间，圩岸崩至六七次，伤民命者不知凡几，坏民房者不知凡几，淹损田禾者不知凡几。海揭之民，呼天抢地，无所控诉。民困如此，若不预为之计，服先畴者已不得耕，而耕者复忧于湮塞之无时。死于溺者已不可生，而生者复忧于死期之不远。嗟此小民，日就穷蹙。如之何不为盗也？"①

从灾害分布的时间特征上来看，明中期以来，潮州各地自然灾害越来越严重。如明修《潮州府志》载："弘治五年，海、潮、揭、饶②同日大水，漂民居淹禾稼。（弘治）八年九月大水，海阳北门堤决城崩二百丈，浸民居，坏田禾，及于潮、揭、饶三县。（弘治）十二年夏四月大雨水。正德二年夏六月雨雹，其大如拳。七县同。（正德）三年冬十月地震。七县同。（正德）四年夏六月飓作海溢，潮、揭、饶三县民溺死者众。冬十二月陨雪厚尺许。（正德）十年秋七月飓大作，海潮滔天，漂屋拔木，凡沿海之田厄于咸水，越年不种，民多溺死。（正德）十二年春正月大雨雹，是年春涝，秋蝗，夏无麦苗，民饥。（正德）十四年秋八月地震。嘉靖三年秋八月大飓海溢，潮揭饶之民沿海居者皆为漂没，浮尸遍港，舟不能行。（嘉靖）七年秋飓发连月，民多饥。八年旱，斗米价至二钱，山无遗蕨，民多饥殍。冬十月朔，饶平白虹见于西南三夜，象如刀。是岁大埔竹有实，民采食之。（嘉靖）十年，揭阳龙溪都有稻一茎五穗。（嘉靖）十一年冬十一月，揭阳陨霜为灾，草木皆枯。十二年冬十月星陨如雨。七县同。（嘉靖）十四年夏五月，揭阳地震，饶平夏旱，秋大水，山谷崩裂，城垣倾颓，水溢襄陵，民家临流者皆没焉。（嘉靖）十七年春二月地震，房屋皆动而有声音者三。是岁有年。七县同。（嘉靖）十九年

①（清）周硕勋：乾隆《潮州府志》卷40《艺文》，《中国方志丛书》，成文出版社1967年版，第992—993页。

②"潮、揭、饶"三地，系指潮阳县、揭阳县和饶平县。

夏，大埔蝗。（嘉靖）二十年，大有年。（嘉靖）二十三年春，大旱。（嘉靖）二十四年春大旱，秋潦害稼，大埔饥。"①

明清小冰期在明后期的潮州亦有威力，加之明初以来生态环境问题不断累积，嘉靖以后，明代潮州灾异频发灾害类型多样，灾害频次增高，甚至还有陨霜降雪结冰现象，自然灾害威胁人们生命财产安全，人心惶惶。关于这一时期灾害的具体情况，笔者据乾隆《潮州府志》所载，选取关于嘉靖以来明代海阳县、揭阳县的自然灾害记录，尽量"原滋原味"呈现，少些议论，让这些灾害记录自己述说灾情及其影响。具体内容如下：

海阳县：嘉靖三年八月大飓海溢，沿海居民漂没无算；嘉靖七年秋，飓风连月屡作，民大饥；嘉靖八年旱灾；嘉靖九年春旱大饥；嘉靖十一年十月陨霜杀草；嘉靖十二年十月星陨如雨；嘉靖十七年二月地震有声如雷者三；嘉靖二十三年春大旱；嘉靖二十四年春大旱，秋潦伤禾；嘉靖三十一年饥；嘉靖四十三年雨雹地震；嘉靖四十五年春迅雷大雨雹，人物伤之立毙。万历三年六月地震，七月飓；万历九年九月飓风暴作破海舟；万历十六年十一月雨雹；万历三十三年莲花山崩，五月雨赤，七月大飓，十一月地震；万历四十三年夏大水；万历四十四年五月大水；万历四十五年六月大水；万历四十六年秋八月大飓，海啸中带磷火散乱有光。天启元年春大雨水涨；天启五年五月大飓。崇祯五年夏大水；崇祯十三年八月海溢，冬地屡震。②

揭阳县：嘉靖十一年十一月，陨霜为灾，草木皆枯，昆鱼冻死；嘉靖十四年五月，地震；嘉靖十八年七月，飓风发；嘉靖十九年夏，蝗害稼；嘉靖二十三年春，旱饥；嘉靖二十四年春旱饥，秋潦害稼；嘉靖三十六年九月，磷火为妖；万历九年秋，星陨于霖田都南塘山为石；万历

---

① （明）郭春震校辑：嘉靖《潮州府志》卷8《杂志》,《日本藏中国罕见地方志丛刊》，书目文献出版社1991年版。

② （清）周硕勋：乾隆《潮州府志》卷11《灾祥》,《中国方志丛书》，成文出版社1967年版，第95—96页。

二十五年八月初三日夜初更，地震屋响如掀瓦，居民惊走。至十八日辰时，又震，池塘中水溢北又还南移，时乃定；万历二十八年八月念三日夜，地大震，墙屋倾倒，翌日下午又震；万历三十二年地震；万历四十四年五月，海水啸。秋八月，飓发，海溢城内，水深三尺，水中恍惚有火光漂庐舍、淹田禾，溺死民物，村落为墟；崇祯二年正月二十七日，渔湖之西洋村地裂，春夏旱；崇祯三年复旱，秋大饥；崇祯九年二月雨雹，秋九月大飓风，十月冰厚盈寸。旧邑志云，揭邑自古少冰，至是坚厚盈寸，为次年丰登之兆；崇祯十三年地屡震，海潮溢。十月雷鸣；崇祯十四年十月雷鸣，二十四日夜大震有声如雷，自西北而东南，倒墙坏屋，桃山邹堂等处地裂山崩，压死人物，至次日地生毛，黑赤色，长四五寸，以后连震至十一月十九，殆无虚日；崇祯十五年四月黑眚见。米盐物价腾贵，自崇祯十四年冬至是年春三月地数震。夏月雨潦水溢，大饥。冬，丰稔。八月旱，十一月骤雨又旱，至次年正月始雨。①

要言之，明中后期，潮州自然灾害日趋严重，农业生产持续受到破坏，环境威胁加大，对传统社会秩序造成极大威胁。

（三）政治与生态标识：明代以来潮州三利溪现象

三利溪于明初疏浚而得以畅通，与之相伴随的，是明初重农政策和经济复苏大趋势，以及潮州社会经济逐渐恢复与发展的事实；明中期，三利溪转而淤塞，经历再疏浚而再淤塞等反复过程，并于明末淤塞荒废。与明代三利溪疏通与淤塞同步的，是潮州经济社会发展与政治状态。这是两条近乎同频共振的曲线，这两条曲线最终汇合成明代潮州水利生态与政治混合体。明代官员李东阳所撰《三利溪记》一文，该文概述了明代中前期三利溪所演绎的水利生态与政治混合体的"循环曲线"。具体内容如下：

> 潮郡旧有三利溪。盖自海阳附郭而西，历潮阳、揭阳以入于海，其

---

① （清）周硕勋：乾隆《潮州府志》卷11《灾祥》，《中国方志丛书》，成文出版社1967年版，第105—106页。

间迤逦曲折若千里。三县利之，溪以是名。正统间大水，为泥沙所埋。天顺中，朝廷修《大明一统志》而名不载，是其利之废久矣。弘治初，永州周君万里来知府事，病民之往来三县者肩任背负，利不偿力；环海而行则风涛不测。乃询诸父老，得是溪。议修复之。命属吏籍丁夫，具畚锸，尺计日督以要其成。自郭西至于陈桥云梯岗、枫洋诸里，水既告复，虑其缩而涸也，浚南濠梁韩江之水以益之，又筑闸置键以节启闭。使历冬夏，虽旱涝无虞。耕者、行者莫不称便。数十年之利复于一旦。名仍其旧，为三利溪云。

吾长沙去永不远，素知周君贤，非苟焉塞吏责者。而大理评事谢君有容辈，谓是溪之利甚溥，宜有所记。予乃为之言曰："《易》以利为四德之一。凡卦之象川者必言利涉。《书》陈六府始于水，而三事亦称利，用利恶可废哉？顾浅于谋国者急功效伤本基，则利未获而已见其害。如以水言，固有壑邻以召衅者。于是孟子及史迁诸人皆以利为深戒。夫圣人言之，而贤人以下乃不屑，道非以名同，而实异故耶。"守令之职，固以利民利民也。民不能自遂，必藉有驱策之者而后安。故凡以佚道使民虽劳不怨也。今玩事废日，一听其所自为利，以至于弊而不能救恶用，守令为哉。周君濬是溪深猷熟计，盖亦有鉴于此矣。而今民犹昔，其不曰劳我，所以佚我者，亦非情也。君之功，殆与溪水俱长矣夫。[1]

三利溪是人工河，受所在地政治环境影响较大，而所在地政治环境又往往是一个王朝政治状态缩影。因此，三利溪还是一个政治现象存在。三利溪堪称韩江流域甚至明代的政治生态晴雨表与参照系，进而言之，古代社会，类似于三利溪现象的水利生态—政治现象当属普遍现象。

概要说来，明代潮州三利溪"疏浚—淤塞"周而复始的遭遇构成一道水利兴废的历史曲线，实则与明代韩江流域经济社会的治乱兴衰融合为一体，

---

① （清）周硕勋：乾隆《潮州府志》卷41《艺文》，《中国方志丛书》，成文出版社1967年版，第1056—1057页。

形成同步同频的水利—政治复合体现象，也勾勒出一道完整的明朝治乱兴衰循环曲线。换言之，一个王朝的政治生态与政治环境直接影响该王朝农田水利建设规模与成效，事实上形成了政治环境的优劣曲线与农田水利建设优劣曲线的同向共振关系，优则同优，劣则俱劣。

第三节　清代三利溪及其生命共同体

明清易代，三利溪由明而清。在清代，三利溪灌溉与航运功能亦如明代、元代及宋代情况，仍然徘徊于丧失与正常之间，依然重复着淤塞—疏浚的这类循环往复的曲线，这类曲线实际上是政治曲线。可以说，三利溪水利运行状态作为地方政治生态与王朝政治状态晴雨表功能仍然存在，三利溪的水利生态与政治混合体表征依然明显。不过，如果我们仅从生态角度视之，如果我们进而从宋元明清时期三利溪"淤塞—疏浚"反复循环的事实对流域内生态环境（主要是水环境）对民生影响分析，三利溪实则展示另一种角色，即三利溪与其流域内众生构成一种紧密的休戚与共的命运关系，可称之为三利溪生命共同体。人与自然是生命共同体，山林田湖草是生命共同体，三利溪流域内山林田湖草等与三利溪形成生命共同体关系。

一、屡疏屡塞：清代三利溪遭遇

明清鼎革，三利溪逢此改朝易代过程，又陷于淤塞。当此之时，淤塞的三利溪似乎在等待着一个新的王朝的"疏浚"，等待着新一轮循环。

总体说来，清代三利溪亦经历"疏浚—淤塞—再疏浚—再淤塞"之过程，每一次淤塞与疏浚，都在昭示三利溪流域生态环境的变化。即便康雍乾盛世时期，三利溪依然故我，淤塞不止。如清修《海阳县志》载："三利溪……国朝顺治间，叛帅郝尚久拓之，水涨决民居数百十间，西郊之田沙壅。九月，大师克城，乃筑为直堤。南濠遂塞，后浚复。康熙五十七、五十九年江涨，此溪又淤。乾隆二十三年，分巡道梁国治、总兵官明达、知府周硕勋、海阳令金绅、潮阳令孙炜、揭阳令王塈、普宁令万世昌倡四邑绅士等共捐输襄理而重濬之。"①

康熙、乾隆之时，虽是盛世，三利溪仍然时或淤塞，这一事实也是从地方水利情况管窥康雍乾盛世一个维度。可以说，"康雍乾盛世"并不是天下"利好"。因为传统农业时代，一个王朝的政治大环境与地方社会政治小环境并不是等同的。换言之，地方的政治环境既有王朝的大的整体的政治环境影响，也有地方社会自己的地方性政治因素影响。这种传统社会的政治环境的地域性差异是客观存在的，一个王朝大的政治环境与地方上的小的政治环境存在差异也是客观存在的。凡此，清代如此，明代亦如此，遑论赵宋。因此，地方农田水利兴修与否，地方水运航道畅通与否，既有大的政治环境影响，也有地方上的小的政治环境影响。因此，若从盛世维度探究三利溪疏浚与淤塞故实，既要从清朝大的政治环境着眼，也要从韩江流域小的政治环境着眼。仅就韩江流域小的政治环境而言，三利溪流域地方官员政治能力与政治意愿也是小的政治环境重要内容之一。

基于以上思考，笔者认为，清代韩江流域看似寻常的三利溪反复淤塞与疏浚事实，既重复着明代"三利溪现象"、重复着明代大的政治环境与小的政治环境所演绎的历史，也重复着明清时期区域性政治与水利环境因应关系。仅就史实而言，关于三利溪清代屡疏屡塞情况，乾隆二十六年周硕勋撰《乾隆二十四年重濬三利溪记》则有着较为详尽的记载。该《记》如下：

> 溪在郡城之南，有水自东南曲折西北行，通舟楫而溉田畴，海、揭、潮三邑利之，曰三利溪。溪昉于宋州牧王涤，厥后开塞不常。明正统间，大淤。成化、弘治中，吾乡前辈周公讳鹏者知府事，重瀹之。又引韩江水以入于溪，建闸以时启闭，即今所谓涵洞是也。嘉靖后，屡疏屡塞。国朝康熙间，石文晟、李钟麟皆前太守而勤于民者，相继疏瀹，溪赖以

---

① （清）周硕勋：乾隆《潮州府志》卷18《水利》，《中国方志丛书》，成文出版社1967年版，第242页。

存。自戊戌、庚子叠遭江涨，水挟沙横流，遂成断港，盖四十有一年矣。溯李君修复后，仅数十载，已委之荒榛蔓草，颓沙积河中，倘不亟为浚治，更迟之又久，将行人莫辨，父老茫然昧其迹而并忘其名。以近在目前之川汇，竟与九河故道同慨沧桑，非惟此邦人之不幸，抑亦司牧者之羞也。

余奉命来守是邦。尝于篮舆风日中周览溪址，慨然思复之。谋诸观察梁公总镇、明公金日善，爰命海阳令金君董其役。丁夫踊跃，畚锸云集，纔阅月而成，父老欢呼，疑有神助。第两岸沙土易坍。昔陈白沙作碑记，既而悔之。以诗自嘲，职此之故。乃集众议，于两岸筑蜃灰以护之。而海、揭、潮、普四邑士民之好义者皆乐输恐后。自西门吊桥至长美桥，两岸共长二千五百八十七丈五尺，岸高露明六七尺，入地三四尺，下钉梅花桩，两岸免坍卸之患，溪均挖面宽二丈，深一丈及七八尺不等。自己卯暨庚辰，匝月而工竣。计费若干缗，其时涵洞亦以江涨溃裂，县令金君曰："盍为一劳永逸计？"乃悉启其旧址而重新之。涵洞长四丈二尺，外二丈一尺为外截，曰阳涵。高二丈六尺。涵底宽二尺一寸，面宽四尺三寸，涵口左右凿石安板，便启闭也。又二丈一尺为内截，曰阴涵。高宽与外截称。左右为两墩，涵口两旁为八字墙，墩之北筑矶以护涵，皆如式。凡六阅月而功成。①

据上文所引《乾隆二十四年重濬三利溪记》所记内容及相关史料可知，清代三利溪仍然游走在淤塞和疏浚之间。如清朝康熙二十七年（1688），潮州知府石文晟、康熙二十八年（1689）潮州知府李钟麟、雍正五年（1727）海阳知县张士链、乾隆二十三年（1758）潮州知府周硕勋、道光二十七年（1847）潮州知府吴均、同治十年（1871）潮州总兵方耀等都曾组织民力疏浚

---

① （清）周硕勋：乾隆《潮州府志》卷41《艺文》，《中国方志丛书》，成文出版社1967年版，第242—243页。

三利溪。[①]

　　清代三利溪干流有如此遭遇，支流及其沟涵亦如此。如乾隆时期，潮州府海阳县三利溪支流"上水门沟，引韩江水入郡学泮池，经太平桥绕县治，过湖桥大沟墘，入西湖会三利溪。下水门沟，引韩江水经下水门街过、过开元寺前绕小金山会大街、新街诸巷水入陈厝池，出西关吊桥会流入三利溪。南门前沟，引韩江水过城西出三利溪。乡民引以灌田，为郝尚久所废。今浚复"[②]。清代三利溪这种反复"淤塞—疏浚"状态，一则说明三利溪对当地经济社会生活很重要，淤塞了，一旦条件成熟就会再次疏浚。同时，三利溪不时淤塞也说明清代三利溪流域的地方政府在护理三利溪问题上存在不足，原因或是主观上的，或是客观上的。正是由于三利溪的反复"淤塞—疏浚"状态，使得三利溪对其流域内生态环境与民生都产生了影响。

二、清代三利溪生态环境——以海阳县区域为中心

　　清代韩江流域灾害环境主要是水灾环境，水灾是韩江流域最主要的灾害。仅以韩江潮州段为例，康熙时期海阳籍官员陈珏《修堤策略》称："潮郡城势处下流，由闽汀江右及本省梅州以上众水会同俱取道于韩江入海，每至春夏雨潦，又有诸山坑水奔注至江，以助其狂澜泛滥横决，往往为患。则海、潮、揭、普四县接壤，皆赖北门一堤堵御之力。实奕冀民命攸关，非止一日也。"[③]

　　因此，若从生命共同体维度视之，清代三利溪现象不仅包含着"政治—水利"因应关系及其生态效应，还包括三利溪流域内众生休戚与共的命运关系。可以说，清代韩江流域干流与支流或为水利或为水害，利与害实则徘徊于沟渠堤坝之间，水之利则依赖于大大小小的稳固有效的水利工程。然而，清代韩江流域是典型的水害环境，海阳县又是典型的水害的灾害环境地区。

---

　　① 张志尧：《潮州三利溪史话》，载于政协潮州市委员会编辑组编《潮州文史资料》第 15 辑，1995 年版。

　　②（清）周硕勋：乾隆《潮州府志》卷 18《水利》，《中国方志丛书》，成文出版社1967 年版，第 245 页。

　　③（清）卢蔚猷修、关道镕撰：光绪《海阳县志》卷 7《舆地略六》，《中国方志丛书》，成文出版社 1967 年版，第 198 页。

如何认识清代韩江流域水生态环境？

（一）清代海阳县自然地理环境

清代潮州府海阳县乃是韩江流域之剧邑，实为山城水乡。

清代海阳县之幅员，大抵东至饶平县界五十里，西至揭阳县界三十里，南至澄海县界六十里，北至丰顺县界六十里，东南至澄海县界三十里，东北至饶平县界六十里，西南至揭阳县界三十里，西北至丰顺县界五十里。[①] 清代海阳县则"邑境西北多山，东南多水"[②]。又，海阳县"后依山陵，前临水泽，南多平畴沃壤，北皆崇冈叠嶂"[③]。而乾隆《潮州府志》称：海阳县"城跨金山，台临凤渚。韩江承汀赣之水，如高屋建瓴；庵埠集百货之舟，若蜂屯蚁聚。白石岭乃入闽孔道，万里桥赴揭要冲。山海雄观，甲于领表。若夫三利溪，堪舆家称水如角带，秀毓人文，此又增胜于王公设险之外者也"[④]。可见，海阳县崇山峻岭横亘其北界，平原沃野南向展开，韩江及其支流结成水网，堪称山城水乡。

就气候而言，海阳县地处亚热带气候区，常年气温较高，降水较多，四季植被密布，动植物种类繁多。如光绪《海阳县志》称："邑处山海之交，一日内忽燠忽寒。春夏忽极凉，秋冬忽极燠。谚云：'四时常似夏，一雨便成秋。'其寒燠无定候也。大抵晴则燠，雨则寒。昼而燠，暮而寒。约计三百有六旬炎热多、寒冽少。秋冬无霜雪，其霉湿蒸郁，裳服琴书常生白瓘。秋冬亦有，春夏更甚。五六月时，海滨频发飓风，每为舟楫所苦。山多岚瘴，朝食时常烟雾蔽空，草树迷濛。正、二月间，苦菜秀，王瓜生。十一、二月间，

---

① （清）卢蔚猷修、关道镕撰：光绪《海阳县志》卷2《舆地略一》，《中国方志丛书》，成文出版社1967年版，第21页。

② （清）卢蔚猷修、关道镕撰：光绪《海阳县志》，《重修〈海阳县志〉凡例》，《中国方志丛书》，成文出版社1967年版，第6页。

③ （清）周硕勋：乾隆《潮州府志》卷5《形势》，《中国方志丛书》，成文出版社1967年版，第64页。

④ （清）周硕勋：乾隆《潮州府志》卷5《形势》，《中国方志丛书》，成文出版社1967年版，第64页。

桃李华，草木不凋，其育物常早，禾稼再熟。蚁最多，四季不绝。"①

客观说来，相对于极具变化的水环境而言，清代海阳县动植物等生态环境则是较为稳定的。如亚热带气候带地区光照时间、积温总量等变化不大，土壤类型基本不变，动植物种类和区域分布也较为稳定。因此，三利溪流域生态环境中变化最大的当是水环境。因此，下文主要从水环境层面探究清代三利溪海阳县流域生态环境情况及其变化现象。

（二）三利溪网状水环境

三利溪是一条人工河，兼具灌溉与航运之功能。宋代以来，三利溪流域内水系逐渐形成一张复杂水利网络，构成一处以三利溪为主干的诸多支流、沟涵陂湖等环绕的区域性水环境，具有繁密的网络状水利环境。如清修《海阳县志》如是记载：

> 三利溪在城西，源由南门城角头堤，旁引韩江水入南涵，过南门前绕城西北至湖山新城下，与北濠通，俗名壕沟，即三利溪。溪汇北濠水，自新城下转西南，流经新桥西至陈桥，五龙塘水自东北来注之；又西南流绕云梯冈，狗母涵水自东南来注之；又西流至徐厝桥下，新溪水自北来注之；自徐厝桥下，别分一流南出为枫溪，绕枫溪乡南与狗母涵、圆潭涵诸水会；其本流西行历西塘，西山溪水自西北来注之；又西南流下归仁长美桥，圆潭涵水自东南来注之；又西经湖下渡，至大和浮冈前，古巷枫洋诸山水自北来注之；又折西南，堤头涵水自东南来注之；又经凤冈、鲎门、山汛、林白和安寨，分一小流入鹤陇，又经林兜分一小流过陈谟、入书图陇；又经淇园许陇美至玉窖桥，会中离溪水出揭界，西南曲折流至枫口入海。

> 溪历西南厢、归仁、大和诸都，长四十余里……国朝顺治十年春，叛帅郝尚久拓之，水涨决民居数百间，西郊之田沙壅。九月，大师克城，

---

① （清）卢蔚猷修、关道镕撰：光绪《海阳县志》卷7《舆地略六》,《中国方志丛书》，成文出版社 1967 年版，第 60 页。

改筑为直堤，溪流又塞。嗣溚复。康熙末年，溪屡塞屡溚。乾隆二十三年，知府周硕勋、知县金绅合海、揭、普、潮四邑官绅重溚两岸，御以灰堤。道光二十七年，知府吴均再溚。同治十年，总兵方耀命游击方鳌复去其淤。然江水不涨，舟楫仅至归仁长美桥而达城下。①

综上可见，诸多涵、濠、塘、溪等织成一张水利网，形成以三利溪干流为主轴心的椭圆形网状水系。清代海阳县三利溪干流与其相关各支流之间形成互通共济关系，一并构成三利溪的海阳县域水利系统与水利生态环境——这是三利溪海阳段基本水环境状况。我们观察的视角由清初而清末，因此有清一代三利溪水系处于不断变化当中，清代三利溪水系海阳段亦如此。

（三）水环境实态与水利生态共同体

清代海阳县三利溪流经区域的生态环境与三利溪干流及相连通的诸多涵沟、溪流等水系一并形成一个事实上的水利生态共同体。三利溪流域之内，植被、各种陆生与水生动物等，与三利溪形成多维互动关系，相互滋养，互相依存，命运相关。

清代三利溪海阳县段的各主要涵沟溪流等水环境，总体上几乎是淤塞同命，疏浚大致同期。与这个水利生态共同体命运相关者，是三利溪流域民生，二者形成区域性水利命运共同体，命运相关。因此，借以构建清代三利溪海阳县域基本水环境存在实态之基本水系模型。

1. 南涵（即南门涵）

三利溪源于海阳县城西南门角头堤，南涵为三利溪首段主要供水涵。南门涵位于三利溪咽喉之地，南涵水流畅通则是三利溪畅通之前提，因此备受官民重视。然而，明清时期，南门涵同样经历"淤塞—疏浚—淤塞—疏浚"遭遇。如清修《潮州府志》载，海阳县：

> 南门涵，灌溉北厢、陈桥乡、新埔乡、云梯冈、大园、西厢、枫溪

---

① （清）卢蔚猷修、关道铭撰：光绪《海阳县志》卷5《舆地略四》，《中国方志丛书》，成文出版社1967年版，第48—49页。

等田，既而倾圮。康熙十二年，观察江德中与郡人梁应龙、陈衍虞、林世榕会议砌石，一如古制。寻又淤塞。雍正五年，知县张士琏重修。乾隆二十四年夏，江涨势险，知县金绅先加防御。是年八月，尽废涵故址而改建之。阖邑绅耆公建"金邑侯德政碑"：邑侯既董修三利溪之明年，复举涵洞而重修之。规制仍其旧，而巩固完好则倍于初。考韩江之水由西北而东南，三利溪水由东南往西北以入于海，而涵则江与溪之枢纽也。盖江高于溪，溪藉江水引入以溉田，而江涨则溪不能受，故设涵以时启闭，水小则启涵以通其流，水大则闭涵以遏其势。此明太守周公讳鹏所建，诚良绩也。第旧基原矼而不实，兼以岁久将颓。乾隆已卯夏，韩江骤涨，左右两墩溃裂，水势直趋于涵。邑侯曰："是不可以旦夕待矣。苟冲决奔腾，非独城垣可虑，即西南各都之庐舍田畴皆成巨浸，而波及揭普亦在须臾。因先为之堵筑涵门计。再于涵之内护十丈之堤，而左右两墩外则植木三层，每层以竹络石以蒲贮蛎。其未密者捲茅以塞其隙，凡四昼夜，目未交睫，抢修乃讫，其不敢缓于民事也有如此。"邑侯又曰："蚁穴之祸，今知免矣。苞桑之固，则犹未也。"八月乃尽发其故址而更新焉。洞一也，而名有二：其暴于外者曰阳涵，人共见之；其伏于中者曰阴涵，广狭长短与阳涵称。人莫得而见之。涵之上设板、设栏、设墩，涵之外复筑矶，皆有程度。明年三月工始成。皆侯一人所捐。上不支水衡之钱，下不取闾阎之物。其功岂不伟哉！侯讳绅，字尔佩，浙江山阴人，孝廉出宰阳山，以能调海阳。夫侯惠吾民岂独一水利，即侯之经营水利亦匪独一南涵。而是涵之巩于磐石，惠泽从兹长矣。[①]

又如光绪《海阳县志》载：

南门涵在郡南关外堤旁，明成化间知府周鹏创筑，引韩江水入三利溪，灌近城西北厢、陈桥、新埔、云梯冈、大园、枫溪等乡田。既而倾

---

① （清）周硕勋：乾隆《潮州府志》卷18《水利》，《中国方志丛书》，成文出版社1967年版，第243页。

圮。国朝康熙十二年，巡道江德中与郡绅梁应龙、陈衍虞、林世榕会议砌石，一如古制，寻又淤塞。雍正五年，知县张士连重修。乾隆二十四年夏，江涨势险。知县金绅尽发涵故址而改建之。光绪六年，总兵方耀拨款率绅耆重修。[①]

上述两则史料互证，南涵就是南门涵。

2. 北濠

北濠在宋元明清时期是发挥重要灌溉农田作用的。那么，北濠是不是三利溪别称？还是三利溪的一段？这个问题似乎不成立，然而亦有方志记载较为模糊。

据光绪《海阳县志》载："三利溪在城西，源由南门城角头堤旁引韩江水入南涵，过南门前绕城西北至湖山新城下，与北濠通，俗名壕沟，即三利溪。溪汇北濠水，自新城下转西南流经新桥。"[②] 又载："北濠在郡西北一里，即宋时西湖。庆元间，知军州事林嶙浚，开庆元年知军州事林光世复浚之。濠通三利溪，灌西关外北厢陈桥、人家尾、仙子园、七圣庙、新埔、南厢、马围等七乡田一千九百五十余亩。"[③] 而乾隆《潮州府志》则载，清代北濠"在郡城西北二里，即宋时西湖，灌西关外北厢等七乡田一千九百五十余亩……三利溪，在城西引韩江水通北濠，过云梯冈，历潮阳、揭阳，三县利之，故名三利溪"[④]。综上，可以得出，北濠在海阳县，是三利溪海阳县域重要一段，即三利溪北濠段。

———————

①（清）卢蔚猷修、关道镕撰：光绪《海阳县志》卷 6《舆地略五·水利》，《中国方志丛书》，成文出版社 1967 年版，第 51 页。

②（清）卢蔚猷修、关道镕撰：光绪《海阳县志》卷 5《舆地略四》，《中国方志丛书》，成文出版社 1967 年版，第 48 页。

③（清）卢蔚猷修、关道镕撰：光绪《海阳县志》卷 5《舆地略四》，《中国方志丛书》，成文出版社 1967 年版，第 51 页。

④（清）周硕勋：乾隆《潮州府志》卷 18《水利》，《中国方志丛书》，成文出版社 1967 年版，第 242 页。

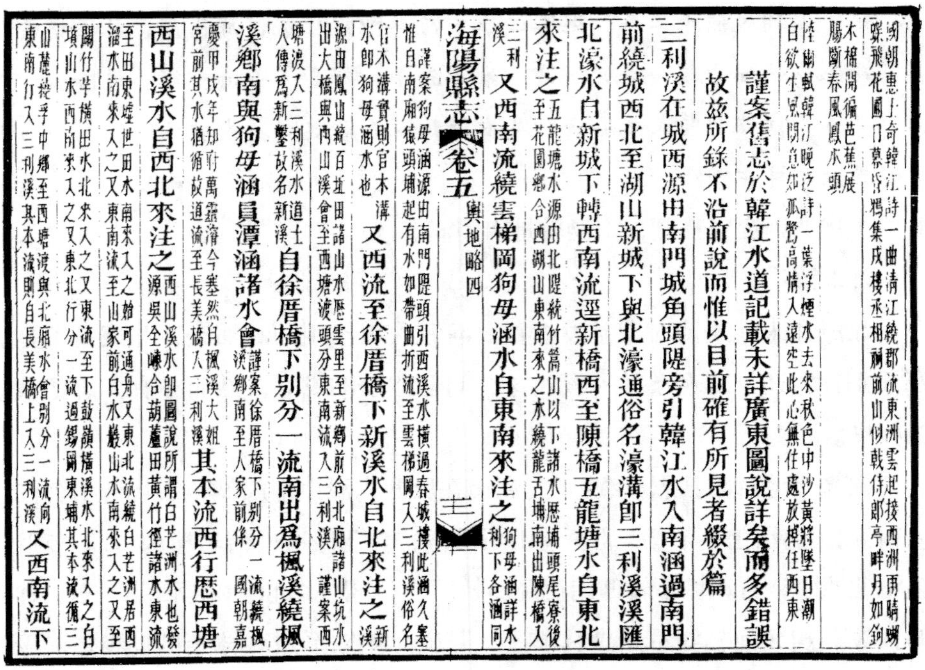
國朝惠士奇韓江詩一曲清江繞郡流東洲雲起接西洲雨晴蝴蝶飛花圖門暮鴉集戍樓丞相祠前山似戟侍郎亭畔月如鉤木棉開徧芭蕉展腸斷春風鳳水頭
陸幽甑韓江晚泛詩一葉浮煙水去來秋色中沙黃將墜日潮白欲生風悶急知孤鶩高情入遠空此心無住處放棹任西東
謹案舊志於韓江水道記載未詳廣東圖說詳矣而多錯誤
故茲所錄不沿前說而惟以目前確有所見者綴於篇
三利溪在城西源由南門城角頭隄旁引韓江水入南涵過南門
前繞城西北至湖山新城下與北濠通俗名濠溝即三利溪溪匯
北濠水自新城下轉西南流逕新橋西至陳橋五龍塘水自東北
來注之五龍塘水源由北隄統竹篙山以下諸水歷埔頭尾寮後至花園鄉合西湖山東南來之水繞龍舌埔南出陳橋入三利溪又西南流繞雲梯岡狗母涵水自東南來注之狗母涵詳水利下各涵同
海陽縣志 卷五 輿地略四
謹案狗母涵源由南門隄頭引西溪水橫過春城樓此涵久塞惟自南廂猿頭埔起有水如帶曲折流至雲梯岡入三利溪俗名官木溝實則官木溝水即狗母涵水也又西流至徐厝橋下新溪水自北來注之新溪源由鳳山統百垻田諸山水歷雲里至新鄉前合北廂諸山坑水出大橋與西山溪會至西塘渡頭分東南流入三利溪謹案西塘渡入三利溪水道士人傳為新鑿故名新溪自徐厝橋下別分一流南出為楓溪繞楓
溪鄉南與狗母涵員潭涵諸水會謹案徐厝橋下別分一流繞楓溪鄉南至人家前係國朝嘉慶甲戌年知府萬霖濬今塞然自楓溪大姐宮前其水猶循故道流至長美橋入三利溪其本流西行歷西塘
西山溪水自西北來注之西山溪水即圖說所謂白芒洲水也發源與全嶼合葫蘆田黃竹徑諸水東流至田東墟世田水南來入之始可通舟又東北流繞白芒洲居西溜水南來入之又東南流至山家前白水巖山水南來入之又至闢竹芋橫田水北來入之又東流至下鼓嶺橫溪水北來入之白墳山水西南來入之又東北行分一流過錫岡東埔其本流循三山麓繞乎中鄉至西塘渡與北廂水會別分一流向東南行入三利溪其本流則自長美橋上入三利溪又西南流下

图 4-1 光绪《海阳县志》关于三利溪水系记载文字图片之一

资料来源：（清）卢蔚猷修，关道镕撰：光绪《海阳县志》卷 5《舆地略四》，《中国方志丛书》，成文出版社 1967 年版，第 48 页。

由于北濠具有较强的灌溉能力，所以，围绕北濠水利灌溉活动，元明清时期发生很多故事。如三利溪北濠段因为流经区域是清代海阳县重要的农业区，所以北濠灌溉对于当地农业生产重要，因此也就发生一些关于水利的故事。如乾隆《潮州府志》收录《乾隆二十五年绅耆公建碑记》称：

（海阳县）环城西北有濠，约长一千七百三十七步，均宽一百六十步。源泉不竭，所以捍卫郡城、灌溉田畴，利至普也。戊寅夏秋之交，旱魃为虐，农民忧旱甚剧，乃豪佃养鱼获利，不容沾润。太守躬履其地，谓众曰："秋禾立槁，危在旦夕，无论官濠即余所私，亦当竭泽以救苍生。敢有挠者，置之法。"乃挥汗赤日中，令农民决水以苏既槁之禾，且谕以次车戽，毋许争竞。由是五昼夜，计绵亘十数里，苗槁者勃兴。著为令。七乡人咸德之。太守姓周氏，讳硕勋，字元复，号容斋，湖南宁乡人，丙子冬，由廉州调繁潮州。庚辰春，以计典膺卓，荐入觐。潮人思之，为勒石以记。盖惠泽之长，始与北濠之水相深无已也。[①]

另据光绪《海阳县志》载：海阳县于"国朝乾隆二十五年旱，城西北十余里禾槁。知府周硕勋令民决濠水灌之"[②]。

上面这则史料说明，在古代中国，地方官员与地方势力是影响地方水利生态环境的关键因素，地方官员与地方势力围绕水利而展开的关系的本质是水利分配关系。清代乾隆时期，潮州知府周硕勋就能够充分利用北濠水利灌溉功能化解农田旱灾、保证民生。此举表明周硕勋为民做主、敢作敢为的为官品格。当然，根本在于北濠在乾隆年间仍然发挥重要的灌溉农田、抗御灾害的功能。

3. 五龙塘水

清代五龙塘水是海阳县汇入三利溪的诸多水源之一。据光绪《海阳县志》载："五龙塘水源由北堤，统竹嵩山以下诸水，历埔头、尾寮，后至花园乡，合西湖山东南来之水绕龙舌埔，南出陈桥入三利溪。"[③] 由此可见，五龙塘水不仅是三利溪水源之一，而且也是清代海阳县一条具有灌溉功能的水源。

4. 狗母涵水

清代，狗母涵亦称马头宫涵，在清代仍具有灌溉功能，是海阳县三利溪段的重要涵水之一。乾隆《潮州府志》载：海阳县"马头宫涵，又名狗母涵。在城南南厢下寺乡前大堤，离城二里，源出韩江西溪，流入涵内，经下寺乡前分流，一由吉利乡至北厢云堤冈，会入三利溪，计程五里，灌田三百余亩；一由西厢田墘乡池湖晚厝桥，通归仁官廖桥，汇入长美桥，计程十里，灌田

---

①（清）周硕勋：乾隆《潮州府志》卷18《水利》，《中国方志丛书》，成文出版社1967年版，第242页。

②（清）卢蔚猷修、关道鎔撰：光绪《海阳县志》卷5《舆地略四》，《中国方志丛书》，成文出版社1967年版，第51页。

③（清）卢蔚猷修、关道鎔撰：光绪《海阳县志》卷5《舆地略四》，《中国方志丛书》，成文出版社1967年版，第48页。

五百余亩"①。

乾隆时期计灌田八百余亩的狗母涵水，光绪以前就已湮塞，灌溉农田功能丧失殆尽。如光绪《海阳县志》载："狗母涵源由南门堤头，引西溪水横过春城楼。此涵久塞，惟自南厢猿头埔起有水如带，曲折流至云堤冈，入三利溪，俗名官木沟。实则官木沟水即狗母涵水也。"②又载：至光绪年间，马头宫涵（狗母涵）"涵口久塞。自下寺乡前迤西，逾春城楼前数百步，仅存旧址，过此尽没为田。又过此至猿头埔涵，乃见一水西流，俗称官木沟。周志③载，一由吉利乡前至北厢云堤冈，即此。又载，一由西厢田塅等乡通官廖桥。验今地势自涵址没为田处有石版二，为分流之界。今亦塞。此涵绕郡西南环如玉带，与南涵俱有关系。濬复故道，不避劳怨，是所望于守土者"④。

5. 西山溪水

西山溪水是清代海阳县具有航运和灌溉功能的重要河流，流域面积大，自身水系亦成网格状，是三利溪在海阳县境内的一条重要水源。

西山溪水呈网状水系。据光绪《海阳县志》载：海阳县"西山溪水即《图说》⑤所谓白茫洲水也。发源吴全岽，合葫芦田、黄竹径诸水东流至田东墟，世田水南来入之，始可通舟；又东北流绕白茫洲，居西溜水南来入之；又东南流至山家前，白水岩山水南来入之；又至关竹芋，横田水北来入之；又东流至下鼓岭，横溪水北来入之，白填山水西南来入之；又东北行，分一流过锡冈东埔，其本流循三山麓绕孚中乡，至西塘渡与北厢水会，别分一流

---

①（清）周硕勋：乾隆《潮州府志》卷18《水利》，《中国方志丛书》，成文出版社1967年版，第243页。

②（清）卢蔚猷修、关道镕撰：光绪《海阳县志》卷5《舆地略四》，《中国方志丛书》，成文出版社1967年版，第48页。

③ 文中"周志"系指（清）周硕勋编撰《潮州府志》。

④（清）卢蔚猷修、关道镕撰：光绪《海阳县志》卷5《舆地略四》，《中国方志丛书》，成文出版社1967年版，第52页。

⑤ 此文中《图说》系指《广东图说》，有同治年间与光绪年间的两个版本，是清代晚期一部重要的地理志。

向东南行入三利溪，其本流则自长美桥上入三利溪"①。事实上，西山溪水形成一张网格状水系图，也就是西山溪水之水利生态环境谱系图，是西山溪水灌溉网络图。

6. 南濠与东濠

据乾隆《潮州府志》载：海阳县南濠"在郡城西关外，周围一千八百余步，因濠堤与三利溪灰岸唇连。乾隆二十六年，豪佃林子德于濠堤钉排椿填筑，堤面阔三丈，以资保障"②。海阳县"东濠，在郡城东三里许，又曰东湖，在韩山之阴，约长一千四百余步"③。综上，可以得出，清代海阳县南濠与东濠主要功能是灌溉农田，在其所在区域发挥一定的抗旱防涝功能。

7. 新溪水

海阳县新溪水主要是诸多山溪之水汇集而成的。据光绪《海阳县志》载："新溪源由凤山，统百坵田诸山水，历云里，至新乡前合北厢诸山坑水，出大桥与西山溪会，至西塘渡头分，东南流入三利溪。谨按西塘渡入三利溪水道，土人传为新凿，故名新溪。"④

8. 圆潭涵

据乾隆《潮州府志》载：海阳县"圆潭涵，在城南登云上，约胜者庵下，大堤距城七里，源出韩江西溪，从葛尾洲外流至云步洲头，又逆流入涵，经堤头乡至西厢蔡陇大和古板头椅子桥通归仁官廖桥汇入长美桥，计程四里，灌田八百余亩"⑤。另据光绪《海阳县志》载，清中前期，圆潭涵有灌溉农田

---

①（清）卢蔚猷修、关道镕撰：光绪《海阳县志》卷5《舆地略四》，《中国方志丛书》，成文出版社1967年版，第48页。

②（清）周硕勋：乾隆《潮州府志》卷18《水利》，《中国方志丛书》，成文出版社1967年版，第242页。

③（清）周硕勋：乾隆《潮州府志》卷18《水利》，《中国方志丛书》，成文出版社1967年版，第242页。

④（清）卢蔚猷修、关道镕撰：光绪《海阳县志》卷5《舆地略四》，《中国方志丛书》，成文出版社1967年版，第48页。

⑤（清）周硕勋：乾隆《潮州府志》卷18《水利》，《中国方志丛书》，成文出版社1967年版，第243页。

功能。然而，到光绪年间，该涵堰塞。[①]

9. 堤头涵

据乾隆《潮州府志》载："堤头涵在城南登云上约堤头乡前大堤，距城八里，源出韩江西溪云步洲头，逆流入涵，经堤脚、堤头乡云步、洋头、大和、英塘铺、高田、西边塭至归仁官廖桥，汇入长美桥，计程五里，灌田千余亩。"[②]而光绪《海阳县志》载，"谨案该涵今自堤头乡分南北两流。南流经东边、洋头、全福，至乌洋与郭厝涵汇。北流通官廖桥再经英塘铺、高田注入西边塭，计程七里，与周志所载不同"[③]。

（四）清代海阳县其他沟渠水利环境

清代海阳县农田水利工程较为发达，一派水乡泽国景象。除直接流入三利溪的涵沟与溪流外，还有诸多非三利溪水系的其他水利工程，或发挥抗旱与灌溉功能，或发挥防涝与水量输送功能，成为清代海阳县三利溪之外的重要的地方性小流域水利工程，也是实实在在的民生工程。

1. 翁厝涵

据乾隆《潮州府志》载：海阳县"翁厝涵，在城南登隆都大田头乡前大堤，距城十五里，源出韩江西溪，入涵自大田头乡起，过田中乡至登云树下乡柴井栏，计程八里，灌田二千余亩"。[④]然而，到了光绪年间，"该涵水道毋论所载自何处起止，要皆塞而难通矣"[⑤]。

---

①（清）卢蔚猷修、关道镕撰：光绪《海阳县志》卷 5《舆地略四》，《中国方志丛书》，成文出版社 1967 年版，第 52 页。

②（清）周硕勋：乾隆《潮州府志》卷 18《水利》，《中国方志丛书》，成文出版社 1967 年版，第 243 页。

③（清）卢蔚猷修、关道镕撰：光绪《海阳县志》卷 5《舆地略四》，《中国方志丛书》，成文出版社 1967 年版，第 52 页。

④（清）周硕勋：乾隆《潮州府志》卷 18《水利》，《中国方志丛书》，成文出版社 1967 年版，第 243 页。

⑤（清）卢蔚猷修、关道镕撰：光绪《海阳县志》卷 3《舆地略二》，《中国方志丛书》，成文出版社 1967 年版，第 52 页。

2. 堤头涵

据乾隆《潮州府志》载：海阳县"堤头涵在城南登云上约堤头乡前大堤，距城八里，源出韩江西溪云步洲头，逆流入涵，经堤角、堤头乡、云步、洋头、大和、英塘铺、高田、西边塭，至归仁官廖桥汇入长美桥，计程五里，灌田千余亩"。[①]另据光绪《海阳县志》载，光绪年间，堤头涵水利发生一些变化。即"该函今自堤头乡分南北两流。南流经东边洋头、全福至乌洋，与郭厝涵汇。北流通官廖桥，再经英塘铺、高田注入西边塭，计程七里，与周志所载不同"[②]。

3. 登云都堤涵

据乾隆《潮州府志》载：海阳县"登云都堤涵，又名郭厝涵，在城南登云都上约田头仔乡前大堤，距城十里，源出韩江西溪入涵，自本都田头仔乡分为两派，一流至东埔、欧村、三圣、大和、西沟乡前，一流至登云中约、韦骆、八甲乡英塘铺、顾厝乡，通归仁、官廖桥，计程七里，灌田千余亩"[③]。据光绪《海阳县志》载，登云都在海阳县"城南十里，一堤蜿蜒而下，至云步村曰登云都，北与南厢交界，堤之对岸则江东也。西自仙庭，以至万里桥，与大和接壤。一水之外，计揭阳之桃山都，平原沃野，阡陌绣错，村落参差，盖与大和之箊隘险阻者异矣"[④]。登云都堤涵位于登云都，以灌溉农田为主。

4. 徐厝涵

徐厝涵是海阳县登隆都一条灌溉涵。清代海阳县"登隆西北与登云接壤，

————————

①（清）周硕勋：乾隆《潮州府志》卷18《水利》，《中国方志丛书》，成文出版社1967年版，第243页。

②（清）卢蔚猷修、关道镕撰：光绪《海阳县志》卷5《舆地略四》，《中国方志丛书》，成文出版社1967年版，第52页。

③（清）周硕勋：乾隆《潮州府志》卷18《水利》，《中国方志丛书》，成文出版社1967年版，第243页。

④（清）卢蔚猷修、关道镕撰：光绪《海阳县志》卷3《舆地略二》，《中国方志丛书》，成文出版社1967年版，第32页。

东与江东隔岸，隆津亘其南，去县二十里，烟村云陇，傍堤而下皆平畴也"[1]。
据载："徐厝涵，在城南登隆都潘刘乡前大堤，距城十六里，源出韩江西溪，
入涵经潘刘乡前分为两派，一流至沟堘林蘇陈桃乡，计程六里，灌田七百余
亩；一流经田中乡，出翁沈畔乡，至方家洞乡前，计程八里，灌田千余亩。"[2]

除了上述诸涵，清代海阳县此类沟涵还包括以下一些：

市头涵：乾隆《潮州府志》载：市头涵"又名北沟，在城南隆津都龙湖
寨市头大堤，距城三十里，源出韩江西溪，入涵自洋斜宫前，分为南北两派。
南流自龙湖寨院后宫至鹳巢乡，计程三里，灌田千余亩；北流由双沟口后厝
宫郑厝陇至古楼，计程三里，灌田二千余亩"[3]。

市尾涵：据乾隆《潮州府志》载：市尾涵"又名南沟，在城南隆津都龙
湖寨尾南门外大堤，距城三十里，源出韩江西溪，入涵由龙湖寨脚直达鹳巢
乡，计程三里，灌田二千余亩"[4]。

关公涵：关公涵是清代海阳县灌溉涵。该涵"在城南隆津都大巷乡前大
堤，距城三十二里，源出韩江西溪，入涵自大巷乡至庄西陇，分为两派：北
流至陈厝寨上莆仙乐乡西塘，计程十里，灌田三千余亩；南流至南桂曾公
寨、竹楼寨、大寨止，计程五里，灌田千余亩"[5]。另据光绪《海阳县志》载：
"灌阳涵，俗名关爷涵……谨按阮通志作南北流，共灌田三千余亩，与周志
悬殊。"[6]

---

[1]（清）卢蔚猷修、关道镕撰：光绪《海阳县志》卷3《舆地略二》，《中国方志丛
书》，成文出版社 1967 年版，第 33 页。

[2]（清）周硕勋：乾隆《潮州府志》卷18《水利》，《中国方志丛书》，成文出版社
1967 年版，第 243—244 页。

[3]（清）周硕勋：乾隆《潮州府志》卷18《水利》，《中国方志丛书》，成文出版社
1967 年版，第 244 页。

[4]（清）周硕勋：乾隆《潮州府志》卷18《水利》，《中国方志丛书》，成文出版社
1967 年版，第 244 页。

[5]（清）周硕勋：乾隆《潮州府志》卷18《水利》，《中国方志丛书》，成文出版社
1967 年版，第 244 页。

[6]（清）卢蔚猷修、关道镕撰：光绪《海阳县志》卷6《舆地略五》，《中国方志丛
书》，成文出版社 1967 年版，第 53 页。

田头堤涵：据乾隆《潮州府志》载：田头堤涵"即东凤涵，在城南南桂都东凤乡头大堤，源出韩江西溪，入涵经东凤乡云路里洋陈畔钩头，又经上莆沙家湖林甲陇至华美、沈塭汇于龙溪，计程二十里，灌田三千余亩"①。

齐姑涵：清代海阳县有两个齐姑涵。即齐姑涵"在城南南桂都东凤乡尾大堤，距城三十六里，设板启闭，源出韩江西溪，而入从云路里洋大寮横沙博士林书角院，经上莆林甲陇新桥华美大塭汇于龙溪，计程二十五里，灌田数千亩"②。

另，光绪《海阳县志》载："齐姑涵在城南登隆都新安寨前大堤，距城二十里，源出韩江西溪入涵，至新安寨计程二里，灌田千余亩。"③

橄榄潭：据乾隆《潮州府志》载：橄榄潭"在城南隆津都龙湖寨龙首庙后，距城三十里，泉涌源源不竭。北分一沟至三英乡，计程一里，灌田四百余亩。南分一沟至洋斜乡三英堤莲荷池，计程一里，灌田八百余亩"④。

许陇涵：据笔者核查，清代海阳县水涵工程，许陇涵是灌溉农田面积最大的一个涵。乾隆《潮州府志》载：许陇涵"又名崩堤隙。在城南龙溪都庵埠大堤，距城六十里，涵设南北二门，以时启闭，源出韩江大河，入涵过田子垯乡，直抵文昌阁聚星桥，分为两派：北流至大马陇、庄陇、陇头、郭陇塭止，计程十里，灌田四千余亩；南流至澄海水吼桥湖头市下路山兜沟头月浦唐桥园前入海，计程十五里，灌海澄两邑、龙溪、鮀江、鳄浦三都田亩甚

---

①（清）周硕勋：乾隆《潮州府志》卷18《水利》，《中国方志丛书》，成文出版社1967年版，第244页。

②（清）周硕勋：乾隆《潮州府志》卷18《水利》，《中国方志丛书》，成文出版社1967年版，第244页。

③（清）卢蔚猷修、关道镕撰：光绪《海阳县志》卷6《舆地略五》，《中国方志丛书》，成文出版社1967年版，第52页。另见，（清）周硕勋：乾隆《潮州府志》卷18《水利》，《中国方志丛书》，成文出版社1967年版，第244页。

④（清）周硕勋：乾隆《潮州府志》卷18《水利》，《中国方志丛书》，成文出版社1967年版，第244页。

多"①。然而，光绪时期该涵废毁。如光绪《海阳县志》称许陇涵"土人称为大鉴涵。今废"②。

上蔡涵：据乾隆《潮州府志》载：上蔡涵"又名下吴涵，在城南南桂都上蔡下吴乡新堤前，距城五十五里，源出韩江。入涵分为两派：一北流至上蔡乡沙港上，计程二里，灌田千余亩；一南流由新堤后下吴乡，与下游梅溪涵沟会，计程二里，灌田千余亩"③。

梅溪涵：据乾隆《潮州府志》载：梅溪涵"又名上沟涵，在城南南桂都上沟乡前大堤，距城五十五里，出韩江大河，入涵分为两派：北流由堤边至下吴会南流，经梅溪乡尾华美塭汇于龙溪、龟桥溪，计程一里，灌田三百余亩"④。

海吉涵：据乾隆《潮州府志》载：海吉涵"又名下沟涵。在城南龙溪都、南桂都交界仙溪乡前大堤，距城六十里，设板以时启闭，源出韩江大河，入涵至仙溪乡，分为两派：北流从开濠洋上莆林甲陇，至华美塭南流从内关浦大鉴柯陇聚星桥会许陇涵水入澄邑水吼桥。计程三里，灌田三百余亩"⑤。

仙塘涵：清代海阳县灌溉农田面积较大的一个重要的水利工程。仙塘涵"又名黄厝涵，在城南南桂都仙塘乡前大堤，距城五十里，源出韩江。入涵即分为两派：一从鳌头乡王厝陇陇子至上莆林甲陇塔脚；一从仙塘乡经流上莆三家湖新桥会塔脚水仍为一派，至华美塭汇于龙溪，计程十五里，灌田三千

---

①（清）周硕勋：乾隆《潮州府志》卷18《水利》，《中国方志丛书》，成文出版社1967年版，第245页。

②（清）卢蔚猷修、关道馨撰：光绪《海阳县志》卷6《舆地略五》，《中国方志丛书》，成文出版社1967年版，第55页。

③（清）周硕勋：乾隆《潮州府志》卷18《水利》，《中国方志丛书》，成文出版社1967年版，第244页。

④（清）周硕勋：乾隆《潮州府志》卷18《水利》，《中国方志丛书》，成文出版社1967年版，第244页。

⑤（清）周硕勋：乾隆《潮州府志》卷18《水利》，《中国方志丛书》，成文出版社1967年版，第244页。

余亩"①。

齐姑涵：乾隆《潮州府志》载：齐姑涵"在城南登隆都新安寨前大堤，距城二十里，源出韩江西溪，入涵至新安寨，计程二里，灌田千余亩"②。然而，据光绪《海阳县志》载："该涵自同治甲子年，堤溃，附堤处皆被冲决。今之新寮潭即涵故址。"③换言之，光绪年间齐姑涵已经不复存在，其故址建有新寮涵。

博士林涵：乾隆《潮州府志》载："在城南南桂都博士林乡后大堤，距城四十里，源出韩江西溪，会大河水入涵，从博士林西洋鲲江凤岭上莆三家湖林甲陇华美塭汇于龙溪，计程二十里，灌田两千余亩。"④

郑家涵：乾隆《潮州府志》载：郑家涵"又名鲲江涵，在城南南桂都鲲江乡上东宫外大堤，距城四十里，源出韩江，入涵从鲲江乡西洋经流郑厝直沟，至上莆、三家、湖林、甲陇、华美塭汇于龙溪，计程八里，灌田两千余亩"⑤。

阁洲涵：据乾隆《潮州府志》载：阁洲涵"在城南登隆都阁洲乡前大堤，距城二十五里，源出韩江西溪，入涵自阁洲乡起至郑盛三姓田止，计程一里余，灌田千余亩"⑥。

洋中涵：据乾隆《潮州府志》载：洋中涵"在城南南桂都鳌头乡前大堤，距城五十里，水源出韩江大河，入涵自鳌头洋中乡前张厝尾入新桥沟，合流

————————

①（清）周硕勋：乾隆《潮州府志》卷18《水利》，《中国方志丛书》，成文出版社1967年版，第244页。

②（清）周硕勋：乾隆《潮州府志》卷18《水利》，《中国方志丛书》，成文出版社1967年版，第244页。

③（清）卢蔚猷修、关道镕撰：光绪《海阳县志》卷6《舆地略五》，《中国方志丛书》，成文出版社1967年版，第53页。

④（清）周硕勋：乾隆《潮州府志》卷18《水利》，《中国方志丛书》，成文出版社1967年版，第244页。

⑤（清）周硕勋：乾隆《潮州府志》卷18《水利》，《中国方志丛书》，成文出版社1967年版，第244页。

⑥（清）周硕勋：乾隆《潮州府志》卷18《水利》，《中国方志丛书》，成文出版社1967年版，第244页。

出大河，计程三里，灌田千余亩"①。

圆涵：据乾隆《潮州府志》载：圆涵"在城南隆津都大巷乡前大堤，距城三十三里，源出韩江西溪，入涵至大巷乡，计程一里，灌田五百余亩"②。

郑厝涵：乾隆《潮州府志》载：郑厝涵"在城南登隆都唐东乡前大堤，距城二十二里，源出韩江西溪，入涵自唐东乡起至蔡舒方三侄田止。计程三里，灌田千余亩"③。

综上，可以说，清代潮阳县三利溪水系内外的沟涵数量不可谓不多，形成了实用而复杂的沟涵共济的灌溉功能与排水系统。仅就清代海阳县沟涵灌溉田亩面积而言，笔者粗略计算一下，约四万五千亩左右。

清代韩江流域水利工程数量多，水利工程种类多。除了上述渠涵外，如海阳县三利溪水系之外还有沟陂等农田水利工程，这些沟陂等发挥着极其重要的灌溉与排涝作用，成为当地农业生产与社会生活重要保障。如：

> 官障湖，在城北一百里。杨翁陂，在东村，两岸田赖之。黄竹洋陂，在东厢。横塘陂，在东厢。赤水陂，在登瀛都赤水澳，秋冬竭灌溉，民田甚普。石堰陂，在上莆都。上水门沟，引韩江水入郡学泮池，经大平桥绕县治，过湖桥大沟坭入西湖，会三利溪。下水门沟，引韩江水经下水门街过开元寺前绕小金山会大街新街诸巷水入陈厝池出西关吊桥会流入三利溪。南门前沟，引韩江水过城西出三利溪，乡民引以灌田，为郝尚久所废。今浚复。④

除此，还有诸多人工与半人工水利工程，如庵埠寨涵、版月头涵、涧口

---

① （清）周硕勋：乾隆《潮州府志》卷18《水利》，《中国方志丛书》，成文出版社1967年版，第244页。

② （清）周硕勋：乾隆《潮州府志》卷18《水利》，《中国方志丛书》，成文出版社1967年版，第244页。

③ （清）周硕勋：乾隆《潮州府志》卷18《水利》，《中国方志丛书》，成文出版社1967年版，第244页。

④ （清）周硕勋：乾隆《潮州府志》卷18《水利》，《中国方志丛书》，成文出版社1967年版，第245页。

涵、方舍涵、竹崎头涵、冈湖涵、松柏涵、溪口涵、龙门关、下江东关、大
鉴关、郭陇埕关、斗门关、东湖、塘湖、黄枝湖、龟湖、塗汤湖、田心湖、
永安湖、梅林湖、潘刘潭、新寮潭、市头潭、印石潭、岭仔头潭、虎豹潭、
南山潭、银潭、雷打潭，等等。[①]这些涵湖潭关等水体，共同支撑起清代海阳
县农田水利系统，形成一个数量多、种类多、形式多样的农田水利网络。

三、堤防、水利环境与地方民生

水利兴废的决定因素在政事。历史上，政事与生态环境关系是值得深入
研究的。概要说来，政事举则人事修，人事修则水利兴，水利兴则有利于民
生，民生状态决定地方安危。因此，水利生态环境状态的决定性因素是政治。
进而言之，政治环境决定水利环境，有什么样的政治环境就有什么样的水利
环境。

明清时期，韩江流域溪流纵横，河渠沟汊众多，其中人工水利工程成就
颇大，成为当地经济社会生活重要组成部分。如乾隆《潮州府志》修纂者所
论：潮州"川泽之利，所以仰灌溉也。潮统九邑，曰濠，曰陂，曰渠，曰涵，
曰塘，其名不一，大抵皆引泉潴水，时其储洩，为农田利"[②]。其中，堤防是清
代韩江流域最重要的水利工程，也是潮州府最重要的水利工程。因此，从水
利视角审视堤防、水利环境与民生三者关系，这是值得研究的问题。换言之，
堤防堪称各种水利工程设施的基础性工程。韩江流域各个堤防，在防洪、灌
溉农田中的作用尤为重要，所系甚重，因此修筑与维护则尤为迫切。如清雍
正年间海阳知县张士琏所言："潮为岭东雄郡，山海绣错，方广数百里，领县
十有一。海阳附郭称首邑，地固泽国。赣循梅汀之水建瓴而注于江，经三河
下鳄溪，势转而东，渐趋于海。沿江两岸，赖堤为捍御。堤固有南有北，有
横砂有秋溪，而江东东厢其要害也。堤不固，则春夏之交雨淫江涨，每至冲

---

①（清）卢蔚猷修、关道镕撰：光绪《海阳县志》卷6《舆地略五》，《中国方志丛
书》，成文出版社1967年版，第55—57页。
②（清）周硕勋：乾隆《潮州府志》卷18《水利》，《中国方志丛书》，成文出版社
1967年版，第242页。

啮，居民患之。顾南北诸堤乃者渐次修筑，已既庆安澜矣。惟江东东厢二堤延袤广远，溃决既久，修理之费颇巨。"①

下文，笔者仅以清代海阳县北门堤与南门堤等修筑与荒废事实等为例，就堤防、水利环境与地方民生关系略作说明。

（一）溃决与完固之间：以清代北门堤为例

清代潮州府潮阳县北门堤事关三县安危，最为重要。

自唐以来，北门堤屡溃屡修。据光绪《海阳县志》所在：北门堤始于潮州府海阳县城的"城北竹嵩山，至凤城驿止，相距三里，计长六百九十四丈，以御韩江上游之水。自唐至宋元，世有修筑。陈珏《修堤策》谓堤筑自唐韩公，又宋林嶈浚湖，有爰筑修堤，尽护西塘之铭。元赵良塘修堤以卫田庐。逮明永乐堤溃，知府雷春筑之。成化年间溃决无常，御史曾昂复檄修筑，发蠹民罚锾二千，功始就。弘治八九等年堤决，知府周鹏发丁夫数千筑之，同知车份、知县金谥、邑人尚书盛端明佐修"②。

清代康熙以来，清代海阳县北门堤再次陷入频繁的"溃决—修复—再溃决—再修复"等反复循环之中。如光绪《海阳县志》所载：

> （海阳县北门堤）国朝康熙四年六月，堤裂大巷口四十余丈，巡道孙明忠、知府梁文煊、知县吕士骏、总兵薛受益、县绅杨儒经修筑；（康熙）五十七年六月，堤溃龙母庙，巡道姚仕琳、知府张自谦、同知汪泰来、知县金以埈运石填筑；越八月飓风，又溃三十余丈，重塞之，踰年乃竣；五十九年，又溃五十余丈，通判吴安泰、知县颜敏、揭阳知县孙公瑜同修，并建矶头。邑之西厢、北厢、归仁、大和，揭阳之桃山、梅冈、地美七都民皆运土填筑，田庐赖之；乾隆十一年，请帑改筑灰堤，自竹篙山脚起至凤城驿署止，高厚一式，北堤乃稍臻完固；道光十三年，

---

① （清）周硕勋：乾隆《潮州府志》卷41《艺文》，《中国方志丛书》，成文出版社1967年版，第1053页。

② （清）卢蔚猷修、关道镕撰：光绪《海阳县志》，卷21《建置略五》，《中国方志丛书》，成文出版社1967年版，第198页。

白沙宫前陷。知县韩凤修督民填塞；（道光）二十二年，堤外之宰牛洲被决堤几溃，知府觉罗禄、知县史朴率民修护得免；咸丰三年，知府吴均捐廉三千金修之，增广堤身、筑灰篱以顺水势；同治三年，知县施绍文谕邑绅邱步琼等再修；（同治）十年，水几没堤，知府段锡琳、知县钱诵清督民急筑子堤堵御；（同治）十一年，谕绅者邱际春、辜利权、陈世盛等督修堤面，填高数尺，堤身舂龙骨内附灰篱并建矶头二处，需费至万金，均派海揭七都田亩。光绪八年堤内各处穿泄，总兵方耀会同知府刘湛年、知县樊希元拨款并派田亩，命营官邱华山、方国光暨绅士陈广泽、余霈光等于旧雨亭三寮茅巷鳄渡头白沙宫龙母庙等处共筑灰篱七段，每段长四十余丈、深三丈，余并采石填补矶头，（光绪）十年工竣；十一年八月，新雨亭堤大穿泄，水从田面涌出，知府朱丙寿、知县温树芬谕绅士杨淞等派修堤内穿泄处，围筑土堆以断水去路；（光绪）十二年，仍穿泄；十三、十四等年穿泄尤甚，堤面裂十余丈，绅董陈锡祺以前所筑土堆皆在泥淤之地，尚未妥协，乃择坚实处另行填土钉椿，固以灰篱。十五年筑成四十余丈，穿泄乃止；（光绪）二十年，堤厂后及林厝路头穿泄，如法再修；（光绪）二十六年六月，意溪渡头坍卸二十余丈，堤面仅剩二尺，开裂穿泄凡数处，知县刘兴东率绅董陈锡祺督民抢修得不溃。既以堤身大伤，再筹兴筑，详请两院发帑三千两，复谕总理绅士李芳兰、王延康、陈锡祺协同四都绅士苏兆龙、陈廉、翁兰、廖焕奎按田酿金，合揭邑三都捐助共得银一万四千余两，修复旧基，增筑外灰篱三处，共七十余丈；内土堆灰篱四处，共八十余丈。九月兴工，越明年三月工竣。[①]

上面引文所载相关内容稍加归纳，可以勾勒出清代海阳县北门堤"溃裂—修复—再溃裂—再修复"基本的曲线，并形成光绪时期"北门堤穿泄集

---

① （清）卢蔚猷修、关道镕撰：光绪《海阳县志》卷21《建置略五》，《中国方志丛书》，成文出版社1967年版，第198—199页。

中期"。即康熙四年六月，堤裂—（康熙）五十七年六月，堤溃龙母庙，埈运石填筑—（康熙）五十八年八月，又溃三十余丈—（康熙）五十九年，又溃五十余丈—乾隆十一年，北堤乃稍臻完固—道光十三年，白沙宫前陷（道光）二十二年，堤外之宰牛洲被决堤几溃；咸丰三年，增广堤身、筑灰篱以顺水势；同治三年，再修（同治）十年，水几没堤，筑子堤堵御（同治）十一年，督修堤面；光绪八年堤内各处穿泄—（光绪）十年工竣—（光绪）十一年八月，新雨亭堤大穿泄；（光绪）十二年，仍穿泄；（光绪）十三、十四等年穿泄尤甚，堤面裂十余丈—（光绪）十五年筑成四十余丈，穿泄乃止；（光绪）二十年，堤厂后及林厝路头穿泄；（光绪）二十六年六月，意溪渡头坍卸二十余丈，堤面仅剩二尺，开裂穿泄凡数处，修复旧基，增筑外灰篱等。九月兴工，越明年三月工竣。①

显然，海阳县北门堤溃决或穿泄频度越到清后期越快。其中，光绪年间穿泄坍塌最多，这与清朝政治黑暗腐败程度成正比。

（二）社会安危与地方民生根本所系：海阳县堤防功能检视

又，乾隆年间，潮州知府周硕勋称："古之治水，功存疏凿；今之防河，利在堤堰。顾筑堵愈甚，水以束而怒流冲激。贾让止啼，塞口之喻，千古笃论也。韩江逼郡城，受三河之水，建瓴直下，沿河数十里堤工相属。扫以木石，堵以蚝墙，诚万造藩篱也。顾数十年来，上游开垦，山童而土疏；洪流挟沙，过则淤垫。河身日高，堤身日卑，至增筑加培，于无可施，诚地方之隐忧焉。"②

清代处于"明清宇宙期"，气候转冷，"灾异"天象屡现，旱涝不时，实则进入多灾多难时期，因而堤防修筑与维护变得更加重要。除北门堤，海阳县南门堤等诸多堤防都是非常重要的水利工程。这些堤防干系地方社会安危

---

① （清）卢蔚猷修、关道镕撰：光绪《海阳县志》卷7《舆地略六》，《中国方志丛书》，成文出版社1967年版，第198—199页。

② （清）周硕勋：乾隆《潮州府志》卷20《堤防》，《中国方志丛书》，成文出版社1967年版，第288页。

与民生根本。如康熙年间海阳籍官员陈珏所撰《修堤策略》称："潮郡城势处下流，由闽汀江右及本省梅州以上众水会同俱取道于韩江入海，每至春夏雨潦，又有诸山坑水奔注至江，以助其狂澜泛滥横决，往往为患。则海、潮、揭、普四县接壤，皆赖北门一堤堵御之力。实奕冀民命攸关，非止一日也。自唐韩文公筑堤而后，至明成化年间，溃决无常，贻害甚烈。"①清代海阳县南门堤"冀民命攸关"作用并不逊色于北门堤。据光绪《海阳县志》记载：

> 南门堤起南门城角头，历南厢、登云、登隆、隆津、南桂、东莆、上莆、龙溪至庵埠许陇涵澄海界止，计长八千四百五十一丈，袤七十余里，以障韩江西溪之水。宋宝庆间，知县王衡翁修南桂堤；元至治间，主簿张明德修梅溪堤；明正德间，邑人御史杨琠疏请榷金修筑，甃以石，增拓加倍。嘉靖间，邑绅薛侃言于知府王袍，复修之。县丞叶文鼎又督修南桂横砂堤。国朝顺治初，海寇黄海如破横砂堤抄略。

清代海阳县南门堤计长八千四百五十一丈，袤七十余里，以障韩江西溪之水，是一条非常重要的堤防。

> （顺治）十年，叛镇郝尚久凿断南门堤身以通濠，旋被大水冲决数十丈，田庐漂没。越明年，道府檄海揭二县督民协修绝水，不与濠通。然西南良田数百顷碱气无由宣泄，而田荒矣。康熙三年严海禁，迁民内地。南桂以下，堤斥界外，遇洪水冲决尤甚。上莆、南桂、龙溪等都田地尽遭淹没。（康熙）八年，始行修筑。（康熙）十二年，甃砌南门堤涵，纳韩江水通三利溪，一如古制。（康熙）五十七年六月，南厢堤溃，知县金以竣督民修复。乾隆十一年，动帑修筑南关至龙湖市灰堤一千零四十丈五尺，庵埠许陇涵灰堤一千一百零四丈五尺。（乾隆）二十年，修筑灰堤八百四十丈。（乾隆）二十二年，修灰堤五千三百零七丈九尺。（乾隆）三十年，南桂鲲江堤溃，修筑并建矶头以杀水势。（乾隆）五十九年又

---

①（清）卢蔚猷修、关道镕撰：光绪《海阳县志》卷21《建置略五》，《中国方志丛书》，成文出版社1967年版，第198页。

溃，再修筑。嘉庆二十年六月，南厢孝子坟前堤溃十余丈。（道光）十三年六月，圣者亭前堤溃二百余丈。（嘉庆）十七年六月，水断鲤鱼脐横冲圣者亭前堤溃三百余丈，同日登隆客子寮堤溃二百余丈。（嘉庆）二十一年七月，登隆堤又溃，俱官倡修。（嘉庆）二十三年七月，孝子坟了哥宫前后堤溃四百余丈，官民协修三年，工始竣。咸丰三年，登隆潘刘堤溃一百九十六丈，附近堤防胥溃，州南变为泽国。（咸丰）四年三月复溃，耕农失业，吴忠恕因之作乱。事平，屡筑屡圮。（咸丰）六年五月，河水陡涨，又冲决二百余丈。护堤矶头七处一并坍卸，被水患者数百乡，筹议兴修，架梁添椿、筹办合龙之事。乃连日大雨，河水骤涨，两次合龙皆不就，迟至五月龙口方合。又阅两月成新堤二百一十三丈。新旧堤交界处添筑大矶头一座，新堤合口处添筑海泥矶头一座。（咸丰）八年登隆堤裂，旋行添筑。（咸丰）十年横沙堤溃，乡民派修。同治三年七月东凤堤溃八十余丈，客子寮堤溃二百余丈。又数日，下寺堤溃二十余丈，修筑。光绪六年五月，龙湖市头堤溃七十五丈，修筑。（咸丰）十二年，通堤八千四百五十一丈一律大修，增高培厚，外附灰篱。（咸丰）十三年筑成。（咸丰）十四年新灰篱脱卸六百余丈。（咸丰）十五年至二十年，连年脱卸，俱修复。（咸丰）二十一年孝子坟前后堤段脱卸三处共四十余丈。该处地瘠田少，摊派维艰。（咸丰）二十三年，再修之。①

由是可见，堤防系清代韩江流域农业生产根本保障，系保障与稳定民生基础工程。谨以南门堤为例，其反复溃决与反复修筑的轨迹，恰是南门堤水利所及田地丰产或歉收的变化轨迹。越到清后期，南门堤溃决次数越多，这亦说明区域性水利工程与一个王朝、地方政府政治状态有着直接关系——这是一种彼此因应关系，实则重复古代社会"水利—政治"复合体基本命途。

清朝雍正时期潮州府知府胡恂撰《重修鲤鱼沟堤记》所载鲤鱼沟堤修筑

---

① （清）卢蔚猷修、关道镕撰：光绪《海阳县志》卷7《舆地略六》，《中国方志丛书》，成文出版社1967年版，第199—201页。

与溃决故实，再次佐证堤防肩负民生根本重任。即"海阳县鲤鱼沟故有堤，民命凭之。康熙丁丑[①]堤溃，迄今三十五年矣。东厢秋溪、水南之间田湮草宅，触目堪伤。雍正戊申[②]，绅士陈学典等佥请修筑，观察刘公锐意主之。余与海阳县令张君共襄大役，始于雍正八年仲冬二十有八日，周砌以石，沟长十五丈有奇。排木垫石入地五尺，上高一丈二尺，立桥墩四，为门三，板闸储泄，桥长六丈五尺，翼以灰墙，中广一丈四尺，堤旁建屋三楹以居司闸者。乡民陈希被、李斯雄谨启闭，岁赡谷二十石。复以地滨大河，形如方舟，迥数十里四面皆水，藉堤保障。一隅冲决，则全堤俱废。先相度上流涧溪筑石矶三座以缓水势，修溪口乡涵口二处绕河旧堤增高培广，计费三千一百八十余金，阅四月工竣，保卫二十八乡良田三万余亩，易草莽为膏腴，免苍生于鱼鳖，甚盛举也"[③]。

堤防之功能，一则防涝抗洪，二则固堤抗旱。行文至此，进而论及韩江流域水利环境与水利设施关系，在此不妨以清雍正年间海阳县知县张士琏在《海阳县志·按语》为例而予以诠释："自三河而下，汇闽豫之水于韩江，惊涛怒奔，两岸之堤夹江而下，外御洪波，内卫田宅，民命所悬也。一不能与水争，禾淹没，田沙壅，室遂波，上巢处。因之赋役没供，室家相弃，剽窃时告，狱讼繁兴，其害何可胜道哉？自古迄今，相度要害加意修举，甃石矶以缓水势，培高厚以壮根基，当冬涸以乘天时，法至善也。要在得人而理之，苟有公正勤敏其人者，出入无侵渔，风日无畏避，信任之，使不掣肘，优礼之，使妄焦劳。岁行砌筑，自足回狂澜而庆安流。夫兴利为民福，革弊去民祸，守土责也。乃固而桑麻鸡狗获其福，决而逋负逃亡受其祸。兴利革弊，海阳之政孰有要于修堤也哉？"[④]

---

① 康熙丁丑年为康熙三十六年，即 1697 年。

② 雍正戊申年为雍正六年，即 1728 年。

③（清）周硕勋：乾隆《潮州府志》卷 41《艺文》，《中国方志丛书》，成文出版社 1967 年版，第 1071 页。

④（清）张士琏纂修：雍正《海阳县志》卷 2《地集堤》，潮州市方志办，2002 年版。

第五章 环境、生态观念与社会风习

——以明清时期潮阳县等为中心

自然灾害对民众生产生活造成各种各样的威胁与破坏，成为影响与塑造民众生态思想观念与灾害心理的重要因素之一。如有学者所论："自然灾害给人类社会带来了巨大损失，各国民众面对自然灾害，形成了各自特色的思想文化……灾害在思想文化方面，一方面培养和激发了民族精神与传统，另一方面也使广大民众对灾害产生了不安、恐惧的心理。由于封建社会中，单个家庭和民众防御与抵抗灾害的能力微乎其微，民众在心理层面对灾荒既畏惧又恐慌，反映在信仰、文化、习俗上，既有敬畏又有无法达到满足时的抗争。全国各地普遍建有大量的龙王庙，这种信仰的形成，与雨泽不时的旱涝及水灾相关联。旱时，人们祈求龙王降甘霖，涝时人们祈求龙王止淫雨。当龙王无法满足人们的需要时，有些地方还出现鞭答龙王、抬龙王晾晒等习俗……广东信奉的北帝、洪圣王（南海王）、龙母、伏波将军等，也与广东易发水旱灾害有关。"[1]

第一节 明清时期潮阳自然生态概况

明清时期潮阳县"与海、揭并称三阳，实为滨海剧邑"。[2] 潮阳县东面濒

---

① 王元林、孟昭锋：《自然灾害与历代中国政府应对研究》，暨南大学出版社 2012 年版，第 351—352 页。

② （清）周恒重：光绪《潮阳县志》卷首《朱序》，《中国方志丛书》，成文出版社 1967 年版，第 3 页。

临南海，西面与普宁县接壤，南至惠来县，北面与揭阳县交界，东南面临大海，西南接壤惠来县，东北与澄海县相接，西北至普宁县。

一、潮阳县地形地貌

明清时期潮州府潮阳县，粤东形胜之地。如明朝御史陈大器称："潮阳为郡东南剧邑。北枕牛田，南襟练江，皆薄巨海，浩荡汪洋，渺无涯涘。涵灵孕秀，焕发人文，而敷润百物，于诸邑中称甲数焉。然南北异川，中流不贯，扶舆磅礴之气或未尽畅也。昔人因其势而利导之，凿地成河通潮水，以环注邑城，形胜乃为完美。弟肇事之初，规划未备。每当春夏淫雨，辄虞泛溢。"①另，乾隆《潮州府志》称：潮阳县"左右皆山，前后皆水，形胜视他邑特奇……远宗百丈雄峙双峰，东山屏卫，西峰翰翼，龙首是宸，练水作带，背洋环江，原隰土沃"②。潮阳县左右皆山，峰峦起伏。其中，"龙首山在县北三里，高百余丈，周围十余里，俗名猴子山，一曰获子山，临于高冈之上，为县治来龙入首。将军山在龙首山之旁，高约数十丈，旅山之特葱倩者"③。另有望楼岭、东山、紫云岩、北岩、石泉岩、西山、白牛岩、大湖山、练江山、神山、浔洞山、御史岭、钱澳山、招收山、达濠山、磊口山、马耳山、石井山、叠石山、双髻山等。④

总体说来，潮阳县地势西高东低，地形以平原、丘陵为主，平原主要包括练江平原（位于潮阳县中南部地区）等。山脉有小北山、大南山等。其中，小北山呈西北—东南走向，位于潮阳县中西部；大南山呈西—东走向，位于潮阳县南部。小北山还延伸出广阔丘陵，这些丘陵主要分布于小北山麓和东

---

①（清）周硕勋：乾隆《潮州府志》卷41《艺文》，《中国方志丛书》，成文出版社1967年版，第1068页。另，陈大器，明代潮州府潮阳县人，正德十二年（1517）中进士，官至河南道御史。

②（清）周硕勋：乾隆《潮州府志》卷5《形势》，《中国方志丛书》，成文出版社1967年版，第64页。

③（清）周硕勋：乾隆《潮州府志》卷2《疆域》，《中国方志丛书》，成文出版社1967年版，第52页。

④（清）周硕勋：乾隆《潮州府志》卷5《形势》，《中国方志丛书》，成文出版社1967年版，第52—53页。

部沿海地区。

二、河流水文

潮阳县境内，山岛竦峙，河流纵横，堪称水乡泽国。其中，"练江距县南三里，又曰龙津，即龙井溪也。有二源：一出铁山下，一出云落径……汇为巨浸，东西广四十里，南北广三十里，绕沧洲、经海门出牛角石、莲花峰之间，入于海……东溪水从和平桥出，东注于练江。西丰水出临昆山下，亦经和平桥注于练江。大龙溪、小龙溪二水俱发源南山之石泉，会于江山围纤，折经沙陇北，注于练江"①。潮阳县"沧洲在县东南，亘练江中，周围五里，上有居民，有田，可稼可盐可渔。其中，多海鸟，土人捕之以为利"②。

另则，潮阳县有"后溪内洋源出长乐，经揭阳绕直浦至石井，其势益大，过竹山至县北后溪之水会焉，至垒石达濠之水会焉，东为牛田洋，出澳头山为外洋大海。铺前水自揭阳发源，向东流经南北炮台约五十里，南入于海。华阳水出华阳山下，北注牛田洋。河溪水出河溪山下北注牛田洋。西泸水出禄景山下，东注牛田洋。牛田洋在砂浦都，距县北二十里。新溪乃铁山下西条之水合而南流。石港乃铁山下东条之水合而南流。麒麟桥水出壬屿山下。仙陂水出赤社岭石佛诸山，即吴真君捣药处，合诸水会于下淋溪下淋溪在贵山都，距县西六十里司马浦水出金竹林岭，东流会于铜钵湖。铜钵湖在举练都，距县西五十里。桃溪水出林招径，东流会于东溪。东溪水从和平桥出，东注于练江……龙潭在大湖山。招砂水在县东，从径门出三十里至达濠，隔一小河，其水由东北经东南通河渡门入于海。河渡溪在县东，长数十里，南曰河渡门，北至磊石，皆通大海"③。

---

① （清）周恒重：光绪《潮阳县志》卷5《山川》，《中国方志丛书》，成文出版社1967年版，第55页。

② （清）周恒重：光绪《潮阳县志》卷5《山川》，《中国方志丛书》，成文出版社1967年版，第55页。

③ （清）周恒重：光绪《潮阳县志》卷5《山川》，《中国方志丛书》，成文出版社1967年版，第55页。

三、气候、土壤与植被

潮阳县气候属于亚热带海洋性气候。明修《潮阳县志》称：潮阳县"地气卑湿，海气上蒸，四季长春。三冬无雪，一岁之中暑热过半。一日之间气候不齐，有时怒涛夜号，断虹先现则飓风大作，其小者俗称水荡。或久旱欲雨、久雨欲晴，则江海之滨常有火柱见"[1]。总体来说，潮阳县年平均气温22.1℃，太阳辐射强，日照长，降水丰沛，雨热同期；夏季最长，高温多雨；冬季最短，温和湿润，甚至有冬天之名无其实。潮阳县面临大海，紧靠北回归线，灾害性天气多样，台风和暴雨是最大的气象灾害，当然也有季节性干旱问题。

研究表明，由于潮阳县为高温多雨气候，"母质化学风化强，风化壳深厚，富铝化过程强烈。土壤中氧化铁、氧化铝富集，呈赤红色；钙镁离子少，呈酸性，结构不良。由于高温多雨，故生物过程（生物小循环）强烈。植物生长快，死亡之后转化为有机质，分解为无机养分，重新被生物吸收利用。自然植被为亚热带季雨林和亚热带常绿阔叶林，残落物分解呈酸性，腐殖质较深厚……其主要土类有赤红壤、黄壤、山地草甸土、滨海盐土和水稻土等"[2]。

明清时期，潮阳的低山、丘陵上，植被以南亚热带常绿季雨林木、经济林木与水果为主。如龙眼、荔枝、柑、橘、柚、香橼、橙、佛手、梅、梨、李、枣、柿、石榴、橄榄、余甘、枇杷、甘蔗、蕉、阳桃、葡萄、菱、落花生、细核杨梅、番石榴、蒙果、番菠萝、黄皮子、松树、柏树、桧树、水松、木棉、榕树、樟树、楝树、枫树、柳树、桑树、棕树、槐树等。[3]

---

① （明）林大春：隆庆《潮阳县志》卷首《图经并序》，《天一阁藏明代方志选刊》，上海古籍书店1963年版。

② 李坚诚：《潮汕乡土地理》，暨南大学出版社2015年版，第57页。

③ （清）周恒重：光绪《潮阳县志》卷20《物产》，《中国方志丛书》，成文出版社1967年版，第155—157页。

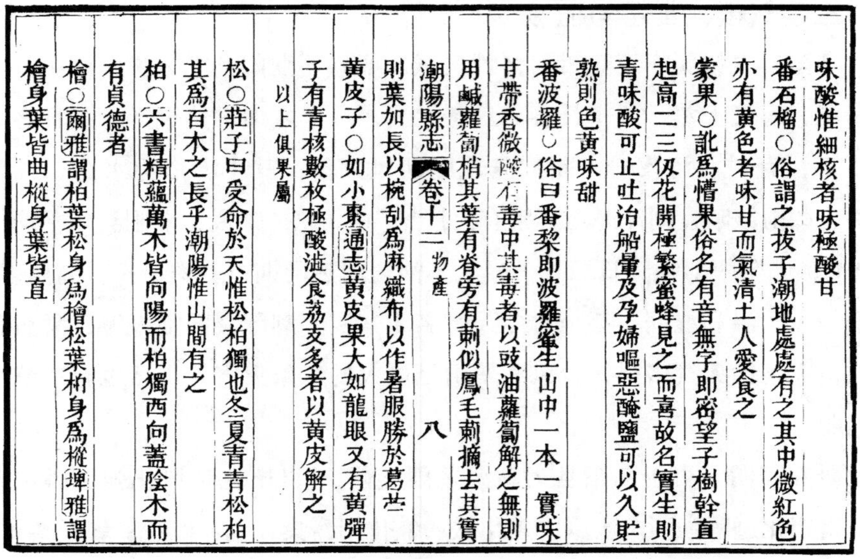
味酸惟細核者味極酸甘
番石榴○俗謂之拔子潮地處處有之其中微紅色
亦有黃色者味甘而氣清土人愛食之
蒙果○訛爲懵果俗名有音無字即密望子樹幹直
起高二三仞花開極繁蜜蜂見之而喜故名實生則
青味酸可止吐治船暈及孕婦嘔惡醃鹽可以久貯
熟則色黃味甜
番波羅○俗曰番梨即波羅蜜生山中一本一實味
甘帶香微酸有毒中其毒者以豉油蘿蔔解之無則
用鹹蘿蔔梢其葉有脊旁有刺似鳳毛刺摘去其實
潮陽縣志 卷十二 物產 八
則葉加長以椀刮爲麻織布以作暑服勝於葛苧
黃皮子○如小棗通志黃皮果大如龍眼又有黃彈
子有青核數枚極酸澁食荔支多者以黃皮解之
以上俱果屬
松○莊子曰受命於天惟松柏獨也冬夏青青松柏
其爲百木之長乎潮陽惟山間有之
柏○六書精蘊萬木皆向陽而柏獨西向蓋陰木而
有貞德者
檜○爾雅謂柏葉松身爲檜松葉柏身爲樅埤雅謂
檜身葉皆曲樅身葉皆直

图 5-1 光绪《潮阳县志》卷 12《物产》截图

资料来源：（清）周恒重：光绪《潮阳县志》，《中国方志丛书》，成文出版社 1967 年版，第 156 页。

第二节 畸弱畸强社会状态的环境视角

明中叶以来，韩江流域商品经济趋于繁荣，海外贸易活跃，商品经济规则浸润社会多个方面，传统伦理价值观念不断被销蚀。明清易代，短暂动乱之后，清初韩江流域传统经济随着国家实施休养生息政策而很快恢复起来，商品经济与海外贸易（包括海上走私）再度活跃，重商风习由明而清愈演愈烈，清代韩江流域商品经济与商品意识对传统伦理道德规范与社会价值判定的政治标准（唯一标准）造成持续冲击，财富逐渐成为判断人们社会价值的重要标准之一。由伦理道德规则弱化而政治权威弱化，地方政府的社会控制能力不断削弱。与之相反，地方宗族势力与士大夫的影响力却不断加强，韩江流域地方社会正在逐渐形成一种畸弱畸强社会状态。所谓畸弱畸强社会状态，系指明清时期韩江流域等一些地区，由于朝廷与地方政府政治影响力、社会控制力弱化或边缘化，而地方社会商品规则与商品意识的影响力及宗族社会的控制力不断强化的一种基层社会存在状态。明清韩江流域"畸弱畸强"社会状态成因是多方面的。

一、明清潮阳县"畸弱畸强"社会状态

韩江流域地处东南一隅，其主体位于粤东、闽西的山海之间，背倚崇山峻岭，东西有山脉横亘，南面为烟波浩渺的海洋。因为远离清朝都城与广东省城，所以韩江流域，特别是其经济中心潮州被称为"省尾国角"之地。天高皇帝远。就地域而言，政治上远离国家统治中心与省级政治中心，经济上则更多依赖于海外贸易（海外走私为主）致富而被清朝政府视为禁海对象，韩江流域，特别是潮州府与明清朝中央朝廷相距千山万水。潮阳县为潮州府经济发达、海外贸易与商品经济活跃之地。同时，潮阳县也是明清韩江流域"畸弱畸强"社会状态的典型区域。

（一）金钱至上：传统伦理价值观念被剥蚀

古代社会，民众生活资料大多就地取材，靠山吃山、靠海吃海。韩江流域有山有海还有平原，山区富产林木果品，平原为粮食主要产区，沿海可捕鱼可发展海外贸易。相对而言，明清时期韩江流域区域经济自我供给性较强，而当地民众对向海洋求富则趋之若鹜。如《五杂组》记载：明代"广之惠、潮、琼崖，狙狯之徒冒险射利，视海如陆，视日本如邻室耳，往来交易，彼此无间"[①]。

明中叶以来，韩江流域活跃的商品经济竞奢刺激人们追逐物欲与及时享乐思想，人们以追求暴富暴利为荣耀，因而诱发社会浮躁风习。潮阳县为明代韩江流域重要经济区域，世风由俭入奢，竞奢炫富成为风尚。嘉靖时期，潮州籍士大夫林大钦（1511—1545）所言：潮阳县"自迩年以来……为民者尚刁风以倾轧，全丧其良心。财产不明，则献入势豪；忿争不息，则倚资权

---

① （明）谢肇淛撰：《五杂组》，傅成校点，上海古籍出版社 2012 年版，第 74 页。

门。富贵之家，恃门第夺人之土；强梁子弟，事游侠欺孤寒之心。婚姻惟论财，而择配以德之义疏；朋友尚面交，而责善丽泽之益少。丧祭重酒礼之费，有忍毁其亲之尸"①。由此可见，当商品经济生活带来的不是经济再发展，而是民众横流的物欲与拜金思潮，商品经济实际上失去再发展及整合社会规则的可能，社会经济陷入混乱衰落边缘。至万历年间，时人称："财利之于人，甚矣哉！人情徇其利而蹈其害，而犹不忘夫利也。故虽蔽精劳形，日夜驰骛，犹自以为不足也。夫利者，人情所同欲也。同欲而共趋之，如众流赴壑，来往相继，日夜不休，不至于横流泛滥，宁有止息。"②通常，随着商品经济进一步发展，商品意识会成为社会意识的重要组成部分，商业规则成为人们的日常行为规则。然而，晚明韩江流域却非如此。在商品意识与商业规则持续冲击传统社会秩序的同时，商业规则未能成为社会规则而规范社会与人心。反倒是竞奢风气和民众"僭越"行为及传统社会规则糅合在一起，形成一股冲击商品经济活动的变异力量，结果造成商品经济走样。

由明而清，韩江流域重商风习仍然强劲，奢靡之风不减，而且暗兴吸食鸦片之风。如清代潮州府（含潮阳县）"市井傥法多食鸦片，大抵皆诲淫之具。一入迷阵，至不可离，七八年必登鬼录，以此倾家殒命者，不可枚举。其物产于西洋，康熙六十一年间是来自闽之厦门，流毒漳泉，渐及潮郡，沿流守土者所宜厉禁"③。而其屋宇亦竭尽奢华："望族营造屋庐必建家庙，尤加壮丽。其村坊市集，虽多茅舍竹篱，而城郭中强半皆高闳闳厚墙垣者。三阳及澄饶惠普七邑，闾阎饶裕，虽市镇亦多鸟革翚飞，家有千金者必构书斋、雕梁画栋，缀以池台竹树。居民辄用蜃灰和沙土筑墙，地亦如之。"④

显然，封建伦理道德是建立在政治本位（或称官本位）主义基础上的，

---

① 万历《广东通志》卷 39《潮州府·风俗》，《稀见中国地方志汇刊》第 43 册。

②（明）张瀚：《松窗梦语》，中华书局 1985 年版，第 80 页。

③（清）周硕勋：乾隆《潮州府志》卷 12《风俗》，《中国方志丛书》，成文出版社 1967 年版，第 132 页。

④（清）周硕勋：乾隆《潮州府志》卷 12《风俗》，《中国方志丛书》，成文出版社 1967 年版，第 132 页。

通过政治身份确定每个人的社会身份与本分。当政治标准（官本位）失去社会影响力与控制力不再是唯一左右人们社会价值判断的标准，而财富成为人们社会价值实现的重要参考指标时，当金钱至上成为社会较为普遍的价值认同时，传统伦理道德观念的作用也就成为一种选择项，而非唯一的。

（二）宗族势力：由明而清的持续攘夺与扩张

晚明韩江流域通过海外贸易富裕起来的家族，兴宗聚族愿望变得强烈。一方面，他们抓住时机，趁机整合社会资源而壮大自己，宗族影响越来越大。另一方面，宗族势力壮大要通过攘夺国家及地方政府控制社会的权力，这个攘夺过程也是族权与地方权力耦合变异而使政府权力家族化宗族化的过程。明中后期，政治黑暗与政府腐败问题严重，国家对地方社会控制力被削弱，特别是韩江流域等边鄙之地的社会控制力更为削弱。韩江流域宗族势力"生逢其时"，他们巧取豪夺"政府权力"。至16世纪，宗族制度在韩江流域普遍实行。[①]宗族逐渐成为晚明韩江流域地方社会运作体系中的主要力量，并以持续维护自身利益及强化传统道德伦理秩序与行为规范为主要活动内容。宗族及族权最终成为维护韩江流域传统封建道德规范与社会秩序的重要力量。如潮汕史专家黄挺先生所论：清代潮州宗族行使基层社会管理权力合法化，宗族"可能取代国家，施行对地方基层社会的控制，也就在意料之中了。但是，当宗族势力发展到可以左右地方基层社会的时候，如果与国家（官府）利益不能一致，也会产生矛盾，导致对抗"[②]。因此，其成为社会近代化及社会商业化的阻碍力量。

清代韩江流域宗族势力不断壮大，尤其是经济实力增强，金钱至上观念促进宗族势力发展。反过来，宗族在地方经济活动中不断扩大自身影响力。如乾隆时期潮州大族习尚"巨家大族类以孝友相传，故刊庐墓之事志不胜书。社学义学有一邑一处者，有一邑数处者。属众姓捐助。凡遇修桥筑堤，靡不

---

① 具体内容参见黄挺、陈占山著《潮汕史》（上册），广东人民出版社2001年版，第500—559页。

② 黄挺、陈占山：《潮汕史》（上册），广东人民出版社2001年版，第552页。

慷慨乐施。虽由丰裕，亦见人心好义，为他郡所不及。惟佃丁大半悍黠，视业主如弁髦，始而逋租，既而占产，构讼不绝，粮田质田混淆虚实。里中无赖性尤犷险，或藉丐尸冒作亲人，畀至富家；或故杀病丐移尸勒诈。非有司明决，往往全家倾陷。且以大族凌小族，强宗欺弱宗，结党树缘援，好勇斗狠，每百十为群，持械相斗，期于杀伤而后快。预择敢死者，得重贿抵命，名曰买凶。公庭严鞫，虽茹刑不肯吐实。大为风俗，人心之害，有牧民之任者安可忽诸"①。清朝光绪《潮阳县志》称："巨家大族类以孝友为家法，而助饷赈谷及储义仓、倡文祠，亦有好善之风。惟过听小人，岁縻无益之费者且比比也。有能厚风俗、正人心庶其复邹鲁乎？"②

二、环境与民生：清代潮阳灾区社会

除了金钱至上价值观念流行、宗族势力壮大等事实，若从环境史视角审视明清时期潮阳"畸弱畸强"社会状态成因，还是有一些问题值得思考。

（一）潮阳的灾区——以水灾为例

有清一代，包括潮阳在内的韩江流域的自然灾害频发，形成大大小小、此起彼伏的一个个县级灾区。潮阳县的县级灾区是潮州灾区的一部分。

下文，仅以雍正三年（1725）至雍正七年（1729）潮阳县灾区情况为例，概述潮州自然灾害频发情况。如潮阳县于雍正四年"淫雨害稼，斗米银五钱"。雍正七年"大饥，斗米银六七钱。疫死者无算"③。就在雍正三年至七年（1725—1729）时间内，潮州府其他县域也频繁发生灾害。具体灾情如下：

> 海阳县：雍正三年四五月，淫雨害稼，潮洲地区暴雨成灾，大量房
> 屋、庄稼被淹没；秋八月大飓（风灾），"冬蝗，蔬菜木叶皆贼"。雍正四

---

① （清）周硕勋：乾隆《潮州府志》卷12《风俗》，《中国方志丛书》，成文出版社1967年版，第133—134页。

② （清）周恒重：光绪《潮阳县志》卷13《灾祥》，《中国方志丛书》，成文出版社1967年版，第152页。

③ （清）周硕勋：乾隆《潮州府志》卷11《灾祥》，《中国方志丛书》，成文出版社1967年版，第103页。

年饥荒，"米盐大贵"；雍正五年"大疫"；雍正七年春正月大雪。①

揭阳县：雍正三年"秋八月十五日大飓，冬蝗，蔬菜果木叶皆贼"。雍正四年"大饥。斗米价至七钱，觔盐价至九分。五年丁未，米仍腾贵，春夏大疫。六月二十九日飓作连日，雨至秋七月初二日乃止，霖田都水涌漂没田庐"②。

饶平县：雍正二年"夏四月大水"；雍正三年"夏五月大水，冬十一月震雷暴雨，十二月初二日虹见，大水拔木"。雍正四年"秋七月飓风积雨，通县水灾，米谷不登，饿莩枕藉"。雍正五年"秋雨连绵，收成歉薄，领运广西谷以备借粜"。雍正六年"夏六月飓风损坏民房，河水大涨，近溪田禾皆被淹没"③。

惠来县：雍正三年"夏秋大水，田禾淹没，民饥"。雍正四年"秋飓风积雨，田庐淹没，斗米银七钱。潮属惟惠来、饶平、程乡三县灾伤更重"。雍正五年"秋雨害稼"。雍正七年"夏四月初六日大雨，有雹如鹅卵大，早禾伤"④。

澄海县：雍正二年"夏五月大水，早禾灾。秋七月大水，洪桥堤决四十余丈"。雍正三年"夏六月二十九日大水，程洋冈堤决，渔洲后洋堤决五百丈，田园压沙千余亩。秋八月二十四日雨雹"。雍正四年"大饥。斗米七钱，斤盐八分。夏五月大水，渔洲前洋堤决五十余丈"。"雍正五年丁未大疫，死者无数"⑤。

---

① （清）周硕勋：乾隆《潮州府志》卷11《灾祥》，《中国方志丛书》，成文出版社1967年版，第99页。

② （清）周硕勋：乾隆《潮州府志》卷11《灾祥》，《中国方志丛书》，成文出版社1967年版，第111页。

③ （清）周硕勋：乾隆《潮州府志》卷11《灾祥》，《中国方志丛书》，成文出版社1967年版，第114页。

④ （清）周硕勋：乾隆《潮州府志》卷11《灾祥》，《中国方志丛书》，成文出版社1967年版，第117页。

⑤ （清）周硕勋：乾隆《潮州府志》卷11《灾祥》，《中国方志丛书》，成文出版社1967年版，第121页。

大埔县：雍正三年"夏五月大水。秋八月十五日页白堠湖寮陡发大水，平地行舟，至次日午时方退"。米价飙升，"五月初七日斗米银八钱，山蕨草根树叶采食殆尽。五月疫疠，民多殒，流亡者不计其数。六月二十八日大水"。雍正五年"大饥"，"贫户以蕉根、树叶和糠以食"①。

普宁县：雍正三年"夏六月大水，米贵。冬蝗。菜蔬木叶皆贱"。雍正四年"秋七月大水"，雍正五年"秋七月大水"②。

潮州府雍正三年（1725）至雍正七年（1729）各县灾区此起彼伏，潮州府则形成一个连续存在的3—5年的灾区，这些灾区相互影响而形成一个"灾区社会"。有清一代，潮州府潮阳县水旱等灾害不断，灾害连年发生（具体内容见表5-1），此起彼伏。仅就水灾风灾而言，潮阳县时时成为事实上的"灾区社会"。

表5-1　清朝潮阳县水灾风灾一览

时间	灾情	连续闹水灾情况（灾区化）
顺治六年	飓风大水	接近连续三年水灾；近乎两年风灾
顺治七年	台风	
顺治九年	大雨、台风	
康熙十二年	飓风	近乎三年飓风灾害；连续两年水灾
康熙十五年	飓风、水溢，坏庐舍，堤多毁	
康熙十六年	飓风、水溢	
康熙二十七年	大水	连续三年水灾
康熙二十八年	大雨、大水，潮阳漂民居无数	
康熙二十九年	大水	

①（清）周硕勋：乾隆《潮州府志》卷11《灾祥》，《中国方志丛书》，成文出版社1967年版，第124页。

②（清）周硕勋：乾隆《潮州府志》卷11《灾祥》，《中国方志丛书》，成文出版社1967年版，第126页。

续表

时间	灾情	连续闹水灾情况（灾区化）
康熙三十二年	飓风、大水	连续四年水灾
康熙三十三年	大水，海、潮、揭、普四邑田庐淹没过半，人心惶惶	
康熙三十四年	大水、淫雨	
康熙三十五年	台风、海溢	
康熙五十四年	大水	连续两年水灾
康熙五十六年	台风、海溢	
雍正二年	淫雨、大水	连续四年水灾
雍正三年	大水，堤决，田园压沙千余亩	
雍正四年	大水	
雍正五年	飓雨、大水	
乾隆二十三年	台风、海溢	连续两年水灾
乾隆二十四年	淫雨	
乾隆三十四年	大水	连续两年水灾
乾隆三十五年	飓风、大水	
乾隆四十五年	台风、大水	连续两年水灾
乾隆四十六年	大水	
乾隆五十三年	大水	连续两年水灾
乾隆五十五年	大水	
嘉庆五年	大水	连续两年水灾
嘉庆六年	大水	
嘉庆八年	淫雨、大水	连续两年水灾
嘉庆九年	淫雨、大水	
嘉庆十二年	飓风、海溢	五年之间三次水灾
嘉庆十四年	台风大水	
嘉庆十六年	飓风、大水	

资料来源：据《广东省自然灾害史料（增订本）》（广东省文史研究馆 1961 年出版）与《广东省自然灾害史料》（广东科技出版社 1999 年版）及水利电力部、水利水电科学研究院编《清代珠江韩江洪涝档案史料》（中华书局 1988 年版）等相关内容整理而成。

（二）潮阳县的灾区社会——一种理论思考

一个基本事实："人的生存依托于两大系统，即自然系统和社会系统。自然系统为人的生存提供自然资源和环境，使人生存所必需的物质与能量得到源源不断地供给，保证着人作为一个生物存在的实现。人的生存还要有社会资源和社会环境，这主要包括社会关系网络、人际交往、人性教化、知识和能力的传授、社会保护和制约、人生原则和交往规范等。正是这些社会因素保证着人作为一个社会存在的实现。离开了这些社会资源和社会环境，人是没有办法作为一个生物性和社会性相统一的存在而生存下去的，即使活着，也不再是完整意义上的人，不会见容于社会。"① 明清潮阳县灾区社会就是灾民的生存依托于两大系统（自然系统和社会系统）都出现严重问题的变态的社会存在状态。概要说来，灾区社会系指某一地区因自然灾害频发而造成的不断处于灾区状态的一种社会存在状态。灾区社会是以灾民为主体的社会。灾民以灾区社会及"非灾区社会"为依托，通过生计途径实现灾民向非灾民身份转向；"灾区社会"则通过自身社会保障功能恢复及"非灾区社会"物质等支持，过渡到"非灾区社会"。这种身份转变是一个复杂而多变的过程，灾民生计状况是其决定性因素。当一个地区发生灾害并沦为灾区，救灾工作的核心任务是恢复和重建人的基本生存条件，而政府救灾② 能力与水平是灾民生存状态的决定性因素。

明清时期潮阳县物产丰富，粮食和蔬菜种类繁多（见图5-3、图5-4）。然而，水灾一条线，一泻汪洋；旱灾一大片，日月煎熬，满目枯槁；虫灾线连片，遮天蔽日，寸草不留。一旦发生灾荒，灾民生计还是异常困难。仅就灾区灾民生计来源而言，概要说来，主要有七个方面：一是政府经济救助。

---

① 王子平：《灾害社会学》，湖南人民出版社1998年版，第149页。
② 所谓救灾，是指中央和地方政府动员和组织社会公众运用各种手段和力量，通过多种方式，努力消除灾害造成的破坏性后果，恢复基本生存条件以保证灾区人民生存下去并获得重新发展的必要条件而展开的社会性行动（王子平：《灾害社会学》，湖南人民出版社1998年版，第294页）。

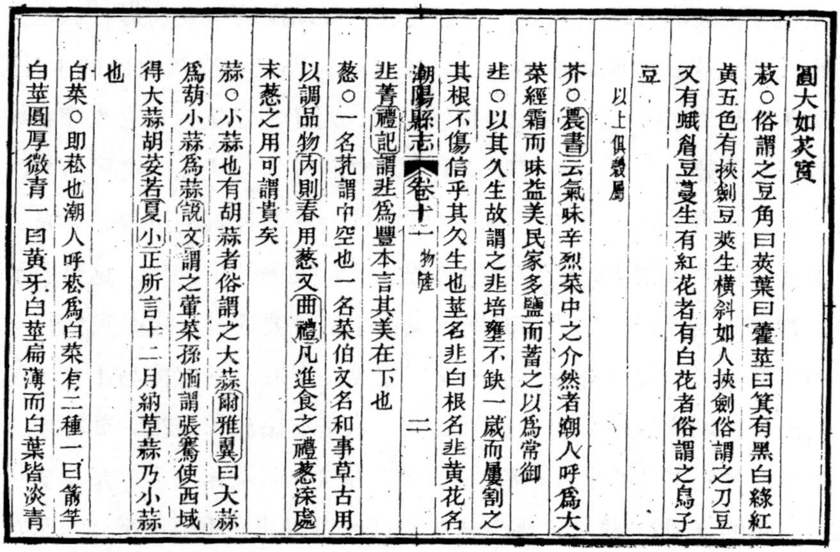

圓大如芡實
菽○俗謂之豆角曰莢葉曰藿莖曰萁有黑白綠紅
黃五色有挾劍豆莢生橫斜如人挾劍俗謂之刀豆
又有蛾眉豆蔓生有紅花者有白花者俗謂之烏子
豆
以上俱穀屬
芥○農書云氣味辛烈菜中之介然者潮人呼爲大
菜經霜而味益美民家多鹽而蓄之以爲常御
韭○以其久生故謂之韭培壅不缺一歲而屢割之
其根不傷信乎其久生也莖名韭白根名韭黃花名
潮陽縣志　卷十二　物產　二
韭菁禮記謂韭爲豐本言其美在下也
葱○一名芤謂中空也一名菜伯又名和事草古用
以調品物內則春用葱又曲禮凡進食之禮葱渫處
末葱之用可謂貴矣
蒜○小蒜也有胡蒜者俗謂之大蒜爾雅翼曰大蒜
爲葫小蒜爲蒜說文謂之葷菜孫愐謂張騫使西域
得大蒜胡荽若夏小正所言十二月納草蒜乃小蒜
也
白菜○即菘也潮人呼菘爲白菜有二種一曰箭竿
白莖圓厚微青一曰黃牙白莖扁薄而白葉皆淡青

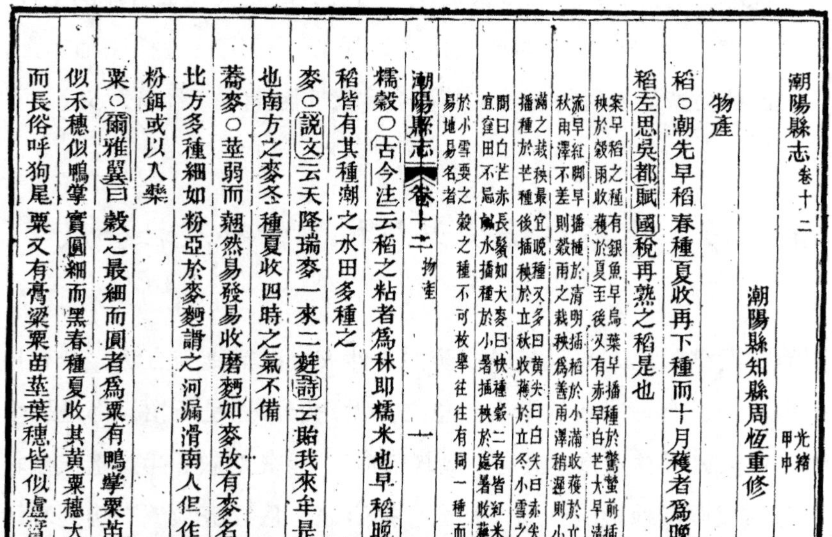

潮陽縣志卷十二　潮陽縣知縣周恆重修　光緒甲申
物產
稻○潮先早稻春種夏收再下種而十月穫者爲晚
稻左思吳都賦國稅再熟之稻是也
案早稻之種有銀魚早烏葉早播種於驚蟄前插秧於穀雨收穫於夏至後又有赤早白芒大早清流早紅腳早播種於清明插稻於小滿收穫於立秋雨澤不差則穀雨之栽秧爲善雨澤稍遲則於小滿之栽秧最宜晚種又多曰黃尖曰白尖曰赤尖播種於芒種後插秧於立秋收穫於立冬小雪之間曰白芒赤長鬚如犬麥曰秧種穀二者皆紅米宜瘦田不忌鹹水播種於小暑插秧於處暑收穫於小雪要之穀之種不可枚舉往往有同一種而易地易名者
潮陽縣志　卷十二　物產　一
糯穀○古今注云稻之粘者爲秫即糯米也早稻晚
稻皆有其種潮之水田多種之
麥○說文云天降瑞麥一來二麰詩云貽我來牟是
也南方之麥冬種夏收四時之氣不備
蕎麥○莖弱而翹然易發易收磨麪如麥故有麥名
比方多種細如粉亞於麥麪謂之河漏滑南人但作
粉餌或以入藥
粟○爾雅翼曰粟穀之最細而圓者爲粟有鴨掌粟苗
似禾穗似鴨掌實圓細而黑春種夏收其黃粟穗大
而長俗呼狗尾粟又有膏粱粟苗莖葉穗皆似蘆實

图 5-2　光绪《潮阳县志》卷 12《物产》截图

资料来源：（清）周恒重：光绪《潮阳县志》，《中国方志丛书》，成文出版社 1967 年版，第 153 页。

官赈是灾民民生主要来源，是稳定灾区社会秩序、稳定民心的决定性条件。通常，政府救灾能力越来越弱，这是造成灾区动荡的重要前提。二是灾区富户助赈钱粮，这是政府赈济的主要补充，是灾民最为直接有效的生计来源。三是朝廷旌奖"义民"，富民积极捐纳助赈，对于稳定灾区社会秩序、缓和贫富矛盾至关重要。四是灾区野菜及虫鼠，它们成为一些灾区灾民活命的直接食物。灾民吃野菜食虫鼠的过程，是灾区社会逐渐瓦解的过程，也是灾区政府与朝廷威信及凝聚力逐渐消退的过程。五是灾民外出谋生，这是明清灾民获得食物的重要途径，是明清时期灾民谋生的主要途径，也是灾区社会组织瓦解的主要途径。灾民外流，造成灾区原灾民家庭关系解体与主要灾区社会组织崩溃，加剧灾区的社会失范与混乱。六是灾民劫掠钱粮，劫掠成为明清部分灾民最具危害性的生计来源，"盗贼"是灾区社会组织秩序最恶劣的破坏者与最危险的分子；"缉盗剿匪"成为灾区社会重建的重要前提，也是灾区民生的必要保障。七是灾区灾时及灾后生产自救，既是灾民最可靠的生计来源，又是灾民主要的经济收入，对于安定灾民民心、稳定社会秩序都非常重要。相对于灾区社会恢复之目的而言，其社会意义实际上大于经济意义。

第三节　生态环境认识与神灵崇拜及社会风习

明清时期潮阳地方政府与民众防治自然灾害的措施与方法，既有传统的一般性做法，也有一些新的举措。总之，无论旧法还是新招，都是那个时代的产物。自然灾害发生原本具有"蝴蝶效应"，首先对农业生产造成破坏，随即从农业领域慢慢地影响到整个社会。换言之，从经济领域影响到政治、社会与文化等领域。从另一个角度视之，自然灾害既给经济社会带来了动荡，造成破坏，又刺激、促进人们对生态环境的认知与理解，人们为了生存而不断增强抗御灾害本领，包括不断累积的生态智慧，以及民风民俗民习。也就是说，自然灾害潜移默化影响着人们生活。明清时期，韩江流域自然灾害同样产生上述作用。自然灾害是生态环境变迁激烈方式，也成为推动生态环境更深层次变迁的重要动力与机制。这里需要强调的是，生态环境变迁直接表现在生态环境本身的变化，事实上，人们对生态环境认识的变化是生态环境变迁重要推动力和内容。这是我们应该强调的。

一、神灵崇拜：生态环境的一种认知

古代中国，人们在面临自然灾害时多无能为力，民众对自然灾害是十分恐惧的，因为它具有突发性和破坏性，给人的生命和财产造成巨大破坏。受天人感应思想影响，人们恐惧灾害的心理激发对大自然的敬畏之心，认为自然灾害是老天爷对人类罪过的惩罚。所以，一部分人转而拜服自然界面前，热衷于拜神，祈求风调雨顺、无灾无难。明清时期，韩江流域自然灾害频繁且严重，给当地民众的生产生活与生命财产造成极大破坏与巨大威胁。是时，小民原本常年处于温饱边缘，丰年尚不免饥饿，灾年或为饿殍，他们几乎没有抗灾自救能力。因此，民众寄希望于龙王、妈祖、安济圣王、水神等"神明"，寻求保佑。

（一）明清潮阳民众诸神崇拜

传统农业社会，神灵崇拜多与农业生产有关。在祀典中，除了祭天地之外，还要祭祀山神、水神、社稷、雷神、大小青龙之神、飓风神、紫微大帝等。明清时期，韩江流域的民间信仰特别活跃，处处都有祭祀的"神灵"和"神灵"的祭祀。如明人王临亨《粤剑编》载：明代潮州"金城山上有二石，土人呼为石公、石母，无子者祷之，辄应"[1]。又称："粤俗尚鬼神，好淫祀，病不服药，惟巫是信。因询所奉何神，谓人有疾病，惟祷于大士及祀城隍以为祈福；行旅乞安，则祷于汉寿亭侯。"[2]嘉靖《潮州府志》所载《风俗考》云："潮界八闽，气候视领表差异……秋冬多瘴疟，鲜服药，专为巫觋。"[3]

---

① （明）王临亨：《粤剑编》，中华书局 1987 年版，第 76 页。
② （明）王临亨：《粤剑编》，中华书局 1987 年版，第 77 页。
③ （明）郭春震校辑：嘉靖《潮州府志》卷 8《杂志·风俗考》，《日本藏中国罕见地方志丛刊》，书目文献出版社 1991 年版。

学者田人隆指出："论及中国古代的应灾模式，首先要了解当时人们对自然灾害的认识和态度，因为在不同的历史背景下，诸如不同的生态环境、社会生存条件、科技发展水平以及政治文化背景下，人们对灾害的认识和态度也是不同的。"① 换言之，无论国家祀典还是"淫祀"，可以说也是某一种形式的生态环境认知活动。如清代官员蓝鼎元撰写《祈年告城隍文》称："神实降灾，必有其故，岂官之不职、民之不良，乖庆之气形为旱涝？在某未任以前，不敢知也。某今既来，将与神约，官有不职，祸当在子，无再凶荒为我民累。"② 蓝鼎元所述，实则反映时人对自然灾害与生态环境认识的水平。概要说来，古人无法理解自然灾害发生与人的生老病死背后的科学原理和知识。当他们已有的经验性生产生活知识无法解释现实发生的一些现象时，古人往往会牵扯到不可知的鬼神之上，因而产生诸神崇拜，祈求神灵保佑。如潮阳县，清代咸丰"八年夏六月大疫。秋八月十五飓风大作，雨涨。案，是年灵济宫真君降鸾，全活无算，并书教化人民四字，极遒劲，至今犹悬庙门。又闻诸父老云：'今秋飓发较烈，实数十年所未见。时有由甲子所负蓬随风飘至南塘乡围墙始坠者，相去百余里。达濠渔船十存二三，人死者数十。邑城内外，地皆震荡，瓦石争飞'"③。在水灾、疫灾等灾害之下，各处受灾程度自然轻重有别，这是事实。然而，当时民众认为，疫情较轻之地是有神明庇佑，所以必须虔诚敬畏、供奉神灵。事实上，明清时期韩江流域人们崇敬诸多神明与农业生产息息相关，是脱胎于现实而产生的民俗。如在潮阳县一些地方每逢农历初一和十五都要进行拜神，称之为拜天地；一些地方还有拜五谷母，也有说法称五谷母为神农。

要言之，韩江流域拥有诸多鬼神学说，这些鬼神在本质上是其所产生时代的人们对自然现象与生态环境的一种解读与建构，具有一定的时代性与历

① 赫治清主编：《中国古代灾害史研究》，中国社会科学出版社 2007 年版，第 57 页。

② （清）周恒重：光绪《潮阳县志》卷 20《艺文上》，成文出版社 1967 年版。

③ （清）周恒重：光绪《潮阳县志》卷 13《灾祥》，成文出版社 1967 年版，第 187 页。

史性。这些神话一经产生即被众人认可，便会成为人们精神文化生活的一些内容与实现自我保护手段，并逐渐成为一些人认识自然现象与生态环境的一种模式与路径。在天象示警与天人感应思想浸润影响下，明清以来，韩江流域民间信仰日渐兴盛，人们祈祷诸神保佑。

（二）鬼事与地方性知识：一种生态心理与生态认知

人对生态环境的感知与认识是一个不断深化、不断系统化的过程。如有学者指出："在讨论任何一种地域历史文化的形成和发展过程的时候，对地理环境及其变迁的考察是必不可少的。生活在某一地域的人群，总需要努力调适自己与环境的关系。一方面，他们总是在所处地理环境的制约下，尽量利用环境资源，在这一过程中，掌握最有效的生产技术，选择最优越的生活方式，建构最合理的社会组织，并逐渐形成具有自身特色的文化传统。另一方面，在这一过程中，该地域的地理环境因人为而变迁，在景观上呈示着具有自身特色的文化面貌。"① 此论不虚。人与生态环境的关系，从道德层面、政治层面、经济层面及精神层面等方方面面，不断被抽象、被演绎、被界定。可以说，在一定文化圈，从某种意义上说，生态环境是生态思想的物质形态，也是旧有生态思想的丰富与提升。明清时期潮州民众的生态思想观念与生态环境关系，也是这样。

古代韩江流域民间信仰与自然灾害息息相关，而民间鬼事实际上是时人的一种生态心理的具体表现。在自然灾害面前，无能为力的人们通常会不自觉地寻求情感上的寄托并形成某种精神信仰。这种精神寄托随着天灾人祸的多样性和广泛性逐渐呈现多元化的特征。就潮府境内而言，除妈祖信仰外，还有诸佛、观音、双忠公、城隍爷、玄天大帝、文武真君、三山国王、福德老爷、安济圣王、水神、火神、龙王爷等一切人们认为可以帮助其消除灾难的各路神明。不过，在潮州及周边地区，与防治水旱灾害密切相关的却是被尊为圣者爷的风雨之神和能够防治水寒之疾的三山神。进而言之，明清时期，

---

① 黄挺、陈占山：《潮汕史》（上册），广东人民出版社 2001 年版，第 14 页。

在人们的视域里，生态环境不同，民生方式及内容亦有别。生态环境与民生密不可分，不同的生态环境孕育不同的民众的生态文化心理。民生状况反过来也对一定区域的生态环境产生这样和那样的影响。仅就明代韩江流域而言，民众信奉多种神灵，崇祀各种神灵。民众普遍存在着对外在的"神灵"力量的迷信需求。推究这种需求成因，在于政府的社会思想文化控制能力弱化而民众文化心理反向发展，实际上是人们面对生态环境威力而不得不拜服生态环境而祈求保佑的一种生存愿望，是一种自然环境神化的过程。换言之，民间鬼事实际上是时人的一种生态心理的具体表现。如成化时期，潮州籍官员萧龙所著《破邪斧》称：

> 潮阳为东南大邑，自沐昌黎之化，士知书，人知学，号为"海滨邹鲁"，未闻邪说之移人也。延至于今，士大夫家式克先生之道者如线，而里巷之间曚瞀于明明之天日者，一坏于官府之无政，再坏于豪右之无法，三坏于主张者无其人。坏则惧，惧则无所主，无所主，则邪说入之矣。邑之东山有双忠庙，后寝祀张、许二夫人，前列歌舞妓七人。盖张、许曾封为王矣，故设乐舞侑食。时人不识，乃谬以中一人舞者，为巡爱妾，目为大姊。往往从而供养，谓之有灵，能作祸福。淫巫贱姥，至舍身而入奉者。呜呼！其幻泡也甚矣！吾侯姜君元茂，慕圣贤之道者也。莅任于兹，三年而政具举，六年而职有成。拳拳以息邪说、正人心为己任。视篆未几，即能碎妖淫之象，塞煮蒿之源。其心其政，可谓正大光明矣。故邑人始而惊，中而笑且排；而侯之志益坚，终而翕然，随以定……公退之余，复取北溪论鬼神佛老等篇，兼采史传有关于协正之辨者，集为一书，版行于邑。盖欲振愚夫愚妇于尘坌窨寐之区，而妙数言之训也，岂特粉饰之具哉！①

---

① （清）冯奉初辑：《潮州耆旧集》卷2，吴二持点校，暨南大学出版社2016年版，第16—17页。

再如万历年间，潮州知府郭子章①撰《驱独鬼文》称：

府城南有独鬼，潜住三年，予入觐始闻，乃为文告城隍以趋之。文曰：万历十年十月初五日，潮州府知府郭子章入觐，舟驻三河，谨牒同知何敢复、通判康梦禹、推官王国宝敢告于潮州府城隍之神：自昔圣王治天下，以民神杂揉为惧，故司天司地各设其官，理阴理阳各司其职。有不肖者，投之远方，以御魑魅，所以顺幽明之故，辨人鬼之区，以安阜天下也。今天子圣明慈武，怀柔百神，拊循万姓。潮在岭海外，诗书诵读埒于邹鲁，彬彬称望国焉。自知府三月入境，屡邀神佑。五月大水，我神驱水入海，民免鱼鳖。既而沙泥漫田，神芟芜植谷，年称大有。七月倭奴入闽海，震荡邻境。神反风御寇，十邑安堵。神之福我潮厚矣。潮之受福于神屡矣。

潮自寇盗充斥，用兵以来，知府不入觐者垂四十余年。今兵革既息，疮痍渐起，知府将奉牍入告辞神之夕，有人语余曰："独鬼依杨氏家，能饮食。投之饭则食，投之酒则饮。"意或杨氏神其说以荧惑众听耳？亡足异馘。三日，舟抵三河。又有人曰鬼夜现形淫人婢，闻持金帛赂其主人，无计遣去。已得二三僚友书益信。知府郭子章怫然，恨不返舟按剑斩之。顾念知府与神分理阴阳，凡民淫者盗者有司贪墨者，不即驱除，知府罪也。今独鬼淫人子女，窃人金帛，潜依城南，岂神能为民御大菑捍大患谓此区区者？亡足与计。抑鬼挟多金，赂神左右不以闻耶？今有闻不敢不告神其召而诛之，毋杂揉我土，以损神威，以乱政教。昔孔子不语怪，而韩子尝原鬼。其言曰："有鬼有物，漠然无形，与声者鬼之常也，民有忤于天、有违于民、有爽于物逆于伦而感于气，于是乎鬼有形于形、有凭于声以应之而下殃祸焉？皆民之为之也。"知府行矣。如神依违不即驱除，知府还潮奉天子三尺以与独鬼从事。神其何辞以对？惟巫图之。余

① 郭子章（1543—1618），字相奎，号熙圃，又号青螺，江西泰和人。万历十年（1582），郭子章任潮州知府。

入觐还翌（翼）日，洁牲礼祀城隍毕，进祝史问独鬼状。祝史曰："日奉公檄祓除告神之明日，独鬼语所私曰：郭使君自三河牒告城隍缚我，我当亟去。自是而祟绝。"①

由是可见，所谓鬼事，皆是人事。这里的人事，只不过是人们畏惧敬畏大自然的一种心理表现，这种心理表现幻化为鬼事，即由无形的畏惧敬畏心理转而幻化为可以描述的鬼事。所以，鬼事的本质是一种生态心理。

（三）地方性知识：生态现象的生活感知与归纳

地方性知识主要是指有关地域性的自然环境认识、农业技术及百姓日常生活经验的一般性知识。其主要源于民间创造，其内容浅显易懂，其形式简单明了而易于传播，富于指导性与实用性。明代江南地方性知识丰富，为民众生产生活提供了许多有益的知识技能与生存经验，这些地方性知识增强了农民生存能力，对农业生产与抗灾自救起着重要指导作用，也为灾后江南及时恢复社会秩序及经济生活保持常态提供主要技术支持，是民众重要的生存智慧。明代是中国古代传统的地方性知识创造性强、集大成时期。

1. 明代江南地方性知识内容特别丰富

明人王锜②在《寓圃杂记》亦载："乡人云：苗易长为不熟之候。成化辛丑，苗插于田，不数日，皆勃然而兴，黝然而黑，农皆相聚而忧。至八月之望，其日如火，其水如煮者一旬，风雨暴作，水复横流，苗皆缩而不实。明年大饥。弘治改元，以正月置闰，时令甚早，五月初，苗插遍矣，易长复如辛丑，祀田祖者，奔走不绝。十八日早，大风忽自东南来，须臾有拔山之势，大雨随之，不半日水涌数尺，屋坏树倒者十之三四，夜半方止，苗被陷者大半，其验如此。"③正德《松江府志》载："农人占测气候雨阳丰歉多有征

---

① （清）周硕勋：乾隆《潮州府志》卷41《艺文》，《中国方志丛书》，成文出版社1967年版。

② 王锜（1433—1499），字元禹，明代长洲人（今江苏省吴县），世业农，自幼好学，虽终身不仕，却心系家国与民生，关心国家政治得失与百姓生产生活状况，著有《寓圃杂记》。

③ （明）王锜：《寓圃杂记》卷9《近年大风雨》，中华书局1984年版，第71页。

验，其书谓'田家五行'，亦参以众说。元旦侵晨，占风云；云青为虫，白为兵，赤为旱，黑为水，黄为丰年。自元旦至于十二日，以瓶汲水，日准其重轻以定其月之水旱，重为水，轻为旱，江湖间人以除夜汲江水称之，元旦又称，重则大水……三月三，听蛙声，午前鸣者高天熟，午后鸣者低田熟……立秋后虹见为天收，虽大稔亦减分数，即白露日雨皆为荒歉之应。"[①] 如农业种植技术的总结与运用。又如明代《沈氏农书》载有太湖一带的积肥理念与方法："租窖乃根本之事，但近来粪价贵，人工贵，载取费力，偷窃弊多，不能全靠租窖，则养猪羊尤为简便。古人云：'种田不养猪，秀才不读书'，必无成功。则养猪羊乃作家第一著。计羊一岁所食，取足于羊毛、小羊，而所费不过垫草，晏然多得肥壅。养猪，旧规亏折猪本，若兼养母猪，即以所赚抵之，原自无亏。若羊，必须雇人斫草，则冬春工闲，诚靡廪糈。若猪，必须买饼，容有贵贱不时。今羊专吃枯叶，枯草，猪专吃糟麦，则烧酒又获赢息。有盈无亏，白落肥壅，又省载取人工，何不为也！"[②]

除了积肥，追肥技术对农作物生长非常重要，尤为明代江南农户所重。如明代湖州沈氏对追加穗肥与粒肥技术颇有研究："下接力，须在处暑后，苗做胎时，在秒色正黄之时。如苗色不黄，断不可下接力；到底不黄，到底不可下也。若苗茂密，度其力短，俟抽穗之后，每亩下饼三斗，自足接其力。切不可未黄先下，致好苗而无好稻。"[③] 等等。

在地方性知识指导下，农民或增加经济收入以增强抗灾自救能力，或预测灾害而减少灾害造成的经济损失。更为重要的是，它有助于增加生产生活能力，有助于民众对灾害的认识与感知，减轻灾害恐惧心理，增强其继续留在灾区生产生活的能力与信心，也有利于灾区重建与灾后生产恢复。

---

① 正德《松江府志》卷4《风俗》，《天一阁明代方志选刊续编》，第206—210页。

②（清）张履祥辑补：《补农书校释》上卷《沈氏农书·运田地法》，农业出版社1983年版。

③《沈氏农书·运田地法》，农业出版社1983年版。

2. 关于气候等生态环境的丰富的地方性知识

地方性知识主要是指有关地域性的自然环境认识、农业技术及百姓日常生活经验的一般性知识。其主要源于民间创造，其内容浅显易懂，其形式简单明了而易于传播，富于指导性与实用性。明代江南地方性知识丰富，为民众生产生活提供了许多有益的知识技能与生存经验，这些地方性知识增强了农民生存能力，对农业生产与抗灾自救起着重要指导作用，也为灾后江南及时恢复社会秩序及经济生活保持常态提供主要技术支持，是民众重要的生存智慧。明代韩江流域地方性知识一般以民谚民谣形式而在民间口耳相传，亦有士人归纳整理而使之成书，得以长期保存，扩大了传播范围。

地方性知识成为指导民众生产生活的重要法宝。如潮籍官员陈天资于万历二年（1574）撰成的《东里志》①就有一些相关记载。具体内容如下：

> 天地之气，阳嘘阴吸而已矣。嘘则为风而雨，吸则为霜而雪。故春阳之月，风雨时作。其作也，先发南风，后转北风，沧海鲸波，滚浪滔天，风雨晦暝，山岳潜形，若有神物以使之然也。故自冬至后近春，作南风，乍转北风，人谓之报。正、二月内共四十九报，皆小报也。谚云：夜报日也报，正月报不够，二月报来凑。其云，某日有某报者，某日有某报者，盖天地有自然之赘数，有一定之气候，计此时可作风雨。亦如月令云：某月也，雷乃发声，大雨时行之类。期与日会，人以为神作之然耳。若报与日会不同，则气运迟速之故，而日月晷刻之不齐也。②

> 朝看东南，有黑云推起，东风势急，午前雨。暮看西北，有黑云推起，西风势急，夜半雨。又有风雨歌云："游云天外黑，风雨在顷刻。清朝起海云，风雨霎时辰。风静郁蒸热，迅雷必震烈。"③

---

① （明）《东里志》，万历二年（1574）明代潮籍官员陈天资修撰，后经增补。《东里志》是一部记述明代潮州府饶平东南沿海一隅民俗风物和人物事件的可贵地方志。

② （明）陈天资：《东里志》（校订注释本），饶平县地方志编纂委员会办公室2001年版，第24页。

③ （明）陈天资：《东里志》（校订注释本），饶平县地方志编纂委员会办公室2001年版，第27页。

东风云过西，雨下不移时。西风卯没云，雨下巳时辰。云起南山晴，风雨辰时见。日出卯遇云，无雨天必阴。云随风雨疾，风雨霎时息。迎云对风行，风雨霎时兴。日暮黑云接，风雨不可说。云布满山低，连宵雨乱飞。云从龙头起，风报并急雨。西北黑云生，雷雨必生轰。云色若鱼鳞，来朝风不轻。云勾午后排，风色属人猜。夏云勾内出，秋风勾背来。晓云东不虑，夜雨愁过西。两阵云双煎，恶报大连天。恶云半开闭，风报霎时生。乱云天上绕，风雨来不少。风送雨倾盆，云过都晴了。红云日出生，劝君莫远行，红云日没起，晴朗便可许。云行炮车同，必主起狂风。云变鱼鳞天，不雨也风颠。①

秋冬西南风，雨下必相逢。春夏东北风，雨下不过丛。汛头风不长，汛后风始狂。春夏东南风，不必问天公。秋冬西北风，天光日色红。长夏南风起，舟人最欢喜。深秋风势动，海波必起浪。夏风连夜倾，来朝卜晴明。秋雨东风至，明朝天必霁。风雨潮相从，风雨难回避。初三虽有飚，初四还可惧。望日二十二，飚风君可畏。七八必有风，汛头有风至。春雪有二旬，有风君须记。二月风雨多，出门还可记。初八及十三，十九、二十一。二月十八雨，四月十八至。风雨海淘起，舟人最宜避。端午汛头风，二九君须记。西北风大狂，回南必乱地。六月十二日，彭祖连天忌。七月上旬争，秋风稳泊河。南人莫开船，八月半旬候。八月一日风，渔人米瓮空。九月飚风起，舟子不欢喜。②

地方性知识来源于民众具体生产生活实践，是经验总结。更为重要的是，它有助于增加生产生活能力，有助于民众对生态环境的认识与感知，减轻生态环境恐惧心理，也有利于民众趋利避害、增强生存能力。

---

　　①（明）陈天资：《东里志》（校订注释本），饶平县地方志编纂委员会办公室 2001 年版，第 27 页。

　　②（明）陈天资：《东里志》（校订注释本），饶平县地方志编纂委员会办公室 2001 年版，第 28 页。

二、明清地方官绅关于水利与社会关系认识

明清时期韩江流域水旱等自然灾害给当地民生与社会经济造成严重破坏，地方官绅对水利与社会关系有诸多思考，这种思考不仅是对水利作用的理解与建构，也是对水利生态环境作用的分析与认识。下文以明代潮州官绅为重点，选择几则代表性言论，就其水利与社会关系的认识略加检视。

（一）水利建设为民生与地方安危所系，治理地方第一要务

明朝隆庆三年（1569），黄一龙任潮州府潮阳县知县。隆庆五年（1571），黄一龙督修潮阳县北的榕江南堤，于万历元年（1573）完工，该堤全长5906丈（后称黄公堤）。潮州籍士大夫林大春撰《黄公堤遗爱碑》以颂其功德："黄公堤为晋江黄公作也……堤在县北直浦门，辟官道长数千尺，东渐于海，西管诸村，一方巨障也。前此屡修屡决，荡田庐漂物产，岁以十数。自辛未之役，工程完固，远近四十余乡咸免昏垫之患，化斥卤为腴田者三万余亩。不独行人称便已也。堤西旧有渠数道，流衍各邨，居民赖以灌溉。富豪欲专其利倡为壅遏之议。公不可。命疏通如故。"[①]可见，黄公堤益处至少有四：一是具有改造粮田、增加耕地面积之功，即使三万余亩贫瘠咸田变为良田；二是便于民众往来交通；三是利于民众灌溉农田，抗旱防涝；四是保护居民身家性命安全。有鉴于此，潮阳县知县黄一龙百般筹措资金、亲自督修。

万历年间，潮州地方官组织修筑永赖堤。永赖堤作为一项惠及潮州民生的水利工程，竣工之后，就受到潮州籍士大夫褒扬，称永赖堤具有"水患之防，所以奠民居、阜民业、足国赋"[②]之功能。如潮州籍士大夫周光镐（1536—1616，明代潮州府潮阳人）撰《重修永赖堤碑》所云：

> 郡东故有堤。自虎豹堤至韩山麓，延袤十余里，形家以为郡之左掖，宜崇不宜卑。而海、饶、澄三邑之秋溪、苏湾等都田畴庐舍赖以保障。

---

① （清）周硕勋：乾隆《潮州府志》卷40《艺文》，《中国方志丛书》，成文出版社1967年版。

② （清）周硕勋：乾隆《潮州府志》卷41《艺文》，《中国方志丛书》，成文出版社1967年版。

屡倾圮则横溢巨浸，三邑父老忧之。思所以为捍御计，非得大吏主持未易举也。

万历壬寅，值指挥使者李公按潮询民间利病。士大夫暨父老乃以修堤事宜上，檄下有司勘议。谓水患之防，所以奠民居、阜民业、足国赋，义在必举。第毋劳民力，毋縻民财。维时司理会稽姚君摄郡事，周悉民隐，视饥溺由己。亟下海阳吴令帅从事者，诣勘条晰以复。计里一十五区，筑堤一千七百丈有奇，新建石矶七、修复一十有二杀水势，筑子堤四百六十余丈，费八百余金，工役则出之陇亩。使者报可。顾念其时间阎空匮，爰捐罚锾及帑羡以济之。时士民加额，诹吉昭告河神以岁壬寅八月肇工，会岭东巡察朱公莅任，加意董劝。民乐趋事，一时畚锸如云，不三月告成。仰视其势，矗如也。俯视其基，巩如也。逾岁春涛挟雨，冲击无恙。

士大夫嘱余记其事……郡东故未尝无堤，惟上汇三河，下绌长桥，建瓴而下，水势冲击愈急则易决，决则民其鱼矣。今使者与守令同心协作，刊木伐石，为久远计，此邦黎庶复睹平成永赖之功，因名其堤曰永赖。[1]

（二）从综合性视角认识水利工程，兴修水利乃系德政

整治河道，疏浚废渠，兴修水利成为一项备受民众与士大夫关注的"德政"，成为百姓评判官员名声的重要指标之一。如明后期潮州籍官员周光镐撰《王侯疏濬河渠碑》云："长渠既疏，内免郁湿；外有深池，商贾百货所输不由海运以避风涛，诚一举而三善备焉。"[2]具体内容如下：

豫章王公训以进士令潮阳。越二载，百废俱兴，庶务毕举，乃集诸缙绅父老议濬河渠，列其状上监司直指挥者略曰："潮，斥卤地也。三面

①（清）周硕勋：乾隆《潮州府志》卷41《艺文》，《中国方志丛书》，成文出版社1967年版。

②（清）周硕勋：乾隆《潮州府志》卷41《艺文》，《中国方志丛书》，成文出版社1967年版。

临大海，南北潴为二大江，环城而濠，龙井南注牛田，北流潮汐，往来首尾相应，城内故有六渠，皆自西而东注于濠。一则环頮宫引潮入壁水，一则自东南折而西为水之而吉者。讵岁久渐湮，滨河而廛者日增，兴筑屋宇鳞次，竹箭材木递至充积濠门口，淤而窄矣。渠则占于筑舍、侵于治园，旧制湮灭。每淫雨遂至旁溢，頮池之水亦日涸。诚如缙绅父老言，疏之便。"书上，报可。乃诹日帅父老躬履相视程广狭，测丈尺度高低，分区界计粮分地，用其力不征其财，诸畚锸鐅石之费官给之。一时沿河市廛有占渠身者，先自撤以为嚆矢。于是委员分区监之，择耆老董其役。众踊跃趋事，经始于甲辰二月，四阅月告成。计工四万二千九百，濬河一千一百四十丈有奇。城内六渠亦次第开辟，民间铺舍凡有障于渠者概撤之。倾者正，圮者补，石皆官给值，役匠夫一千六百有奇。侯捐俸佐之。长渠既疏，内免郁湿；外有深池，商贾百货所输不由海运以避风涛，诚一举而三善备焉。①

无疑，明代韩江流域官绅关于潮州水利描述，实则有综合性视角，是将生态环境与民生有机结合在一起来分析理解水利生态环境的。当然，这种综合性的认识生态环境的思维方式是中国古代认识生态环境的一种基本方式。这种基本方式是为当时社会认可的，是时人能够接受的一种思维方式。如此说来，也就说明一个问题，当时的人们为何接受这种基本方式？这种基本方式对古代中国生态环境及民生产生怎样影响？那么，有明一代，时人如何认识潮州府的生态环境？他们的具体观感不仅是明代潮州生态环境一种实态记录，也是他们生态思想观念的具体反映。

（三）水利是农业之根本，事关地方经济社会发展

清代韩江流域地方官绅对水利与社会关系认识并未超越明代的水平。他们同样认为兴修水利具有变水患为水利、化贫瘠土地为沃壤、变天堑为通途

---

① （清）周硕勋：乾隆《潮州府志》卷41《艺文》，《中国方志丛书》，成文出版社1967年版。

之功，利国利民，有利于地方社会稳定与经济发展，实为造福一方。因此，兴修水利成为地方官员重要工作，如清代潮州官绅疏通或新修诸多水利工程。乾隆《潮州府志》修纂者所论：潮州"川泽之利，所以仰灌溉也。潮统九邑，曰濠，曰陂，曰渠，曰涵，曰塘，其名不一，大抵皆引泉潴水，时其储洩，为农田利"①。

堤防是清代韩江流域最重要的水利工程，在防洪、灌溉农田中的作用尤为重要，所系甚重。如清雍正年间海阳知县张士琏所言："潮为岭东雄郡，山海绣错，方广数百里，领县十有一。海阳附郭称首邑，地固泽国。赣循梅汀之水建瓴而注于江，经三河下鳄溪，势转而东，渐趋于海。沿江两岸，赖堤为捍御。堤故有南有北，有横砂有秋溪，而江东东厢其要害也。堤不固，则春夏之交雨淫江涨，每至冲啮，居民患之。顾南北诸堤乃者渐次修筑，已既庆安澜矣。"②再如清代潮州府潮阳县北门堤事关海阳县、潮阳县、揭阳县三县安危，清代屡次决溢，屡次修护，仅光绪《海阳县志》就记载康熙四年、康熙五十七年、康熙五十九年、乾隆十一年、道光十三年、道光二十二年、咸丰三年、同治三年、同治十年、同治十一年、光绪八年、光绪十一年、光绪十三年、光绪十四年、光绪十五年、光绪二十年、光绪二十六年等对北门堤反反复复修筑。③

关于韩江流域水利环境与水利设施关系，清雍正年间海阳县知县张士琏有着较为精彩的论述，即韩江"自三河而下，汇闽豫之水于韩江，惊涛怒奔，两岸之堤夹江而下，外御洪波，内卫田宅，民命所悬也。一不能与水争，禾淹没，田沙壅，室遂波，上巢处。因之赋役没供，室家相弃，剽窃时告，狱讼繁兴，其害何可胜道哉？自古迄今，相度要害加意修举，甃石矶以缓水势，

---

①（清）周硕勋：乾隆《潮州府志》卷18《水利》，《中国方志丛书》，成文出版社1967年版。

②（清）周硕勋：乾隆《潮州府志》卷41《艺文》，《中国方志丛书》，成文出版社1967年版。

③（清）卢蔚猷修、关道镕撰：光绪《海阳县志》卷21《建置略五》，《中国方志丛书》，成文出版社1967年版，第198—199页。

培高厚以壮根基，当冬涸以乘天时，法至善也。要在得人而理之，苟有公正勤敏其人者，出入无侵渔，风日无畏避，信任之，使不掣肘，优礼之，使妄焦劳。岁行砌筑，自足回狂澜而庆安流。夫兴利为民福，革弊去民祸，守土责也。乃固而桑麻鸡狗获其福，决而逋负逃亡受其祸。兴利革弊，海阳之政孰有要于修堤也哉？”①

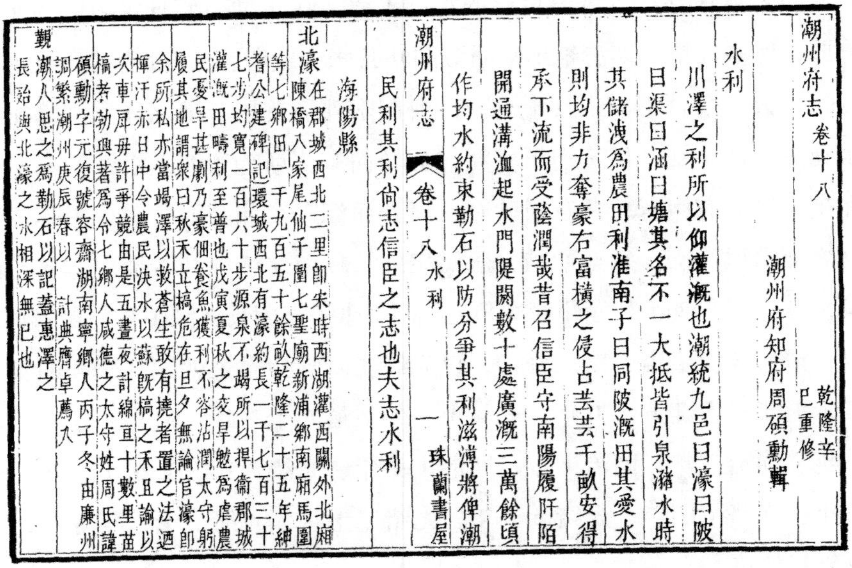
潮州府志卷十八
乾隆辛巳重修
潮州府知府周碩勳輯
水利
川澤之利所以仰灌溉也潮統九邑曰濠曰陂曰渠曰涵曰塘其名不一大抵皆引泉瀦水時其儲洩為農田利淮南子曰同陂溉田其受水則均非力奪豪右富横之侵占芸芸千畝安得承下流而受蔭潤哉昔召信臣守南陽履阡陌開通溝洫起水門隄閼數十處廣溉三萬餘頃作均水約束勒石以防分爭其利滋溥將俾潮民利其利尚志信臣之志也夫志水利
潮州府志　卷十八　水利　一　珠蘭書屋
海陽縣
北濠在郡城西北二里即宋時西湖灌西關外北廂陳橋八家尾仙子圍七聖廟新浦鄉南廂馬圍等七鄉田一千九百五十餘畝乾隆二十五年紳耆公建碑記環城西北有濠約長一千七百三十七步均寬一百六十步源泉不竭所以捍衛郡城灌溉田疇利至普也戊寅夏秋之交旱魃為虐農民憂旱甚劇乃豪佃養魚獲利不容沾潤太守躬履其地謂衆曰秋禾立槁危在旦夕無論官濠即余所私亦當竭澤以救蒼生敢有撓者置之法迺揮汗赤日中令農民決水以蘇既槁之禾且諭以次車戽毋許爭競由是五晝夜計綿亘十數里苗槁者勃興著為令七鄉人咸德之太守姓周氏諱碩勳字元復號容齋湖南寧鄉人丙子冬由廉州調繁潮州庚辰春以　計典膺卓薦入覲潮人思之為勒石以記蓋惠澤之長貽與北濠之水相深無已也

图 5–3　乾隆《潮州府志》卷 18《水利》截图

资料来源：（清）周硕勋：乾隆《潮州府志》，《中国方志丛书》，成文出版社 1967 年版，第 242 页。

三、社会风习：生态环境知识另一种建构

社会风习包括社会风气与社会习俗，即民风民俗。社会风气“是指在某种社会心理的驱动下或某种价值取向的引导下，表现出的一种普遍流行的社会行为，是直接外化或体现社会意识的客观活动，是社会历史态势的指示器”②。社会风气与习俗既有差异性又有同质性。社会风气与风俗之差异，在于

① （清）张士琏纂修：雍正《海阳县志》卷 2《地集堤》，潮州市方志办 2002 年版。

② 郑仓元、陈立旭：《社会风气论》，浙江人民出版社 1996 年版，第 3 页。

社会风气具有较大的变动性。从存在状态看，社会风俗则表现出较强烈的凝固性或历史滞留性；从形式方式看，社会风气具有双向性，而社会风俗习惯则具有单向性；从与人的行为关系看，社会风俗易于内化为人们习惯性的行为模式，而社会风气可能得到人们一时的模仿，但不一定传之久远并内化为人们的行为模式。①

（一）"风俗之衰"：明清时期潮阳县社会风习

明清韩江流域社会风习变化，大抵以成化时期（1465—1487）为界点。成化以前，传统经济逐渐恢复发展起来，社会以政治（官本位）为人生价值唯一判断标准，纲常名教思想独尊，传统社会秩序趋于稳定。成化以后，重商观念与拜金主义思潮在社会上颇为盛行，世风由俭入奢，传统社会失范现象增多。②

晚明韩江流域，世风由俭入奢，传统社会失范现象频发。明初重视教化，韩江流域礼教逐渐兴盛。如永乐十七年（1419），潮阳县人郑义所言："潮阳滨海甲邑，俗尚礼教，人习诗书，蔼然邹鲁之风映今耀古。"③然而，成化以后，韩江流域社会风气同样发生较大变化。以潮州为例，如嘉靖时期，潮州籍士大夫林大钦所言："（潮州）自迩年以来，民聚久而民心易浇……为民者尚刁风以倾轧，全丧其良心。财产不明，则献入势豪；忿争不息，则倚资权门。富贵之家，恃门第夺人之土；强梁子弟，事游侠欺孤寒之心。婚姻惟论财，而择配以德之义疏；朋友尚面交，而责善丽泽之益少。丧祭重酒礼之费，有忍毁其亲之尸；疾病信淫祠之祷，全不叩扁鹊之门。如此者，无怪于风俗

---

① 郑仓元、陈立旭：《社会风气论》，浙江人民出版社 1996 年版，第 12—24 页。

② 赵玉田：《成化时代与明朝覆亡》，《贵州社会科学》2012 年第 8 期。

③（明）林大春：隆庆《潮阳县志》卷首《古序·永乐十七年潮阳县志序》，《天一阁藏明代方志选刊》，上海古籍书店 1963 年版。

之衰也。”[①] 另如嘉靖时，潮阳人萧端蒙[②] 所论：“照得本县刁讦之风，近来颇炽……而其尤可恶者，则扛尸图赖一事。盖当初死之际，呼集亲党百十为群，持执凶器，扛抬身尸，径至所仇之家，打毁房屋，搜括家财，掠其男妇，肆意凌虐。或行反缚，或加乱棰，或压以死人，或灌以秽物。极其苦楚，几于踣毙。必使供应酒食，打发钱银。满足所欲，然后闻官。”[③]

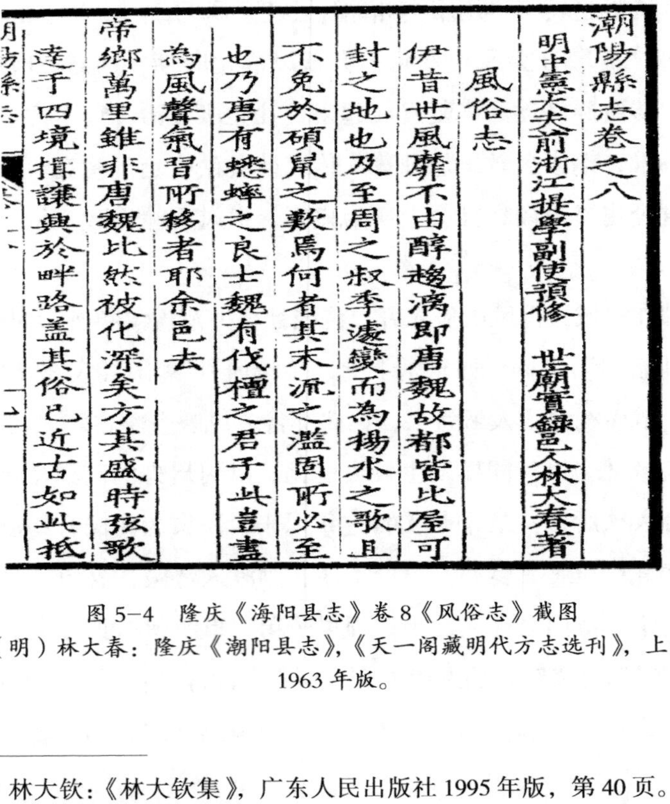
潮陽縣志卷之八
明中憲大夫前浙江提學副使預修 世廟實錄邑人林大春著
風俗志
伊昔世風靡不由醇趨漓即唐魏故都皆比屋可
封之地也及至周之叔季遽變而為揚水之歌且
不免於碩鼠之歎焉何者其末流之濫固所必至
也乃唐有蟋蟀之良士魏有伐檀之君子此豈盡
為風聲氣習所移者耶余邑去
帝鄉萬里雖非唐魏比然被化深矣方其盛時弦歌
達于四境揖讓興於畔路盖其俗已近古如此抵

图 5-4 隆庆《海阳县志》卷 8《风俗志》截图

资料来源：（明）林大春：隆庆《潮阳县志》，《天一阁藏明代方志选刊》，上海古籍书店 1963 年版。

①（明）林大钦：《林大钦集》，广东人民出版社 1995 年版，第 40 页。注：林大钦（1511—1545），明代潮州海阳县东莆都人，嘉靖十一年中进士，状元。后以母病老，乞归终养。

②“萧端蒙，字曰启，潮阳人。嘉靖庚子乡荐，辛丑成进士，选庶常，著论二十余万言。上重其才，授山东道御史。后病归，上疏陈潮民疾苦，请拓城除害等六事。又陈时政十余疏。不报。”后，病卒。著有《同野集》（萧端蒙：《条陈远方民瘼六事疏》，载冯奉初辑《潮州耆旧集》卷 14《萧御史同野集（二）》，吴二持点校，暨南大学出版社 2016 年版，第 181 页）。

③（明）萧端蒙：《条陈远方民瘼六事疏》，载冯奉初辑《潮州耆旧集》卷 14《萧御史同野集（二）》，吴二持点校，暨南大学出版社 2016 年版，第 194、196、197 页。

　　清代以来，韩江流域经济社会由乱而治，由治而衰。就社会风俗而言，承晚明以来余韵，传统社会纲常名教思想不断受到商品规则与财富冲击。清代韩江流域商品经济规则逐渐成为当地民众认可并遵循的社会生活规则。以潮州为例，早在清初顺治时期，吴颖纂修《潮州府志》之《风俗论》云："今日之潮，诗书之泽引以弗替。其弊也，气矜而凌人，以及于败田园之乐，相维不衰；其弊也，厚积而浸淫，以不保其所有，商贾析利秋毫以致富。其弊也，骛货而蹈险，以即于亡。斯三者皆与盗贼相终始焉。"①至乾隆时期，潮州"佃丁大半悍黠，视业主如弁髦，始而逋租，既而占产，构讼不绝，粮田质田混淆虚实。里中无赖，性尤犷险，或藉丐尸冒作亲人，昇至富家；或故杀病丐，移尸勒诈。非有司明决，往往全家倾陷。且以大族凌小族，强宗欺弱宗，结党树缘援，好勇斗狠，每百十为群，持械相斗，期于杀伤而后快。预择敢死者，得重贿抵命，名曰买凶。公庭严鞫，虽茹刑不肯吐实。大为风俗，人心之害"②。

　　（二）环境各异，风习碎片化

　　韩江流域因为山脉纵横，丘陵连片，平原直通海域，其间水网密布，形成一个个生态环境各异的县域甚至乡镇区域。十里不同风，百里不同俗。韩江流域就形成一个个风俗不同的区域，其根底则是一个个环境有别的自然区域。

　　明代潮阳县是韩江流域典型的社会风习"碎片化"县域。如隆庆《潮阳县志》记载："县廓之俗，四民辐凑，缙绅惟弁，凡厥工商并殊。乡县固鲜良医，家觅巫觋。"至于乡间风俗，"惟峡山至于黄陇爰及贵山，同条共贯。农士攸分，质文强半。江口渔簑，牛背牧笛。欸乃相闻，樵唱山隔。中有故家，杨陈范蔡。礼仪是敦，宾主百拜。暇日登临，骚客间作。或仕或隐，扣舷为乐；惟隆井至于举练，地产鱼盐，俗长会计。一水之隔，乡音各异，宛彼中洲。渔人所利，高田弗雨，水车做苦，海水漂流，田禾半死。风景不殊，人

<hr>

　　①（清）周硕勋：乾隆《潮州府志》卷12《风俗》，《中国方志丛书》，成文出版社1967年版，第131页。

　　②（清）周硕勋：乾隆《潮州府志》卷12《风俗》，《中国方志丛书》，成文出版社1967年版，第133—134页。

才间出，习尚稍差，文法是逐。惟竹山至于直浦，地联三屿，俗而揭阳"①。
除了潮阳，晚明韩江流域整个社会风俗都在发生变化。而且，在一些方志中，
把民众风习与其所处生态环境有机结合起来予以概括。如明代潮州"近山之
妇多樵，滨海者兼拾海错以糊口。山乡地瘠而民蛮，水乡土沃而民滑，其大
较也……其细民火葬轻生，疾病则饮水，重巫觋轻医药，亦俗使然也。子弟
之坏，务奢侈，比顽童，摴蒲歌舞，傅粉嬉游，于今渐甚……君子外质而内
慧，小人外谨而内诈。其风气近闽，习尚随之，不独言语相类矣。海阳概见
郡中。潮阳强悍负气，大类齐俗，士夫有豪宕好义之风，惜多富不好礼。揭
阳尚浮华，颇急公，间有健讼，为善良之梗。三饶剽悍嗜利，民颇愿朴畏法。
惠来士知书礼，其民内黠而外懦。大埔贫而朴，有唐魏之遗风焉，家好读书，
虽妇人女子有晓文墨者。澄海之土，秀而文，糖蔗鱼盐之利甲于他邑。但有
力者皆可觅食，然多悍戾难驯。普宁颇类潮阳，然较质实务本。丰顺野而愿，
其细已甚，尤好易治"②。

清代韩江流域社会风习碎片化特别明显，这不仅仅是明代的遗传，最为
主要的是，清代韩江流域因域内地理环境生态环境不同使得原本存在的区域
性经济功能与经济生活方式进一步细化与强化。如光绪年间编修的《海阳县
志》就比较详细记载了海阳县不同区域自然生态环境差异与民众风习情况：

> （海阳县）东关、东厢、秋溪地相近，俗亦相类，文风昔称盛，民多
> 愿朴俭勤；南关士事诵读，民颇好斗狠；南厢则较朴愿易治，而文风逊
> 之；西关厢与北关厢俗朴直，少知书，亦尚力好斗；归仁、大和、登云、
> 登隆四都士尚文雅，民力稼穑，故家右族往来敦礼让，节俭朴质，有古
> 意焉。然多负气小忿辄争讼。龙津、南桂、上莆、东莆、龙溪五都文风
> 特盛，庆吊以礼，民则力农圃而事懋迁，其逐海洋之利者多，拥厚赀然

---

① （明）林大春：隆庆《潮阳县志》卷15《文辞志》，《天一阁藏明代方志选刊》，上
海古籍书店1963年版。

② （清）周硕勋：乾隆《潮州府志》卷12《风俗》，《中国方志丛书》，成文出版社
1967年版，第130页。

习于华靡，且负气，一人雀角，举族哄之，至有以刀兵格斗者。（乡民动以兵格斗，西南皆然，不独五都也。光绪初年，清厘积案，风遂息。今复渐萌故态。）江东、水南地多水患，民无后积，男勤耕耘，女事织纴，其性愿朴，而炫诵之声希焉。登荣俗朴而简，少诗书之泽。上约山多田少，兼资樵采。下约地处低洼，频遭水患，民多轻去其乡。乡绅知气节，罕至公门。恒聚徒讲课，士多下帷攻苦。农勤操作，东北夫妇皆田，西南则夫耕妇馌。工多奇技，商大小列廛。其挟赀以游者虽远涉重洋而不为惮。其妇女之俗，百金之家不昼出，千金之家不步行。日勤女红，布帛盈箱，不弃麻枲。女子十一二岁，母为预治嫁衣。士庶之妇多衣其夫田家，蒸藜馌亩，以助力作。无贫富，咸信鬼神，疾病讬命于巫，更有称能觅死者，名曰师姑，述生前事。①

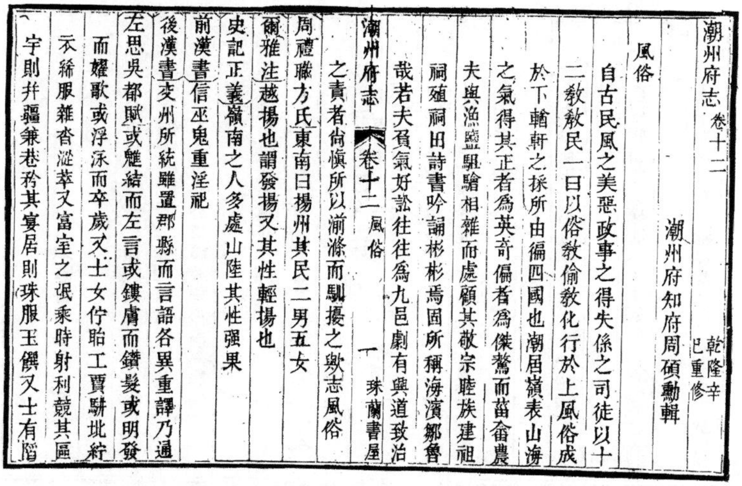
潮州府志　卷十二
乾隆辛巳重修
潮州府知府周硕勳輯
風俗
自古民風之美惡政事之得失係之司徒以十二教敎民一曰以俗敎偷敎化行於上風俗成於下輶軒之採所由徧四國也潮居嶺表山海之氣得其正者爲英奇偏者爲傑驁而菑畬農夫與漁鹽駔驓相雜而處顧其敬宗睦族建祖祠殖祠田詩書吟誦彬彬焉固所稱海濱鄒魯哉若夫負氣好訟往往爲九邑劇有興道致治之責者尙愼所以湔滌而馴擾之歟志風俗
周禮職方氏東南曰揚州其民二男五女
爾雅注越揚也謂發揚又其性輕揚也
史記正義嶺南之人多處山陸其性强果
前漢書信巫鬼重淫祀
後漢書交州所統雖置郡縣而言語各異重譯乃通
左思吳都賦或魋結而左言或鏤膚而鑚髮或明發而擢歌或浮泳而卒歲又士女佇眙工賈駢坒紵衣絺服雜沓漎萃又富室之甿乘時射利競其區宇則幷疆兼巷矜其宴居則珠服玉饌又士有陷
潮州府志　卷十二　風俗　一　珠蘭書屋

图 5–5　乾隆《潮州府志》卷 12《风俗》截图
资料来源：（清）周硕勋：乾隆《潮州府志》，《中国方志丛书》，成文出版社 1967 年版，第 129 页。

关于“因地而成习俗”观念及“风俗因地而不同”的认识模式，在明清

① （清）卢蔚猷修、关道镕撰：光绪《海阳县志》卷 7《舆地略六》，《中国方志丛书》，成文出版社 1967 年版，第 62 页。

时期颇为流行。如乾隆《潮州府志》所载：“自古民风之美恶，政事之得失，系之司徒以十二教教民。一曰以俗教伦，教化行于上，风俗成于下。𬨎轩之采，所由遍四国也。潮届领表，山海之气得其正者为英奇，偏者为桀骜。而菑畲农夫与渔盐驵侩相杂而处，顾其敬宗睦族建祖祠殖祠田、诗书吟诵，彬彬焉，固所称海滨邹鲁哉。若夫负气好讼，往往为九邑剧。”[①] 而光绪《潮阳县志》载：潮阳“邑民力耕，多为上农。夫余逐什一之利。女勤针黹纺绩，鲜抛头露面于市廛者，而近山之妇则耕与樵兼焉。士笃于文行，四礼遵用紫阳。细民浮动犷悍，然蛮而畏法，官严明即治。子弟之坏，务奢侈，恣嗜好，喜樗蒲，往往以此荡产。迹其所习，大都君子外质而内慧，小人外谨而内诈。其风气近闽，不独言语相类矣。在城士秀而文，诗书弦诵，儒雅彬彬。民质而愿，皆事工贾。然日习于浮夸，在官者恒倚役而骄，恃卒而悍”[②]。

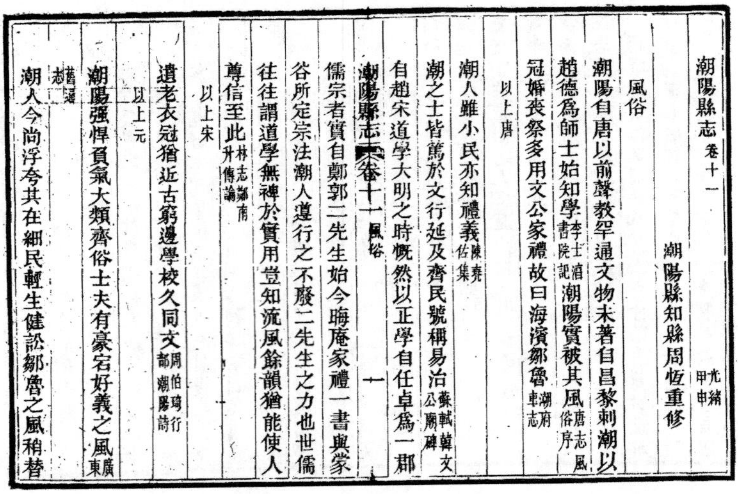
潮陽縣志 卷十一 光緒甲申
潮陽縣知縣周恒重修
風俗
潮陽自唐以前聲教罕通文物未著自昌黎刺潮以
趙德爲師士始知學李士淯書院記潮陽實被其風唐志風俗序
冠婚喪祭多用文公家禮故曰海濱鄒魯潮府志
以上唐
潮人雖小民亦知禮義陳堯佐集
潮之士皆篤於文行延及齊民號稱易治蘇軾韓文公廟碑
自趙宋道學大明之時慨然以正學自任卓爲一郡
潮陽縣志 卷十一 風俗 一
儒宗者實自鄭郭二先生始今晦庵家禮一書與蒙
谷所定宗法潮人遵行之不廢二先生之力也世儒
往往謂道學無裨於實用豈知流風餘韻猶能使人
尊信至此林志鄭南升傳論
以上宋
遺老衣冠猶近古窮邊學校久同文周伯琦行部潮陽詩
以上元
潮陽強悍負氣大類齊俗士夫有豪宕好義之風廣東
舊通志
潮人今尚浮夸其在細民輕生健訟鄒魯之風稍替

图 5–6 光绪《潮阳县志》卷 11《风俗》截图

资料来源：（清）周恒重：光绪《潮阳县志》，《中国方志丛书》，成文出版社 1967 年版，第 149 页。

---

①（清）周硕勋：乾隆《潮州府志》卷 12《风俗》，《中国方志丛书》，成文出版社 1967 年版，第 129 页。

②（清）周恒重：光绪《潮阳县志》卷 7《舆地略六 · 风俗》，《中国方志丛书》，成文出版社 1967 年版，第 62 页。

（三）社会风习与生态环境有关，也是人们对生态环境的一种解释

社会风习是一种社会环境，也是社会环境的组成部分。论及社会风习生成，习惯上，人们认为社会环境滋生社会风习，有什么样的社会环境，就有什么样的社会风习，而社会风习似乎与生态环境毫无干系。毋庸置疑，社会风习是具体环境的产物，这个环境包括社会环境与生态环境。因为一个基本的事实，即"人创造环境，同样，环境也创造人"①。一定的环境催生一定的社会风习，一定的社会风习也影响环境变化，因为"人本身是自然界的产物，是在自己所处环境中并且和这一个环境一起发展起来的"②。因此，马克思明言："被抽象地孤立地理解的、被固定为与人分离的自然界，对人来说也是无。"③事实上，社会风习并不是一成不变的，社会风习因人而存在，因时因地而变化。所以，也可以说，被抽象地孤立地理解的、被固定为与自然界与人分离的社会风习事实上是不存在的。

社会风习是共域产物，具有地域性特征。如学者陈业新所论："风习包括风尚和习俗，是一定社会群体在心理、思维、语言、行为习惯和社会舆论倾向的根本反映，是该群体在共同的环境下生产、生活中自发地、逐步地产生和形成的，并在该群体中流行和传承。"④社会风习一旦产生，它就会在其诞生的环境里不断整合强化与扩张，同时具有一定的自我延续性特征和多层次多层级的流播特质，并且以客观的"社会风习"存在而影响着其产生地的人们的风俗习惯养成、判断与延续，对人们的经济社会生活、文化倾向和生产生活方式都产生影响。正如有学者指出："在一定的历史阶段，人们的社会风气一旦产生和稳固下来，就成为人们行为和活动的精神文化氛围，对社会主体心理、观念、行为与活动产生直接的影响和感染作用，从而对社会的发展起

---

① 《马克思恩格斯选集》（第1卷），人民出版社1972年版，第43页。
② 《马克思恩格斯选集》（第3卷），人民出版社1995年版，第374—375页。
③ 《马克思恩格斯全集》（第42卷），人民出版社1979年版，第178页。
④ 陈业新：《明至民国时期皖北地区灾害环境与社会应对研究》，上海人民出版社2008年版，第286页。

着推动或阻碍作用。"① 至于风俗，"一般说来，社会风俗由于其传承性特征，它对社会影响往往是中性的，它并不是为哪一个特定社会和阶级、阶层服务，有的风俗一旦形成，经千百年不改变，贯穿于各个社会形态，并渗透、影响到社会的各个层面。它对社会的影响也是微小的，即使有些风俗蕴含着迷信的、落后的因素，对社会也无多大危害，并不会危及某一社会形态法人生存。而社会风气作为一定群体、阶级价值追求和共同意志的外在体现，它对社会的影响相对要强些，有时甚至是剧烈的"②。

若从环境史视之，社会风习是生态环境在人们思维模式中的一种存在方式，也可以说是客观的生态环境在人们头脑里形成的一种环境应对模式。这种存在方式与应对模式尽管有隐有显，但是它是客观存在的，是一种上升为生存方式与生存技能的程序化、形式化的经验。因此，论及人与环境关系中的文化与信仰，学者王建革强调："面对生态压力，生产和消费中的生态联系一般是互补，而不是互损的，人对生态环境的变化产生大规模的联合性反应时，往往是文化的作用，生态压力下贫困化加强，造成的理论与文化往往就很有吸引力。"③ 他指出："具有地方特色的自然神崇拜特别与村民的环境意识有关，尽管这些偶像或神灵在偶像体系中处于较低级的位置，但这些偶像与小农生存的环境有更直接的联系，小农非常重视相关的祭祀活动。"④

综上，笔者认为，不同时空中的社会风习与不同内容形式的社会风习实际上是不同时空的人群对生态环境产生的不同印象与不同表述。这种"不同印象与不同表述"具有地域性差异与地域性特征。进而言之，建立在"环境机制"基础上的传统农业及传统农业社会，直接或间接受制于"环境机制"。这种"环境机制"不仅表现为农业土壤肥瘠变化，还包括气候变化，以及土

---

① 郑仓元、陈立旭：《社会风气论》，浙江人民出版社1996年版，《前言》第1页。

② 郑仓元、陈立旭：《社会风气论》，浙江人民出版社1996年版，第23—24页。

③ 王建革：《传统社会末期华北的生态与社会》，生活·读书·新知三联书店2009年版，第394—395页。

④ 王建革：《传统社会末期华北的生态与社会》，生活·读书·新知三联书店2009年版，第395—396页。

地承载力变化，这些变化，在传统农业时代都是人们无法从根本上改变的，故而不得不受制于“环境机制”与这些变化。但是，若从“环境机制”维度论及社会风习成因，这个“环境机制”应该是“社会环境机制 + 生态环境机制”复合的“环境机制”。但是，“生态环境机制”与“社会环境机制”是“环境机制”两个重要组成部分，离开了自然环境与生态环境的社会是不存在的，没有社会存在的自然环境与生态环境也就称不上“环境”。正如马克思所言：“人们在生产中不仅仅同自然界发生关系。他们如果不以一定方式结合起来共同活动和互相交换其活动，便不能进行生产。为了进行生产，人们便会发生一定的联系和关系，只有在这些社会联系和社会关系范围内，才会有他们对自然界的关系，才会有生产。”① 这里需要强调的是，“生态环境机制”是不可或缺的机制，它使得社会风习带有浓重的地域性特色。

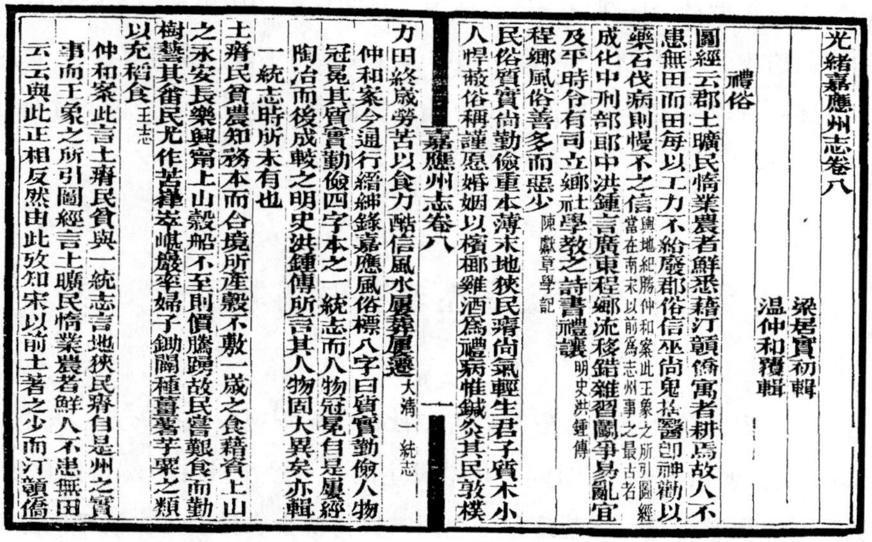
光緒嘉應州志卷八
梁居實初輯
温仲和覆輯
禮俗
圖經云郡土曠民惰業農者鮮悉藉汀贛僑寓者耕焉故人不
患無田而田每以工力不給廢郡俗信巫尚鬼拈醫卽神禱以
藥石伐病則慢不之信 輿地紀勝仲和案此王象之所引圖經當在南宋以前爲志州事之最古者
成化中刑部郎中洪鍾言廣東程鄉流移錯雜習鬬爭易亂宜
及平時令有司立鄉社學教之詩書禮讓 明史洪鍾傳
程鄉風俗善多而惡少 陳獻章學記
民俗質實尚勤儉重本薄末地狹民瘠尚氣輕生君子質木小
人悍蔽俗稱謹愿婚姻以檳榔雞酒爲禮病惟鍼灸其民敦樸
嘉應州志卷八　一
力田終歲勞苦以食力酤信風水屢葬屢遷 大清一統志
仲和案今通行縉紳錄嘉應風俗標八字曰質實勤儉人物
冠冕其質實勤儉四字本之一統志而人物冠冕自是屢經
陶冶而後成較之明史洪鍾傳所言其人物固大異矣亦輯
一統志時所未有也
土瘠民貧農知務本而合境所產穀不敷一歲之食藉資上山
之永安長樂興甯上山穀船不至則價騰踴故民嘗艱食而勤
樹藝其畬民尤作苦緣崖巘峻率婦子鋤闢種薑薯芋粟之類
以充稻食 王志
仲和案此言土瘠民貧與一統志言地狹民瘠自是州之實
事而王象之所引圖經言土曠民惰業農者鮮人不患無田
云云與此正相反然由此致知宋以前土著之少而汀贛僑

图 5-7　光绪《嘉应州志》卷 8《礼俗》截图

资料来源：（清）梁居实、温仲和：光绪《嘉应州志》，《中国方志丛书》，成文出版社 1967 年版，第 125 页。

①《马克思恩格斯论历史科学》，人民出版社 1988 年版，第 89 页。

第六章　灾害型社会与韩江现象

中国古代传统经济社会一直处于盛衰交替的"发展—衰退—发展—衰退"反复循环的历史曲线当中。明清时期，韩江流域经济社会发展之曲线亦不例外。然而，明清时期韩江流域的这曲线还有一些独特性，即具有较为突出的地域性内涵与表征。有鉴于此，本章称明清时期韩江流域经济社会具有地域性特征的"发展—衰退—发展—衰退"反复循环现象为韩江现象。

从整体上分析，韩江现象与灾害型社会具有同质性。明中叶以后，大明王朝陷入灾害型社会陷阱——笔者认为这是明代大的历史环境与经济社会发展的总的趋势。是时，位于岭南一隅的韩江流域亦不能"独善其身"，逃脱不了"发展—衰退—发展—衰退"反复循环的怪圈，逃脱不了灾害型社会的基本走向。

第一节　灾害型社会与明朝覆亡

中国历史上存在三荒现象与灾害型社会。三荒现象系指灾荒、人荒、地荒三者在空间上耦合、在时间上相继发生的一种经济社会极端自然化现象。若从环境史视域探寻，三荒现象是中国古代传统小农社会死去活来间隙的一种特殊的经济社会状态，是一种极端的经济社会自然化现象。[①] 灾害型社会系指中国古代传统小农社会在特定时段内或某些区域的一定时期内，三荒现象

---

① 具体内容见赵玉田《环境与民生——明代灾区社会研究》，社会科学文献出版社2016年版，第273—305页。相关内容，恕不在此复述。

持续发生，其经济生活及社会存在状态完全为自然灾害所左右的一类传统农业社会存在状态与类型。

一、成化时代与灾害型社会

成化时代概念，据笔者所知，最早是历史学家方志远先生于 2007 年提出的。方先生撰文称："明代前期'严肃冷酷'和后期的'自由奔放'，是二十年来学术界关注的热门课题。但是，这两个时代之间的过渡，却一直没有得到应有的重视，致使明代史的研究出现了中期断裂。明宪宗成化时代是一个几乎被研究者遗忘的年代，但恰恰又是明代历史由严肃冷酷到自由奔放的转型时代。"[①] 笔者受方先生高论启发，采用成化时代这个概念，但是在成化时代起止时间及其内涵上略作诠释，笔者所谓成化时代，其在时间上系指成化至崇祯时期（1628—1644），其在经济生活特征上是指传统社会的早期商业化时期，其在社会性质上系指处于传统农业社会的特殊状态——灾害型社会时期。

（一）明亡于成化时代说

大明王朝，一个曾经扬威域外的世界强国，却于 1644 年轰然倾覆。关于明朝覆亡原因，清修《明史》称：明"神宗冲龄践祚，江陵柄政，综核名实，国势几于富强。继乃因循牵制，宴处深宫，纲纪废弛，君臣否隔。于是小人好权趋利者驰骛追逐，与名节之士为仇雠，门户纷然角力。驯至愍、愍，邪党滋蔓。在廷正类无深识远虑以折其机牙，而不胜忿激，交相攻讦。以致人主蓄疑，贤奸杂用，溃败决裂，不可振救。故论者谓明之亡，实亡于神宗，岂不谅欤"[②]。

清以后，学界多有持清修《明史》"明亡于万历说"。笔者认为，明朝非亡于万历时期，而是亡于明代成化以来形成的灾害型社会早期商业化时代，即成化时代。成化以来，浮躁的明代社会开启了早期商业化进程。然而，在密集灾荒袭击下，它过早进入灾害型社会。早期商业化未能带给灾害型社会

[①] 方志远：《"传奉官"与明成化时代》，《历史研究》2007 年第 1 期。

[②]《明史》，中华书局 1974 年版，第 294—295 页。

新出路，反倒加剧社会矛盾，并促使灾害型社会危机全面爆发，明政府未能化解灾害型社会危机，反倒与其同归于尽，明朝遂亡于此。

（二）灾害型社会与早期商业化概念

就其本质而言，所谓的成化时代不是资本主义萌芽阶段，实则是一个民众贫困化的时代、一个灾荒频发的时代、一个早期商业化时代，它是明代灾害型社会定型时代。如果将成化时代作为一种社会现象视之，它并非明代所独有。明之前，类似成化时代现象不时发生；明以后，亦有成化时代现象出现。历史上，以明代的成化时代最具典型性。当然，需要指出的是，成化时代说与资本主义萌芽的观点有着内在关联。概要说来，明代成化时代并非传统社会近代化转型萌动时期，而是周而复始的灾害型社会早期商业化时期。

（三）成化时代与资本主义萌芽

成化（1465—1487）是明朝第八位君主明宪宗朱见深（1447—1487）的年号。关于成化帝的评价，明修《明宪宗实录》称其宽厚有容，用人不疑，且"一闻四方水旱，蹙然不乐，亟下所司赈济，或辇内帑以给之；重惜人命，断死刑必累日乃下，稍有矜疑，辄以宽宥。……上以守成之君，值重熙之运，垂衣拱手，不动声色而天下大治"[①]。方先生认为："明宪宗成化时代是一个几乎被研究者遗忘的时代，但恰恰又是明代历史由严肃冷酷到自由奔放的转型时代。……而且，这种自由奔放不限阶层、不分地域，席卷整个社会，成为中国历史难得一见的新气象。如果不是明末的种种意外，更大的社会变革也未必不可能发生。"[②]笔者认为，作为历史概念，成化时代不是"资本主义萌芽"代名词。

（四）成化时代：灾害型社会陷阱

有明一代，时值明清宇宙期与传统社会末世。是时，各种自然灾害频发，南方灾区化加深，北方三荒问题严重，流民剧增，进而催生部分地区的灾害

---

① 《明宪宗实录》卷 293，成化二十三年九月乙卯。
② 方志远：《"传奉官"与明成化时代》，《历史研究》2007 年第 1 期。

型社会状态。灾害型社会由点而面，继而使大明帝国陷入灾害型社会陷阱。由弘治（1488—1505）而正德（1506—1521）而嘉靖（1522—1566），各地水旱相仍。由于政府财力日蹙，救荒多为空谈，造成饥荒连年，灾区蔓延。至嘉靖时期，许多灾区处于灾民激变边缘，灾区民生甚至达到令人恐怖的程度，一些灾区社会"景观"有如地狱。如嘉靖初，江南闹水灾，大学士杨廷和等称：今年"淮扬、邳诸州府见今水旱非常，高低远近一望皆水，军民房屋田土概被潴没，百里之内寂无爨烟，死徙流亡难以数计，所在白骨成堆，幼男稚女称斤而卖，十余岁者止可得钱数十，母子相视，痛哭投水而死。官已议为赈贷，而钱粮无从措置，日夜忧惶，不知所出。自今抵麦熟时尚数月，各处饥民岂能垂首枵腹、坐以待毙？势必起为盗贼。近传凤阳、泗州、洪泽饥民啸聚者不下二千余人，劫掠过客舡，无敢谁何"①。嘉靖末年以来，三荒问题普遍化，灾害型社会进入崩解阶段。

万历时期，特别是万历后期，明朝进入覆亡最后阶段，灾害型社会区域扩大化，灾荒问题全国化，社会动荡加剧。如万历二十七年，大臣冯琦（1558—1604）疏，揭示了当时足以摧毁大明王朝的各种危机：灾荒频发，苛捐杂税沉重，民众贫困化，人心思乱，民众反抗情绪强烈，社会动荡，民心已去。如冯琦称："自去年②六月不雨，至于今日三辅嗷嗷、民不聊生，草茅既尽，剥及树皮，夜窃成群，兼以昼劫，道殣相望，村突无烟。据巡抚汪应蛟揭称，坐而待赈者十八万人。过此以往，夏麦已枯，秋种未布，旧谷渐没，新谷无收，使百姓坐而待死，更何忍言？使百姓不肯坐而待死，又何忍言？京师百万生灵所聚。前，居民富实，商贾辐辏；迩来消乏于派买，攘夺于催征。行旅艰难，水陆断绝。以致百物涌贵，市井萧条……数年以来，灾傤荐至。秦晋先被之，民食土矣；河洛继之，民食雁粪矣；齐鲁继之，吴越荆楚又继之，三辅又继之。老弱填委沟壑，壮者展转就食，东西顾而不知所往。"③

---

① 《明世宗实录》卷 34，嘉靖二年十二月庚戌。

② 系指万历二十六年，即 1598 年。

③ 陈子龙：《明经世文编》，中华书局 1962 年版，第 4817—4819 页。

又如，万历二十八年初，"凤阳巡抚李三才上言：所在饥荒，流民千百成群，攘窃剽劫日闻，久而不散，恐酿揭竿之祸。徐、砀、丰、沛，壤接河南、山东，白莲妖术盛行"①。由于政府救荒无术，明代灾区社会已呈常态化、扩大化及严重化趋势。灾民生存无法保障，灾区及灾民之社会属性因缺少必要、及时之强化而造成灾区社会规范灾民之功能损伤乃至丧失。概言之，仍为乡村制导的明代社会，乡村社会一直是左右其社会治乱及政权安危的决定性力量；成化时代，天灾则成为左右明代乡村社会治乱之要素。成化时期，明代社会沦为灾害型社会。从上述论述中不难得出，从最广大民众生存状态而言，成化以来的明代社会，已是灾害型社会定型时期。

（五）早期商业化：成化时代另一面

与农民及农村贫困化形势不同，至成化时期，明朝经过百余年发展，社会财富增多了，城镇积累大量物质财富，而财富也越来越多集中到时少部分人手中，社会贫富分化加剧，及时享乐与奢侈之风已逐渐形成。如明人何瑭（1474—1543）称："自国初至今百六十年来，承平既久，风俗日侈，起自贵近之臣，验及富豪之民。一切皆以奢侈相尚，一宫室台榭之费，至用银数百辆，一衣服燕享之费，至用银数十两，车马器用务极华靡。财有余者，以此相夸，财不足者，亦相仿效。上下之分荡然不知，风俗既成，民心迷惑。至使闾巷贫民，习见奢替，婚姻丧葬之仪，燕会赙赠之礼，畏惧亲友讥笑，亦竭力营办，甚至称贷为之。官府习于见闻，通无禁约。间有一二贤明之官，欲行禁约，议者多谓奢僭之人，自费其财，无害于治。反议禁者不达人情。一齐众楚，法岂能行。殊不知风俗奢僭，不止耗民之财，且可乱民之志。盖风俗既以奢僭相夸，则官吏俸禄之所入，小民农商之所获，各亦不多，岂能足用？故官吏则务为贪饕，小民则务为欺夺。由是推之，则奢僭一事，实生众弊，盖耗民财之根本也。"②

---

① 《明神宗实录》卷344，万历二十八年二月辛巳。

② 陈子龙：《明经世文编》，中华书局1962年版，第1440页。

　　嘉靖以来，奢靡之风愈演愈烈，奢侈成为一种生活"习惯"与身份地位象征。如万历年间，时人称："中州之俗，率多侈靡，迎神赛会，揭债不辞，设席筵宾，倒囊奚恤？高堂广厦，罔思身后之图；美食鲜衣，唯顾目前之计。酒馆多于商肆，赌博胜于农工。乃遭灾厄，糟糠不厌。此惟奢而犯礼故也。"①

　　明代后期，与奢侈之风相伴生的，是以阳明学为导引、以百姓日用是道说为抽绎，大力宣扬个性解放，反对传统"礼教"及主张"工商皆本"等思想为潮流的早期启蒙思潮兴起。其中，抒发个性、追求自我、享乐自适、寻新求变之商业文化精神萌生而流行。如时人李贽（1527—1602）则积极宣扬："士贵为己，务自适。如不自适而适人之适，虽伯夷、叔齐同为淫僻；不知为己，惟务为人，虽尧、舜同为尘垢秕糠。"②是时，从宴饮到服饰，从服饰到民歌时调，从上层社会到下层社会，从都市、城镇到乡里，竞奢风气成为当时的普遍现象。事实上，竞奢风气和社会生活中的僭越行为结合起来，形成一股横扫社会传统价值与礼法规范的变异力量，加剧社会失范。民众热衷于奢靡，而奢靡风俗背后，并未形成大规模商品生产事实，并未形成对于旧有观念的真正冲击，只是更突出地表现了金钱至上与个体享乐的追求。

　　要言之，成化时期的频繁灾荒加剧了原本生活贫困而倍感迷茫的农民的躁动心理；城镇生活日渐奢靡与及时享乐风气亦催生市民的浮躁情绪；拜物教在整个社会中弥漫扩张。社会风气为之一变：节俭不再是为人所看重的美德，贫穷反倒成为令人嘲笑的事情；世人以追逐奢靡生活为时尚，金钱至上，享受第一。最终受制于早期商业化的社会不成熟事实而陷于思想混乱、无所适从，茫然自失。至此，明代社会沦为灾害型社会，整个明代社会处于急剧变化、躁动不安之中。换言之，嗷嗷待哺之灾民及渐次萧索之乡村，商业风气浓郁的城镇及文化自觉中的市民，连同日趋奢靡与浮躁的民众心理等同体异质诸元素耦合变异，一并把明王朝拖进一个波谲云诡、人心彷徨、危机与

---

　　① 钟化民：《赈豫纪略》，《中国荒政丛书》（第1辑），中国古籍出版社2002年版，第283页。

　　②（明）李贽：《焚书增补》，中华书局1975年版，第258—259页。

生机并存的特殊时代——一个充满变数的灾害型社会早期商业化时代。

二、严复定律与明朝覆亡

明朝覆亡，偶然因素很多，必然原因也并非一种。其中，传统农业社会任何一个王朝都无法摆脱的严复定律，注定它们都必然走向覆亡，包括明朝覆亡。

(一) 严复定律：治乱现象归纳与思考

中国近代启蒙思想家严复（1854—1921）从政治高度构建环境与社会关系谱系，他称："（一个王朝）积数百年，地不足养，循至大乱，积骸如莽，血流成渠。时暂者十余年，久者几百年，直杀至人数大减，其乱渐定。乃并百人之产以养一人，衣食既足，自然不为盗贼，而天下粗安。生于民满之日而遭乱者，号为暴君污吏；生于民少之日而获安者，号为圣君贤相。二十四史之兴亡治乱，以此券矣。"[①] 这段论述，可谓严复关于中国历史上治乱相仍及王朝更迭现象成因的高度归纳，为此笔者称之严复定律。

笔者认为，严复所论虽非全面。严复定律却揭示一种历史事实，即土地承载力状况与社会安危有着直接关联，而且这种关联是一种不容忽视的客观存在。当然，地不足养不仅表现在人均耕地数量不足，还表现在耕地质量（地力）下降与环境灾变频发等方面。如果从环境史视角审视，不难发现，我国历史上"乱世"之后的地荒人稀往往成为治世的基础和前提。

(二) 明朝覆亡与严复定律

明代中后期，由于滥垦滥伐、气候变冷等诸多原因，生态环境严重恶化，环境灾变频繁，灾荒严重，许多地方再度地荒人稀，社会经济也衰败不堪，土地因不堪耕种及农民不敢耕种而造成弃耕、撂荒现象普遍。如明中期的官员林俊（1452—1527）所述：是时，北方一些地方，"荒沙漠漠，弥望丘墟。间有树菽，亦多卤莽而不精，缓急而不时。至于京畿之间，亦复如是，往往为之伤心饮泣，抚掌深叹。计此度之，虽边郡应屯之地，目所不击、足所不

---

① 《严复集》，中华书局 1986 年版，第 87 页。

到之处，夫亦是耳。大抵官非其人，里非其要，膏腴之区贪并于巨室，硗确之地荒失于小民。而屯田坏矣，务贪多者，失于鲁莽；困赋税者，一切抛荒而农业隳矣。所谓地有遗利、民有余力，此之谓也"①。如嘉靖后期，官员王宗沐（1524—1592）疏称："臣初至山西，入自泽潞，转至太原，北略忻代。比将入觐，又东走平定，出井陉。目之所击，大约一省俱系饥荒，而太原一府尤甚……三年于兹，是以人民逃散，闾里萧条，甚有行百余里而不闻鸡声者。壮者徙而为盗，老弱转于沟瘠。其仅存者，屑槐柳之皮、杂糠而食之，父弃其子，夫弃其妻，插标于头置之通衢，一饱而易，命曰人市。"②官员赵锦疏称："臣窃见直隶淮安府至于山东兖州府一带地方，人民流窜，田地荒芜，千里萧条，鞠为茂草。其官吏则相与咨嗟叹息，或遂弃职而逃，其驿传则相与隐匿。逃避或至沮滞，命使其仅存之民则愁苦憔悴，而若不能为之朝夕。日甚一日，莫可底止。"③

有明一代，实行重农主义，但是，农业生产要素与前代相比并没有实质性变化，缺少技术革新及制度创新，农田水利建设明显不足，农业经营方式仍处于传统农业④阶段。明代传统农业同样受制于环境机制，灾害型社会也是环境机制的一种表现。灾害型社会并非明代所独有，它深藏于中国传统农业社会深处，一旦条件成熟，便会粉墨登场，参与历史创造。

由明王朝向后望去，我们还会看到许多和明王朝相似的故事——治乱相仍。如果我们继续从环境史视域探寻，我们还会发现，无论是王朝更迭，还是灾害型社会生成，既是社会现象，也是自然现象。它们的表演不过是自然界面对异化物采取的一种自我生理机制调节与身体修复而已。经过以灾害型社会途径或战争手段等短暂调整与修复，人地紧张问题得以缓解，部分地区

---

① 陈子龙：《明经世文编》，中华书局 1962 年版，第 766 页。
② 陈子龙：《明经世文编》，中华书局 1962 年版，第 3674 页。
③ 陈子龙：《明经世文编》，中华书局 1962 年版，第 3648 页。
④ 著名经济学家舒尔茨指出："完全以农民世代使用的各种生产要素为基础的农业可称为传统农业。"（[美] 舒尔茨：《改造传统农业》，商务印书馆 1987 年版，第 4 页）

生态环境再度符合农业生产与农业社会正常运行的客观需要，慢慢开启了新一轮的农业社会构建。论及灾害型社会的本质，笔者认为，小农社会通过灾害型社会的短期休克或失范，生态有所恢复，人地关系再度缓和，为土地占有关系洗牌和重新分配提供了可能。所以，灾害型社会是中国传统小农社会死去活来间隙的一种特殊社会状态，是一种极端的社会自然化现象，也是小农社会得以长期延续的重要原因之一。

第二节　生态型民生与韩江现象

由严复定律维度望去，灾害型社会形成与发展，对于一个王朝而言，也是其兴衰的历史；就区域史而言，灾害型社会就是一个地区经济社会盛衰相仍的演变过程。无论王朝或区域的经济社会兴衰史，自然灾害与灾害环境在其中都扮演着重要角色。明清时期岭南的韩江流域，其流域内经济社会亦重复着"发展—衰退—发展—衰退"等循环往复的盛衰交替的故事。

一、明清韩江流域灾害型社会

就气候条件而言，长江以南是温暖湿润地区，气温高，降水丰富，雨热同期，四季常青，农作物可以一年两熟或多熟，农民便于谋生。因此，人们通常会认为历史上南方灾荒不会很多。事与愿违。历史上南方灾荒记载可谓不绝于书，且其严重程度毫不逊色于北方灾荒。如明代嘉靖年间，江南自然灾害频发，饥荒连年，形成大面积的连年的灾区，饿殍遍地，部分区域陷入灾害型社会陷阱。[1] 明清时期韩江流域有没有出现三荒现象？如果有，是否也经由"三荒"而滑入灾害型社会？换言之，明清时期韩江流域是否出现（或者说"形成"）灾害型社会？如果出现，是否与其他区域的灾害型社会完全一样？比较而言，明清时期韩江流域灾害型社会与中原地区的灾害型社会在本

---

①《明世宗实录》卷 34，嘉靖二年十二月庚戌。

质上没有差别，但是其在表征上略有不同，即具有一定的地区性特征。

（一）明代揭阳县：力田者难为力

明代潮州府揭阳县，"西北有揭岭，南有古溪，东南滨海"①。由于揭阳地势西北高、东南低，河流纵横，水注东南，极易发生水灾与旱灾，因此水利工程对农业生产与经济社会安全至关重要。如明末潮州饶平籍官员黄锦（1589—1671）称："揭，农国也。夫藉亩粝，家藉亩钟。邑之下治，合河而注海，旱则海潮高激，醎水不可资溉；上治分河而边山，旱则山溪限断，平原不能驾润。坟则洼，衍则沴，不雨则饥。力田者难为力，将治水庸而预其潤，匪独虞潦而氾，且无广泽洿池以潴雨，稍愆海涨不到与溪涧，相迫之井仅仅可支桔槔。然事倍功半，食力者苦矣。况两无所藉，徒瞻仰旱天以惠共宁者乎？……无雨无苗，无苗无岁，无岁无民。"②万历年间（1573—1619），曾任揭阳知县的黄仕凤亦云："环揭皆水也。三窖之水为经，週城之水为纬，百折千派，旋绕流通。然地泥淤不堪凿井，居民群饮于河流。恶扬清亦惟河是赖，然则水利之兴，揭视他邑尤宜呃然。"③

可见，明代揭阳县经济社会发展对水利环境具有高度依赖性。

（二）明代潮阳县：经济衰败

明清时期，韩江流域经济社会与民生不仅对生态环境高度依赖，而且频繁灾荒成为左右民生与经济社会发展的重要因素。如乾隆《潮州府志》载：潮州府潮阳县于"（元）大德八年甲辰秋八月，飓风暴雨，漂没民居，多溺死者。至顺三年壬申秋七月大雨水。自泰定以来，饥荒变异不可胜计……（嘉靖三年）秋七月大雨水。（嘉靖）七年戊子秋八月飓风，年饥。明年，米

---

① 《明史》，中华书局 1974 年版，第 1141 页。

② （清）王崧修、李星辉纂：光绪《揭阳县志》卷 8《艺文·灵雨亭记》，《中国方志丛书》，成文出版社 1974 年版，第 1085—1086 页。

③ （清）王崧修、李星辉纂：光绪《揭阳县志》卷 8《艺文·灵雨亭记》，《中国方志丛书》，成文出版社 1974 年版，第 1075 页。

踊贵，采草子以食"①。另据光绪《潮阳县志》记载，明清时期，潮阳县多次发生"大荒""大饥""米贵"等问题。由明而清，多次出现"大旱米贵""大荒，谷腾贵""岁大饥，饿殍无算""飓风伤稼，蝗灾，谷大贵""谷价腾贵"等灾年。②

除了灾荒频发，明中期潮阳经济社会发展也出现一个重要节点——明代前期，潮阳县"境内宴然，户口殷富，鸟兽草木咸若。百里之内，禾满阡陌，桑麻蔽野，牛羊不收。千里之内，鱼盐载道，行者不赍粮。当是时，以其土之所出，自足以供贡税、蓄妻子而有余"。然而，隆庆时期（1567—1572）以来，潮阳县"田野宜辟矣，而家有悬耜；山泽之利宜增矣，而市无藏贾，即供力于他（谓以他技谋利，及取诸异地之所有者）以充赋，而反不足者"③。这则材料说明，明中后期，潮州府原本富庶的潮阳县也出现经济社会衰败景象。

（三）明清时期惠来县：饥荒频发

关于惠来县设置，据清修《明史》记载："嘉靖三年十月以潮阳县惠来都置，析惠州府海丰县地益之。南滨海。西有三河，以大河、小河、清远河三水交会而名，即韩江之上源。"④明清时期的惠来县，自然灾害及饥荒对其影响较大，粮荒与饥荒问题有时还很严重，导致民不聊生。如雍正《惠来县志》所载：

> 明嘉靖七年秋八月飓风大作，是年饥。明年复旱，斗米一钱。民多采草木之根以食。（嘉靖）二十三年夏六月大飓风，坏官廨及居民庐舍……隆庆四年大旱。是年，当寇贼扰攘，田土荒芜，兼值荒旱，自春入夏不雨，一望赤地，民甚苦之。（隆庆）六年秋，狼虎成群，白昼噬

①（清）周硕勋：乾隆《潮州府志》卷11《灾祥》，《中国方志丛书》，成文出版社1967年版，第101页。

②（清）周恒重：《潮阳县志》卷13《灾祥》，《中国方志丛书》，成文出版社1967年版，第179—188页。

③（明）林大春：隆庆《潮阳县志》卷7，《天一阁藏明代方志选刊》，上海古籍书店1963年版。

④《明史》卷45，中华书局1974年版，第1142页。

人。城郭之外不敢独行。知县倪良才命把总方直方绍驱除之，一月而五虎就毙。万历元年夏，蝗虫害稼，时寇贼初息，民得复业耕稼，而蝗虫损害禾苗，连年荒旱，亦天之余殃也……（万历）二十九年，飓风大作，当晚稼将熟之时，忽连日飓风，禾穗不实，其明年春遂荒。（万历）三十年春大饥……

国朝顺治五年戊子夏五月大饥，斗米银三钱……（顺治十年）夏四月大饥，斗米价五钱，采木根树叶以食……（康熙）四年乙巳夏四月大饥，斗米价四钱……（康熙）二十八年己巳四月初三日大雨，洪水从高山涌出，龙溪都乡民溺死者不可胜数，有阖乡庐舍田园尽漂没者。（康熙）三十六年丁丑大旱，米价腾贵，民不聊生。知县张士昊捐俸募题买米设厂于文昌阁煮粥赈济饥民。自四月初一起至六月十五止。（康熙）三十六年戊寅，复遭奇旱，斗粟百钱。民食树皮。知县白章捐俸买米以赈饥民，又劝谕富户义助接济。一邑赖以全活，至今称之。（康熙）四十一年壬午二月，民方插禾，亢阳不雨，阖邑彷徨。知县查曾荣虔诚步祷三日于普陀岩。越日大雨，田禾方得耕种。（康熙）四十七年六月飓风大作，坏民庐舍。（康熙）五十四年自初一至次年五月中旬不雨，谷价腾贵，斗米价银四钱。知县佟世俊平粜得法，与游击牛玉暨绅士耆民祷雨甚诚，至五月二十日始雨。冬敛有成，民甚德之。雍正三年夏秋大水，田禾淹没。（雍正）四年大水，淉至斗米价银六钱三分。民多采树皮草根以食。①

无疑，清时期韩江流域生态环境处于急剧变化之中，自然灾害频发，灾害性环境面积扩大，自然灾害破坏性增加，区域经济社会发展的生态环境制约因素逐渐增强，一些地区已经具有灾害型社会基本特征。

---

①（清）张珂美纂修：雍正《惠来县志》，《中国方志丛书》，成文出版社1930年版，第405—411页。

(四)人为制导抑或生态制导

论及明清时期韩江流域经济社会由盛而衰原因,"山贼倭寇破坏说"及"官吏不作为说"成为基本认识。换言之,人们还是接受明清潮阳县经济社会发展"人为制导"观点,大多没有认识到生态环境的作用。

"山贼倭寇破坏说"是解析明清时期韩江流域经济社会衰退原因的学说。关于山贼破坏,如潮阳县,嘉靖"三十七年,山贼杨继传、邹文纲等攻陷洋乌等都三十余乡。杨继传与邹文纲自少无赖,结为死友,常依山林险阻截劫为生。至是聚党渐至数千,号中白哨,攻陷白马、延长、埔山门等寨,分据之。邑之西南村里为之一空。按吾邑方隆盛时,财富甲于东广,而财赋之所自出则多在西南。是岁二哨并起,西南之田尽没于贼。于是户有空输之苦,城多悬罄之家,殆不可以为邑"①。关于倭寇劫掠杀戮所造成的持续破坏,明代韩江流域方志多有记载。如隆庆《潮阳县志》载:嘉靖"三十八年冬,倭寇始入潮阳"②。倭寇杀人放火,抢掠财富,给韩江流域民众与经济社会发展带来巨大破坏。

"官吏不作为说"是明代一些官员阐释广东经济社会衰败原因的一种解释。如隆庆时期,明朝中央重臣高拱(1512—1578)称:

> 臣惟广东旧称富饶之地,乃频年以来盗贼充斥,师旅繁兴,民物凋残,狼狈已甚。以求其故,皆是有司不良所致。而有司之不良,其说有四:用人者,以广东为瘴海之乡,劣视其地。有司由甲科者十之一二,而杂行者十之八九。铨除者十之四五,而迁谪者十之五六。彼其才既不堪,而又自知其前路之短,多甘心于自弃,此其一也;岭南绝徼,僻在一隅,声闻既不通于四方,动静尤难达于朝著。有司者,苟可欺其抚按,即无复有谁何之者,此其一也;广乃财贝所出之地,而又通番者众,奇

---

①(明)林大春:隆庆《潮阳县志》卷2《县事纪》,《天一阁藏明代方志选刊》,上海古籍书店1963年版。

②(明)林大春:隆庆《潮阳县志》卷2《县事纪》,《天一阁藏明代方志选刊》,上海古籍书店1963年版。

货为多。本有可渔之利。易以艳人，此其一也；贪风既成，其势转盛，间有一二自立者，抚按既荐之矣。而所劾者，亦不过聊取一二。苟然塞责，固不可以胜劾也。彼其见抚按亦莫我何，则益以为得计，而无所忌惮。居者既长恶不悛，来者亦沦胥以溺。是以贪风牢不可破，此其一也；以甘于自弃之人处僻远之地，艳可渔之利而共囿于无可忌惮之风，此所以善政无闻，民之憔悴日甚，而皆驱之于盗贼也。

若不亟处，敝将安极？查得往岁奉旨多取进士，议者为当于此等一处用之，乃竟不肯选去，殊为可憾。合无今后广东州县正官必以进士举人相兼选除，杂流迁谪姑不必用。果有治绩，抚按从实奏荐，行取推升。如其奉职无状，必须尽数参来处治，不得仍前聊取一二苟且塞责。如尚苟且塞责，容臣等参奏治罪，庶人心知警而不敢公然纵肆也。然不肖者罚，固可以示惩。若使贤者不赏，又何以示劝？臣等访得潮州府知府侯必登，[①] 公廉有为，威惠并著，能使地方鲜盗，百姓得以耕稼为生。此等贤官他处犹少，而况于广东乎？若使人皆如此，又何有地方不靖之忧？合无将本官先加以从三品服色俸级，令其照旧管事，待政成之日，另议超升。其它尚有能靖地方者，容臣等访得续行题请加恩，庶人心知劝而皆有以兴起也。然臣又思远方之困敝，不止广东，而广东特其甚者。如广西云贵皆称绝徼，近年皆有兵革之事，民亦皆不堪命。议处有司，亦当以广东例行。盖天下虽大，实则如人一身，必是血脉流通，顶踵皆至，然后可以为人。若使远方功罪之实，为在上者所明照，而君上综核之意，为在远者所周知，则谁敢不畏？敢不修职？万里之外如在目前，治理之机可运掌上。圣人所以能使中国为一人，用此道也。伏望圣明特赐施行，不胜幸甚。

---

① "侯必登，字懋举，江川进士。隆庆初，以兵部郎中出守潮州。潮自倭寇扰乱、兵燹之后，井里为墟。必登至，罢一切烦苛，与民休息。性沉毅，有雄备，尝谍山贼窃发，谈笑指挥不动声色，乌合之众以次就缚。人服其神，有专祠。"［（清）周硕勋：乾隆《潮州府志》卷33《宦迹》，《中国方志丛书》，成文出版社1967年版，第799页］

奉谕旨，以近来远方有司不得其人，以致民不聊生，盗贼滋蔓。这所议甚得弭盗安民之要，都准行。①

综上所述论，不难发现，明清时期潮阳县、惠来县等韩江流域经济社会发展一直受到生态环境状况（特别是自然灾害）制约，经济发展还是暗合"发展—衰退—发展—衰退"反复循环曲线，其盛衰变化基本属于灾害型社会一般性特征。但是，笔者认为，明清时期韩江流域经济社会发展尽管出现"盛衰相仍"现象，但是并非黄河流域及长江流域灾害型社会在韩江流域完全的翻版，尽管二者本质相同，但是具体表现与内涵略有不同，韩江流域灾害型社会地域性特征明显——形成韩江现象，使得韩江现象成为灾害型社会重要补充与多样化表现。当然，若要进一步认识韩江流域生态环境变迁现象，则需将其置放于明代以来韩江流域鲜活而变动着的具体经济社会与生态环境当中加以观察与考量，需要从整体史角度加以探寻，应该抓住生态环境与民生这对主要关系，进而解读韩江流域版本的灾害型社会——韩江现象。

二、清代嘉应州生态型民生

概要说来，明清时期，随着韩江流域社会经济生活近代化趋势增强，既而遭遇韩江现象。韩江现象成为制约明清时期韩江流域经济社会近代化发展的主要陷阱。笔者在此提出生态型民生概念。

所谓生态型民生，系指特定地域与特定时期内，民众生产生活的物质与财富来源主要依赖其所在地的生态环境资源，而生态环境状况成为左右当地民生状态的重要因素。换言之，依靠生态型民生为主要生计来源的民众的经济生活模式及其所处生态环境状态对其生存质量、生产生活方式内容都起着重要的支撑作用。明代及清代生活在韩江上游嘉应州的民众的基本经济生活属于生态型民生。生态型民生概念，只是为了概述明清时期类似于嘉应州（明代程乡县等地）的民生状态，即在一定时间内，一些区域的民众生计来源

---

① 高拱：《议处远方有司以安地方，并议加恩贤能府官以彰激劝疏》，陈子龙等辑《明经世文编》卷301，中华书局1962年版，第3176—3177页。

主要依靠直接获得生态环境资源，也包括从事一小部分山地种植经济为补充。

（一）生计在樵与此犹乐事

清代嘉应州位于韩江上游，地处粤东北。嘉应州幅员行政地理沿革绵长。秦时，为南海郡辖区；汉代，隶揭阳县；晋代，隶海阳县；南朝刘宋时期，属海阳县；南朝萧齐时，设置程乡县；南朝陈时，隶属义安郡；隋时，设置程乡县；唐时，亦设置程乡县；宋元时期，隶属梅州（程乡县隶之）；明代，隶属潮州（程乡县隶之）；清代雍正年间，设置直隶嘉应州，所辖兴宁县、长乐县、平远县、镇平县。①如光绪《嘉应州志》载：雍正二年（1724），清朝设置嘉应州，隶属广东省。"嘉应州，元升为梅州路，仍降为散州。明洪武二年废州为程乡县，属潮州府……本朝初，因明制为程乡县。雍正十一年，升为直隶嘉应州。"②

（二）生态资源丰富，客民侨寓之乡

宋元时期，粤东北人口缓慢增长，侨寓者逐渐增加。到了明清时期，粤东北人口增长较快。其中，明代的程乡县，清代的嘉应州，地处粤东北崇山峻岭之地，丘陵盆地及河流相间分布，山多地少，动植物资源丰富，主少客多，明清时期已成为"汀赣客民侨寓之乡"。

如光绪《嘉应州志》编纂者称：

> 余观南宋王象之所著《舆地纪胜》一书所引《图经》今已无传，其于梅州引《图经》有云："郡土旷民惰，而业农者鲜，悉藉汀赣侨寓者耕焉。故人不患无田，而田每以工力不给废。"由今言之，嘉应之为州山多田少，人不易得田，故多行贾于四方，与《图经》之言正相反，安有不患无田之事哉？然其说可以知南宋以前土著之少而汀赣客民侨寓之多。故《太平寰宇》记载梅州户：主一千二百一；客三百六十七。而元

---

①（清）吴宗焯修、温仲和纂：光绪《嘉应州志》卷2《沿革》，《中国方志丛书》，成文出版社1968年版，第28—29页。

②（清）吴宗焯修、温仲和纂：光绪《嘉应州志》卷2《沿革》，《中国方志丛书》，成文出版社1968年版，第26—27页。

丰《九域志》载梅州户：主五千八百二十四；客六千五百四十八。则是宋初至元丰不及百年，客户顿增数倍，而较之于主且浮十之一二矣。

据《宋史》言，江西之虔州地连广南，而福建之汀州亦与虔接。虔盐不善，汀故不产盐，二州民多盗贩广盐以射利。每岁秋冬，田事才毕，恒数十百为群，持甲兵旗鼓往来虔汀漳潮循梅惠广八州之地，所至劫人谷帛，掠人妇女，与巡捕吏卒格斗，或至杀伤，则起为盗，依险阻，要捕不能得，或赦其罪招之。夫虔汀二州之往来广南劫掠每岁如此，其时之民乌能安其生哉？重之以南宋虔贼陈三松、周十隆等之乱，民愈不聊生。李忠定申督府密院相度措置虔州盗贼状云，契勘虔贼旧年只是冬月农隙之时相率持仗往广东贩盐图利，后来暂次于循梅等州村落间劫掠，巡尉不敢谁何。徒党渐众，遂犯州县。以此观之，户口之日凋耗，自可想见宜乎？其时《图经》有土旷人不患无田之说也。至《元史·地理志》载，梅州户仅二千四百七十八，口一万四千八百六十五。主客之数已无可稽，而较之《九域志》所载主客户共一万二千余者，所存已不及十之二矣。故今之土著，多来自元末明初。以余耳目所接认，询其所自来，大抵多由汀州之宁化，其间亦有由赣州来者。[①]

靠山吃山。粤东北山地生态资源丰富，明清时期，随着客民大量涌入，自然资源被逐渐开发出来，成为民众赖以为生的主要物资财富。其中，嘉应州山林密布，池塘较多，鱼类与鸟类的种类较多；花草丰茂，粮食作物品种多，生物资源富饶（见图6-1），如爬行动物有虎、黄麂、猴、猫狸、山羊、野猪、兔、布狗、豪猪、芒轮鼠、獭、豹、田螺狗等，飞禽有雉、鹊、鸧鹒、五色雀、鹁鸠、莺、山鹧、画眉、鹧鸪、竹鸡、鹌鹑、白头等，水生动物有鲤鱼、鲫鱼、鲢鱼、鳙鱼、斑鱼、泥鳅、鲍鱼、鳗鱼、螺、鲮鲤、虾、

---

① （清）吴宗焯修、温仲和纂：光绪《嘉应州志》卷13《食货》，《中国方志丛书》，成文出版社1968年版，第121—122页。

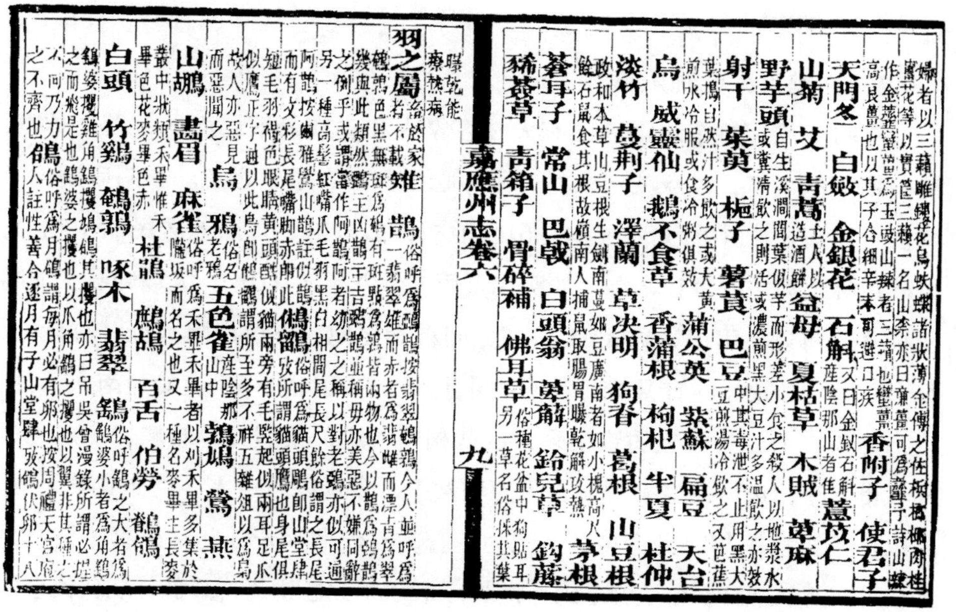

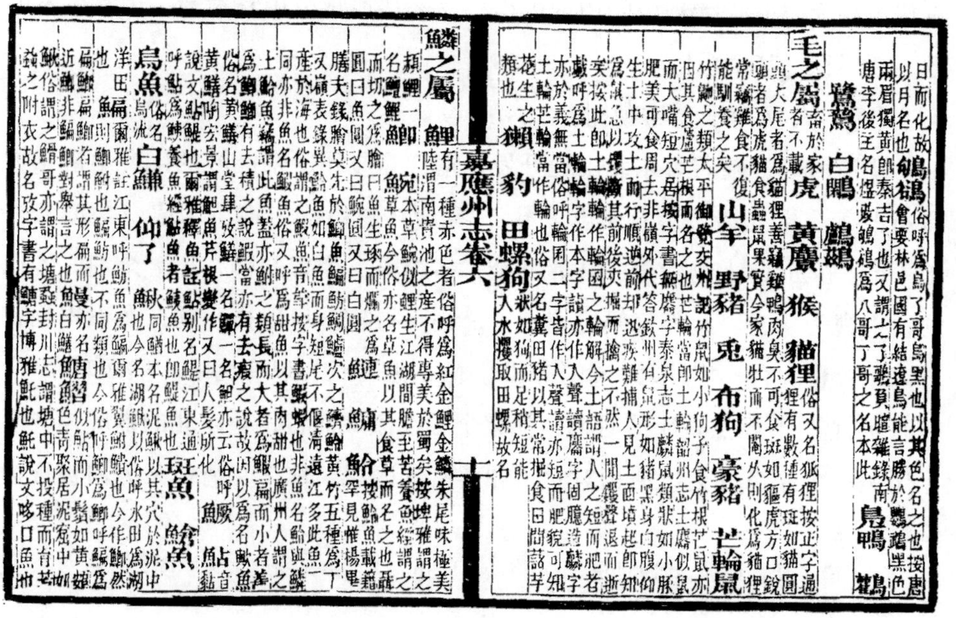

图 6-1　光绪《嘉应州志》卷 6《物产》截图

资料来源：（清）梁居实、温仲和：光绪《嘉应州志》卷 6《物产》，《中国方志丛书》，成文出版社 1967 年版，第 77 页。

蚌等。①

（三）樵采：此犹乐事

有明一代，粤东北山区已有大量客家人和畲族等聚族而居，山高林密，动植物资源丰富，民众就地取材，靠山吃山，也有乐土之意。如明后期位于韩江上游万山之中的大埔县本是山区地貌，山多田少，当地居民靠山吃山，以砍伐林木为主要生计来源。如明代万历二十九年（1601），大埔知县王演畴所撰《大埔县义田记》称大埔县："其间耕桑之地，不过山阻水涯。总计之，得十一耳。故民生生计甚难，其不沾寸土则十室而九也……度岭而南入（县）境，峰头石上见男妇老弱皆樵采，负载相错于道，黎烈日，履嵯岩，走且如鹜。甫下车，进邑父老问焉。古称男耕女织，今皆以力事人，岂非农桑无地、故以樵负当耕织与？良苦矣。父老为予言，君侯谓其苦，此犹乐事。彼之生计在樵，所从来矣。今道旁之山且将童，非深入不能得。"②显然，明代民众依靠伐木贩卖、开垦播种山间田地谋生，已经造成部分山林被毁，山林生态问题不断累积，甚至恶化。

（四）人视为乐土与勤树艺

明清时期，随着粤东北山地开发，清代嘉应州所辖区域的生产生活条件有所改善。据光绪《嘉应州志》载："嘉应峻岭巨嶂，四围阻隔，与滨海之地不同。又前此人物稀少，林莽丛杂，多瘴雾。今皆开辟，瘴雾全消。岭以北，人视为乐土。此其气候更有殊者，固不得执全粤以概一隅，尤不得据昔日以论今也。合一岁计之，燠多寒少。故以燠为长，以寒为变。然四时寒燠，各有所宜。"③显然，明清时期，就整个韩江流域而言，粤东北的嘉应州实际上还是一个经济社会生活相对封闭和落后的区域。那么，清代又为何被视为

---

① （清）吴宗焯修、温仲和纂：光绪《嘉应州志》卷6《物产》，《中国方志丛书》，成文出版社1968年版，第77页。

② 邹正之修、温廷敬纂：《大埔县志》卷36《金石志》，民国三十二年（1943）铅印本。

③ （清）吴宗焯修、温仲和纂：光绪《嘉应州志》卷3《气候》，《中国方志丛书》，成文出版社1968年版，第43页。

"乐土"？

嘉应州为群山大川环峙，民众生计基本依赖本地所产，基本与外界阻隔，交通不便，食物来源主要是山林资源及山间林地所产。如光绪《嘉应州志》称：嘉应州"土瘠民贫，农知务本，而合境所产谷，不敷一岁之食。藉资上山之永安、长乐、兴宁，上山谷船不至则价腾涌，故民尝艰食而勤树艺。其畲民尤作苦，峰峦嵯岩，率妇子锄辟，种姜薯芋粟之类以充稻食"[①]。可以说，明清时期嘉应州民众，无论是客民还是原住民，生态资源成为他们生计的主要来源，生态环境成为他们生计来源最重要的环境，这也说明生活在嘉应州的民众对当地自然资源具有极强的依赖性。

综上，亦可得出，清代光绪年间，嘉应州境内一年所产稻谷不够本地人口食用，必须依靠外买粮食和"勤树艺"勉强度日，垦山成为畲民和客家人增加食物产量和经济收入的重要途径。然而，山地土壤大多比较贫瘠，原因在于生态系统中的腐烂物质产生的营养很快被大雨从土壤中冲刷掉了，因此农业产量不高，且山间农田经常遭遇山体滑坡、山水冲泻及水土流失破坏，乃至绝收。事实上，毁林开荒的结果是造成"濯濯童山"。

三、樵采益繁与民生之日困

清中叶以来，随着嘉应州人口增加，以及韩江中下游区域手工业发展及商业活跃而导致林木需求量增大，粤北山区林木采伐量剧增而采伐愈加困难，造成民众生态型民生难以为继，民生愈加困难。

（一）樵采益繁而环境恶化

明中后期以来，程乡县辖区的粤东北山林已遭到大规模采伐。[②]清代以来，嘉应州辖区林木采伐因当地人口增加、木材商品需求量激增而持续扩大采伐规模，加之沿山滥垦滥种，山地林木生态平衡受到持续破坏，植被覆盖

---

① （清）吴宗焯修、温仲和纂：光绪《嘉应州志》卷8《礼俗》，《中国方志丛书》，成文出版社1968年版，第125页。

② 邹正之修、温廷敬纂：《大埔县志》卷36《金石志》，民国三十二年（1943）铅印本。

率锐降，童山濯濯，水土流失加剧，最终形成"樵采益繁"而"民生之日困"局面。

关于清代嘉应州山林水土破坏情况，光绪《嘉应州志》记录如下：

> 嘉应无平原广陌，其田多在山谷间。高者，恒苦旱。下者，恒苦涝。当洪波骤长，其冲决之患无可如何？旱则有补救之策。故必讲水利，计水之灌溉者曰溪、曰坑、曰塘、曰井、曰湖。其分支别派，相引以灌输者为圳。障水就下之堤，为行工过水于溪，以为蓄泄者为陂。取水之法亦不一，皆劳苦以得之。其劳于经营而逸于得者，莫如水车，从半溪打松椿，累石作陂，以阻遏上流旁岸开缺成隘，奔注奋迅，始能激车使转……坑达山泉，导之即可灌溉。乃往者，山中草木蓊翳，雨根荄，土脉滋润，泉源渟蓄，虽旱不竭。自樵采日繁，草木根荄俱被划拔，山土松浮，骤雨倾注，众山浊流，汹涌而出，顷刻溪流泛滥，冲溃堤工，雨止即涸。略旱而涓滴无存。故近山坑之田多被山水冲坏，为河为沙碛，至不可复垦，其害甚钜。
>
> 此宜培植草木，以蓄发泉源，而后旱可不竭、雨亦不致山水陡发也。又旧志谓程乡塘水各有业主，非灌溉之塘，塘主留水养鱼，他人不敢问焉。此不尽然。其实灌溉养鱼可以并行。灌溉之塘，来水有陂，泄水有楅。未用水时，其楅紧闭，雨多涨溢则有笐以出水，塘满不溢其楅。乡村各有则例，农与塘主议定，然后下楅。楅有上中下，用水时次第开楅放几分、留几分，灌田养鱼两不相妨。此塘之例也。近乃垦而为田，塘不蓄水，或仅存小沟，其流单弱，无以及远。是当严禁垦塘，不可图目前升科小利致荒熟田也。他如作行工、打陂头、疏坑濬井，农人皆能自谋。留心民瘼者，不时巡行阡陌，以警劝之，则水为灌溉者有利无害矣。①

---

① （清）吴宗焯修、温仲和纂：光绪《嘉应州志》卷8《礼俗》，《中国方志丛书》，成文出版社 1968 年版，第 66 页。

事实上，因为民众生计几乎完全依赖所在地生态环境而为其所左右——这是生态型民生群体典型的生存状态。显然，随着山林被大量砍伐，林地生态系统失衡，水土流失加剧，这不仅改变了原本便利的山溪灌溉系统，而且造成自然灾害频发，灾害破坏的严重程度增强。

（二）祸不单行，自然灾害频发

山地森林生态环境遭到破坏而逐渐形成"灾害环境"，生态环境脆弱性增加，自然灾害发生频率也随之增加。

> 顺治五年大饥。署县事林羽仪捐俸劝赈，发粟煮粥，全活甚多。

> 康熙五年旱疫。（康熙）十六年大饥。时值兵燹之后，谷价腾贵。署县事潘继贤多方劝赈煮粥发给，民感其德，勒碑南门外记其功。（康熙）三十六年春大饥，知县刘世济、乡绅李象元等沿乡劝赈，全活多人。（康熙）五十七年夏大水，盐价腾贵。秋复大水，颓倒民房田地甚多。

> 雍正四年春大饥，署县事尹正鼐沿乡劝赈，设厂煮粥，全活无数。秋大水，五日方退。颓倒房屋田地甚多。（雍正）五年春大饥，知县王国禧劝捐煮粥，夏大水。六七二年虎患甚炽，平远镇平远界地方伤人尤多。（雍正）十二年地震。

> 乾隆六年春夏间旱，米价腾贵，知州李匡然发粟常平仓谷，立法周详，民沾实惠。（乾隆）七年旱。（乾隆）十三年旱。（乾隆）十五年春三月大水，倒淹房屋田畴，李坑长滩等处尤甚。（乾隆）十六年八月地震。（乾隆）二十二年大旱。（乾隆）三十四年大饥，知州缪□劝赈。（乾隆）四十年大水，淹没田庐人畜无算。

> 道光六年大水。是岁饥，汹汹不可终日。市有掠者。知州金锡鬯杖毙一人。集绅耆捐赈始安。（道光）十二年夏大饥，各堡殷户捐赀赈济。（道光）十三年大饥。（道光）十七年大水，为数十年所罕睹。（道光）二十二年七月大雨雹，洪水为灾。（道光）二十三年八月大雨，平地水深三尺。

> 咸丰元年自春至四月八日始雨，早稻歉收。（咸丰）七年二月至五月

不雨，斗米千钱，饥民请赈，哗于州署。不期而集者千人。秋大水，冬麦虫生。（咸丰）八年红头虫食麦殆尽。（咸丰）九年饥。

同治二年冬旱甚，有虫大如箸，长寸许，所在麦苗无存者。（同治）三年七月大水。水灾之甚，至乾隆乙未至此再见云。（同治）四年四月大饥，千钱只易米六七升。五六月间时疫流行，道馑相望。（同治）六年六月大雨，知州周士浚亲诣各乡勘验水荒。（同治）八年大雨雹。（同治）十年大水。

光绪元年大水。（光绪）十四年大水。（光绪）十五年大水，下游西阳丙村松口一带虫孽繁兴，田禾木叶路草仅有存者。（光绪）二十年七月地震。（光绪）二十一年至二十三年频饥。各堡殷富买米平粜。五月大雨，水上游河田四都南口长滩等处房屋田地淹没甚多。①

生态型民生何止于清代嘉应州。明清时期，整个韩江流域民众生计也是强烈依赖韩江流域内生态环境的。因此，明清时期韩江流域的民生，也是生态型民生。而生态型民生又何止于韩江流域，明清时期，无论是种植业还是逐水草而居的畜牧业，都对生态环境具有强烈的不可替代的依赖性。换言之，明清时期的民生，尽皆生态型民生。

（三）生态环境影响民众风习

风习是一种普遍存在的社会现象。相对固定于某一区域内的社会群体，由于长期生活在共同的地理空间与生态环境当中，有着共同的历史，有着相似的具有地域性的经济社会生活方式与内容，以及大致相同的人文地理环境，也逐渐形成彼此认可并流行的风习。事实上，一定区域内没有风习的社会群体是不存在的。诚如学者陈业新先生所论："风习包括风尚和习俗，是一定社会群体在心理、思维、语言、行为习惯和社会舆论倾向的根本反映，是该群体在共同的环境下生产、生活中自发地、逐步地产生和形成的，并在该群体

---

① （清）吴宗焯修、温仲和纂：光绪《嘉应州志》卷30《灾祥》，《中国方志丛书》，成文出版社1968年版，第568—569页。

中流行和传承。”[①]

生态环境与生活其中的民众风习是什么关系？或者说有没有关系？毋庸置疑，人是自然的产物，人生活周围的生态环境影响人的思想意识，这是一个基本事实。因为“人（和动物一样）靠无机界生活……从理论领域说来，植物、动物、石头、空气、光等，一方面作为自然科学的对象，一方面作为艺术的对象，都是人的意识的一部分，是人的精神的无机界，是人必须事先进行加工以便享用和消化的精神食粮；同样，从实践领域说来，这些东西也是人的生活和人的活动的一部分。人在肉体上只有靠这些自然产品才能生活，不管这些产品是以食物、燃料、衣着的形式还是以住房等的形式表现出来”[②]。清代嘉应州生态环境恶化，自然灾害增多，民众抗灾自救能力越来越弱，生态环境对民众风习影响力因之加大（见图 6–2）。

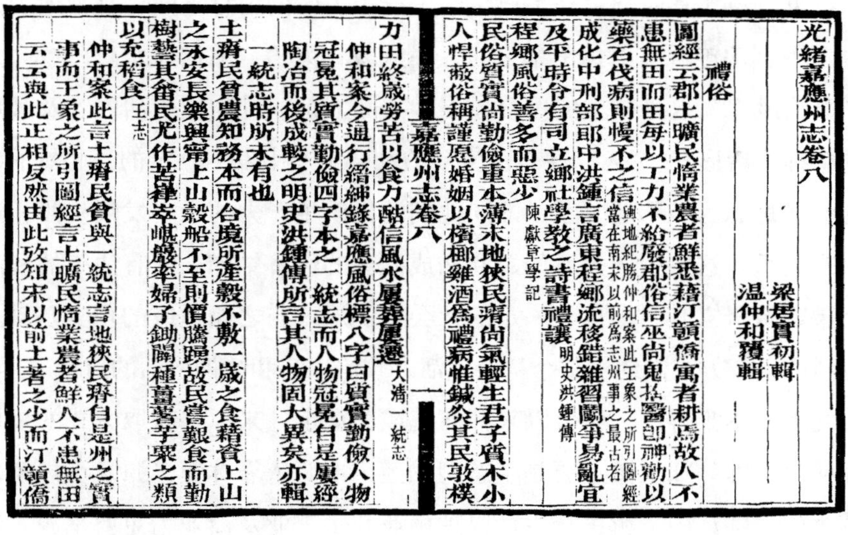
光緒嘉應州志卷八
梁居實初輯
温仲和覆輯
禮俗
圖經云郡土曠民惰業農者鮮悉藉汀贛僑寓者耕焉故人不
患無田而田每以工力不給廢郡俗信巫尚鬼拯醫卽神祝以
藥石伐病則慢不之信 輿地紀勝仲和案此王象之所引圖經當在南宋以前爲志州事之最古者
成化中刑部郎中洪鍾言廣東程鄉流移錯雜習鬬爭易亂宜
及平時令有司立鄉社學教之詩書禮讓 明史洪鍾傳
程鄉風俗善多而惡少 陳獻章學記
民俗質實尚勤儉重本薄末地狹民瘠尚氣輕生君子質木小
人悍蔽俗稱謹愿婚姻以檳榔雞酒爲禮病惟鍼灸其民敦樸
嘉應州志卷八 一
力田終歲勞苦以食力酷信風水屢葬屢遷 大淸一統志
仲和案今通行縉紳錄嘉應風俗標八字曰質實勤儉人物
冠冕其質實勤儉四字本之一統志而人物冠冕自是屢經
陶冶而後成較之明史洪鍾傳所言其人物固大異矣亦輯
一統志時所未有也
土瘠民貧農知務本而合境所產穀不敷一歲之食藉資上山
之永安長樂興甯上山穀船不至則價騰踴故民營艱食而勤
樹藝其畬民尤作苦犇萃巘巖率婦子鋤闢種藷薯芋粟之類
以充稻食 王志
仲和案此言土瘠民貧與一統志言地狹民瘠自是州之實
事而王象之所引圖經言土曠民惰業農者鮮人不患無田
云云與此正相反然由此攷知宋以前土著之少而汀贛僑

图 6–2　光绪《嘉应州志》卷 8《礼俗》内容截图

资料来源：（清）吴宗焯修、温仲和纂：光绪《嘉应州志》卷 8《礼俗》，《中国方志丛书》，成文出版社 1968 年版，第 125 页。

① 陈业新：《明至民国时期皖北地区灾害环境与社会应对研究》，上海人民出版社 2008 年版，第 286 页。

②《马克思恩格斯全集》第 42 卷，人民出版社 1979 年版，第 95 页。

事实上，民众习俗多因长时段的经济生产与生活方式影响使然。清代嘉应州民众风习在一定程度上是清代及清以前嘉应州区域的民众生产生活的区域性生态环境内化于民众内心的一种生产生活表现形式与价值尺度及内容。据《大清一统志》载：清代嘉应州"民俗质实，尚勤俭，重本薄末。地狭民瘠，尚气轻生。君子质木，小人悍蔽，俗称谨愿。婚姻以槟榔、鸡酒为礼。病惟针灸，其民敦朴，力田终岁，劳苦以食力。酷信风水，屡葬屡迁"①。光绪《嘉应州志》亦称："本朝休养生息，丁口繁滋。故在国初之时，已有人多田少之患，况更二百余年以至于今，物力之不支，民生之日困，固其宜也。士大夫谨约自好，以出入公庭为耻。温饱之家益敦俭素，输赋奉公，不事鞭扑。士喜读书，多舌耕。虽困穷至老，不肯辍业。近年应童子试者至万有余人。"②

可见，清代嘉应州民众主要生活生产于山区的山林之间，且为地少人多环境之中。常年耕垦山林田湖之间，民众敦朴力田，酷信风水。"重本薄末"与"酷信风水"这种基本的民众风习，实际上是一种物质生活内容及其形而上的精神生活形式。"人们在自己生活的社会生产中发生一定的、必然的、不以他们的意志为转移的关系，即同他们的物质生产力的一定发展阶段相适应的生产关系。这些生产关系的总和构成社会的经济结构，既有法律的和政治的上层建筑竖立其上，也有一定的社会意识形式与之相适应的现实基础。物质生活的生产方式制约着整个社会生活、政治生活和精神生活的过程。"③

综上，不难得出，明代以来韩江流域民众生计来源与获取方式的地域性特征明显，即韩江上游主要是生态型民生，主要依靠林业资源及小规模山地种植为生；韩江中下游民众生计以种植业与手工业及商业为主要来源。韩江

---

① （清）吴宗焯修、温仲和纂：光绪《嘉应州志》卷 8《礼俗》，《中国方志丛书》，成文出版社 1968 年版，第 125 页。

② （清）吴宗焯修、温仲和纂：光绪《嘉应州志》卷 8《礼俗》，《中国方志丛书》，成文出版社 1968 年版，第 125 页。

③《马克思恩格斯选集》第 2 卷，人民出版社 1972 年版，第 82 页。

流域上下、韩江两岸民众共饮一江水，是典型的流域内生态命运共同体，韩江上游生态环境直接影响到韩江中下游民生。若从清代嘉应州生态型民生视角继续审视传统社会变迁故实，生态型民生当是一种解释模式。

第七章　综合治理与秀水长清

——新中国以来韩江流域生态环境问题与思考

党的十八大作出"大力推进生态文明建设"战略部署，首次明确"美丽中国"是生态文明建设的总体目标，提出"坚持人与自然和谐共生"基本方略，建设美丽中国。习近平总书记多次对"美丽中国"建设作出重要指示和形象描述，要求贯彻创新、协调、绿色、开放、共享的发展理念，推动形成绿色发展方式和生活方式，改善环境质量，建设天蓝、地绿、水净的美丽中国。①2018 年 5 月，在全国生态环境保护大会上，习近平总书记强调："生态环境是关系党的使命宗旨的重大政治问题，也是关系民生的重大社会问题。我们党历来高度重视生态环境保护，把节约能源和保护环境确立为基本国策，把可持续发展确立为国家战略。"②2020 年 10 月 12 日，习近平总书记视察广东省潮州市，专门察看韩江水情。习总书记明确要求"要抓好韩江流域综合治理，让韩江秀水长清"③。

笔者遵循山水林田湖草是生命共同体理念，从"问题、出路与思想观念"维度检视新中国成立以来韩江流域生态环境变化情况，直面当前韩江流域生态环境问题，探究"让韩江秀水长清"的综合治理方案。

---

① 全国干部培训教材编审指导委员会组织编写：《推进生态文明　建设美丽中国》，人民出版社、党建读物出版社 2019 年版，第 1—2 页。

② 习近平：《习近平谈治国理政》(第 3 卷)，外文出版社 2020 年版，第 359 页。

③《以最大的能力在更高起点上推进改革开放在全面建设社会主义现代化国家新征程中走在全国前列创造新的辉煌》，《人民日报》2020 年 10 月 16 日。

第一节 共生关系与相害事实

新中国以来，党和国家高度重视环保工作，重视农田水利建设与植树造林，重视河流综合治理，韩江流域植树造林成效也较为明显。然而，也有失当之举，如环保政策反复或其具体实施过程中"走样变形"。人因自然而生，人与自然是一种共生关系，对自然的伤害最终会伤及人类自身。新中国以来，韩江流域生态环境经历哪些变化？从这些变化当中我们应该吸取哪些经验与教训？笔者查阅相关文献资料、研究成果及开展田野调查，略作概述。

一、1949—1980 年：生态环境问题与民生问题

20 世纪 50 年代，韩江流域一些生态环境问题实际上是历史上逐年累积而成的。如森林面积缩小、河湖堰塞等，与清代及民国时期滥垦滥伐是有关系的。改革开放前，由于农业生产力水平不高，人口增长过快，为解决吃饭问题，包括韩江流域在内的一些地区出现毁林开荒、毁草开荒、填湖造地等盲目扩大耕地面积的一些做法。除此，工业生产、城镇发展等也对生态环境产生一定的负面影响。概要说来，1949—1980 年韩江流域生态环境主要存在以下问题。

（一）滥垦滥伐，水土流失加剧

1949—1980 年，韩江流域多次遭到过度开发与滥垦滥伐，导致一定程度的生态环境恶化，一些地区水土流失加剧，韩江上游山地成为严重的水土流失地区。韩江含沙量增加，造成部分地区良田沙化甚至撂荒而无法耕作。

据陈宏强等研究，20 世纪 50 年代，韩江流域森林的覆盖率较低，水土流失较为严重；20 世纪 60 年代，由于 20 世纪 50 年代植树造林发挥了效益，流域的森林生态平衡有了改善，水土流失状况有所减轻；然而 20 世纪 70 年代，由于乱砍滥伐森林，造成森林生态平衡严重失调，水土流失更加严重。如横山站 20 世纪 70 年代比 20 世纪 50 年代的年均输沙量增加了 74.0 万立方

米，年均侵蚀模数增加了25.39吨/平方公里。从梅江流域森林植被覆盖情况来看，据统计，1979年全梅县地区森林的生长量为50.21万立方米，而森林的消耗量却达到75.228万立方米；1980年全区森林的生长量比1979年减少了，而消耗量却达到100万立方米以上。1975年全地区的荒山有239万亩，而1980年却达到370万亩，加上稀疏残林山地705万亩，森林生态平衡失调达到相当严重的地步。五华县森林生态平衡破坏的情况更加突出，自1978年以来，群众砍伐林木达84万亩之多，消耗掉木材168万立方米。1975年普查五华县的有林地达258万亩，木材蓄积量达171.6万立方米，而1980年年底木材的蓄积量降至118万立方米，减少了53.6万立方米。[①]

1949—1980年，韩江流域因滥垦滥伐而造成水土流失问题加剧，特别是山区及丘陵地区因森林被毁而沦为水土流失主要区域。如五华县在20世纪70年代土壤年均侵蚀模数达617.0吨/平方公里，最高达964吨/平方公里，全县有水土流失的面积占山地面积的三分之一。到20世纪80年代初，全县有1000多亩良田变成沙坝，受泥沙冲积威胁的农田有3000亩，1.8万亩水田变成旱田。全县有551个水库，受泥沙淤积的达362个，淤积在水库的泥沙共达五百多万立方米。[②]

（二）水旱威胁加大，洪灾频发

1949—1980年，韩江流域上游水土流失加剧，水旱灾害随之增多，流域内生态环境也发生直接或间接变化。如李平日等研究表明：

> 韩江的洪水发生率很高，1951—1983年平均每1.17年发生1次（超过潮安站13.5米防洪警戒水位），而历史上为5—6年发生1次。主要原因是上游土壤侵蚀加剧，下游河床淤高，滨海围垦使河道延长，以及建桥闸等。近三十年来，旱情比较严重的有十一年，比历史时期的旱情频

---

① 陈宏强、吴修仁、林作森：《韩江流域自然生态平衡问题的初步研究》，《韩山师专学报》1981年第1期。

② 陈宏强、吴修仁、林作森：《韩江流域自然生态平衡问题的初步研究》，《韩山师专学报》1981年第1期。

繁。现有灌溉工程虽能抗御较严重的干旱，但特大旱年水量不足。全区约有 360 平方千米低洼平原，其中易涝地达 43 万亩。[①]

历史上，韩江流域水灾最多，破坏也最大。1949—1980 年，韩江流域水灾仍然是最主要的灾害，洪水频繁。李平日等研究得出：

> 解放后，韩江三角洲以潮安站 13.50 米（韩江基面，下同）为防洪警戒水位。1951—1983 年的 32 年中，有 27 年 70 次超过警戒水位，最多的一年出现 8 次，平均每年出现 2.1 次。超过警戒水位的总历时为 129 天，平均每年 3.9 天，其中 1983 年总历时 19.1 天，最高洪水位为 16.95 米（1964 年 6 月 17 日）。1951—1983 年，水位超过 15.0 米的有 11 年，共 18 次，总历时 28.5 天，平均每年 0.9 天，最多的是一年出现 4 次（1973 年），历时最长的是一年共 5.5 天（1961 年）。水位超过 16.5 米的有 2 年（1960、1964 年）2 次，历时 2.5 天。最大的洪水流量为 13300 平方米／秒（1960 年 6 月 11 日），最高洪水位时的流量为 12700 立方米／秒。最高流量超过 5000 立方米／秒的有 28 年，超过 8000 立方米／秒的有 10 年（1957、1959、1960、1961、1964、1967、1968、1970、1973、1983 年），超过 10000 立方米／秒的有 6 年（1959、1960、1961、1964、1970、1973 年）。潮安站水位 15.80 米、流量 9770 立方米／秒为五年一遇，16.50 米、11800 立方米／秒为十年一遇，17.10 米、13700 立方米／秒为廿年一遇，17.80 米、16000 立方米／秒为五十年一遇，18.40 米／秒、17800 立方米／秒为百年一遇洪水。按此标准，解放后出现过 5 次超过五年一遇，2 次超过十年一遇的大洪水。超过五年一遇的大洪水，三次在夏季（6 月份），两次在秋季（9 月份）。超过十年一遇的大洪水，一次在夏季，一次在秋季。而且，1960 年和 1964 年的大洪水已接近廿年一遇的标准。若以潮安站防洪警戒水位为准，有 29 年出现洪水；

---

① 李平日、黄镇国、宗永强、张仲英：《韩江三角洲》，海洋出版社 1987 年版，第 1 页"绪论"。

若以潮安站高水位 14.5 米为准，则有 16 年出现洪水。按前者，每 1.17 年一次；按后者，每 2.13 年一次。总之，洪水发生率高，为明代（6 年 1 次）和清代（4.6 年 1 次）的 3—6 倍和 2—4 倍。[①]

事实上，河流生态系统是一个整体系统，包括人在内的流域内的生物、有机物与无机物等构成一个生态共同体和生命共同体，相互依存，休戚相关。因此，无论哪一部分河段或某一环节出现生态环境问题，其他部分都会发生连带反应。1949—1980 年，韩江流域生态环境以水环境为主体发生异化，使得整个生态环境发生"病变"，生态环境呈现灾害环境特征。究其所以然，是韩江流域人口增加较快，城镇建设规模扩大，非农用地增加。由于城镇发展及乡村住房建设，韩江流域特别是韩江上游山地林木砍伐量增多而造成水土流失加剧，水域治理及堤坝维护还存在很多问题，整个流域内生态环境都发生直接或间接变化。

（三）耕地面积逐年减少，生态环境问题就是粮食问题

生态兴衰，民生随之。当人们无序开发、粗暴掠夺自然时，自然的惩罚必然是无情的。为了短时间内快速增加粮食产量和生活资料，采取滥垦山地草原、滥伐林木、肆意围堵湖堰泊泽的杀鸡取卵做法，最终还是"卵碎鸡亡"。

1949—1980 年，韩江流域因滥垦滥伐而造成水土流失问题加剧，大量良田被毁。如五华县在 20 世纪 70 年代到 80 年代初，全县有一千多亩良田变成沙坝，受泥沙冲积威胁的农田有三千亩。[②]韩江三角洲耕地逐年减少，1957—1984 年，潮州市、澄海县、汕头市分别缩减耕地 7.73 万亩、7.3 万亩、6.57 万亩……全区约有 360 平方千米低洼平原，其中易涝地达 43 万亩。[③]汕头市

① 李平日、黄镇国、宗永强、张仲英：《韩江三角洲》，海洋出版社 1987 年版，第 244 页。

② 陈宏强、吴修仁、林作森：《韩江流域自然生态平衡问题的初步研究》，《韩山师专学报》1981 年第 1 期。

③ 李平日、黄镇国、宗永强、张仲英：《韩江三角洲》，海洋出版社 1987 年版，第 1 页"绪论"。

1984 年的耕地面积仅为 1957 年的 78.85%，减少了 2.88 万亩，平均每年减少 0.107 万亩。潮州市和澄海县的耕地面积，1984 年比 1957 年分别减少了 7.73 万亩和 5.45 万亩，平均每年减少 0.286 万亩和 0.202 万亩。[①] 据此可知，新中国成立至 1980 年，韩江流域农业地理环境已经变化情况，耕地面积逐年减少，粮食问题不仅没有解决，反倒加剧生态环境问题。环境就是民生，粮食问题是最大的民生问题。

二、1980 年以来韩江流域生态环境问题

20 世纪 80 年代是韩江流域生态环境剧变阶段。是时，韩江流域经济发展与环境保护矛盾时或激化，特别是韩江中上游滥用自然资源，毁林造田，植被破坏严重，水土流失问题突出，造成水旱灾害频发、水域污染等诸多环境问题频发。其后一段时间，生态环境虽有改善，却未根本好转。党的十八大以来，国家推进生态文明建设，推动绿色发展，韩江流域绿色发展方式与生活方式逐渐形成。回顾 1980 年以来韩江流域生态环境变化情况，直面存在的问题，无疑有利于多方寻找韩江流域生态环境综合治理方案。为此，笔者与研究团队成员[②]在查阅相关研究成果与实地调研基础上，整理成如下文字。

（一）水土流失问题由严重而有所控制，但是仍然存在

韩江流域水土流失问题是一个老问题。1980 年以来，整个韩江流域城市化推进速度加快，工业生产规模化扩大，滥垦滥伐并未根本解决，这些造成了流域内林地大面积减少，土地保蓄雨水、调节径流作用日益减弱，出现中小雨也能成灾的不正常现象，水土流失问题突出。

1991 年张淑光等研究得出，当时韩江上游十个县（区）水土流失总面积 2907.8km²，约占广东省水土流失面积的 30%，其中面蚀 1930.7km²，沟蚀 693.4km²，崩岗 283.7km²。有些乡、镇水土流失面积之大竟占总土地面积的 60% 以上，如五华县的油田乡达 63%，新桥乡达 60%。到处出现光山秃岭，

---

① 李平日、黄镇国、宗永强、张仲英：《韩江三角洲》，海洋出版社 1987 年版，第 237 页。

② 本部分作者为赵玉田、何潘、王滨琪、刘洁纯、肖晓璇、江锦熙、吴倩倩等。

土地破碎，水源枯竭，生态环境恶化，水旱灾害频繁。韩江上游水土流失逐年加剧，破坏土地资源，土壤肥力退化；土壤侵蚀还使土壤养分大量流失，土壤肥力递减；河道淤塞、航程缩短，减少水电效益。淤塞山塘水库，减少水利工程效益和寿命。生态环境恶化，自然灾害频繁。[①] 此外，潮州附近韩江河床平均每年提高 3.5 厘米，30 年来就淤高 1 米多。下游河床不少地段已高出两岸平原成为"地上河"，每当暴雨之时既危及堤防又易造成涝灾，长此下去势必出现"韩江之水天上来"的可怕局面。[②]

2000 年以来，韩江流域绿化率逐渐增加，上游原本严重的水土流失问题得到一定程度控制。但是，城市化与工业化进程加快，加之区域农产品种植种类单一等问题，水土流失问题依然存在。如王敬贵等以 2008 年 10 米分辨率的 Alos 多光谱遥感影像为数据源，采用人机交互解译方法，对韩江上游水土流失现状进行了遥感分析。结果表明：韩江上游土地利用以林地和耕地为主，植被覆盖状况良好，但地形陡峭，水土流失面积达 5102.56 平方公里，侵蚀强度以轻度为主，主要分布于广东境内梅江及其支流两岸五华、梅县、兴宁和平远县的山丘区，以及福建境内汀江流域上中游上杭、长汀、武平和永定县的山丘区。[③]

（二）水旱等自然灾害频发，灾害性环境仍然作祟

韩江流域地处亚热带东南季风区，高温湿热，暴雨频发，易发洪灾，台风灾害较多，还处于地震带。可以说，韩江流域是鱼米之乡，也是灾害性环境，灾害种类多，包括水灾、旱灾、虫灾、风灾、地震、山体滑坡、泥石流等。这种灾害环境，如果生态环境遭到破坏，很容易发生环境灾害。如 20 世纪 90 年代，韩江流域植被破坏严重。因此，当遭遇强降雨天气时，高强度的

---

① 张淑光、钟朝章、古彩登：《韩江上游水土流失和治理》，《泥沙研究》1991 年第 1 期。

② 张淑光、钟朝章、古彩登：《韩江上游水土流失和治理》，《泥沙研究》1991 年第 1 期。

③ 王敬贵、金平伟、刘超群、杨德生：《韩江上游水土流失现状遥感分析》，《亚热带水土保持》2013 年第 4 期。

降水更容易将地表土壤冲走，导致泥沙淤积，加剧水土流失程度。加之这一时期水利基础设施比较薄弱，河堤防洪标准偏低，因此水旱灾害频发。台风也是韩江流域主要灾害。如2006年5月18日，强台风"珍珠"在澄海和饶平之间登陆，带来大风和大暴雨，汕头、潮州、揭阳、汕尾、梅州5个市不同程度受灾，一批水利工程、电力、通信等基础设施受损严重，水产养殖损失较重，农作物受灾面积较大。①

另外，韩江流域由于雨热同期，易发旱灾。21世纪以来，韩江流域发生数次严重旱灾。如2001年9月下旬至2002年6月上旬，汕头市共有263天没有下过降雨量大于20毫米以上的透雨，出现了秋、冬、春、初夏连旱，连续高温少雨天气创汕头51年有资料以来的历史纪录；2004年韩江流域又遭遇历史上罕见的秋、冬、春、夏连旱；2007年发生伏旱，7月梅州市降雨仅42.1毫米，比往常年同期少约8成，持续高温少雨天气使梅州市农田大幅减产甚至绝收，晚稻无法插播；2008年10月下旬至2009年2月，韩江流域发生冬、春连旱，潮州市降雨量仅20.8毫米，较历史同期少近8成，连续无透雨天数超过130天。②

（三）生物生境屡遭变异，生物多样性受到破坏

韩江流域可划分为山地丘陵区和三角洲平原区两大部分，分属两个不同的生物气候带，森林较多，适合多种生物生息繁衍。问题在于，生态环境遭到人为强烈干扰，三角洲平原区林地面积大量减少，加剧水土流失问题，也加剧水旱灾害的严重程度，同时对森林生态系统中的生物多样性也是一个极大打击。因为林地面积大量减少，首当其冲受到影响的是植物。植物又是部分动物及微生物的栖息地，动物以及微生物也受到影响。长此以往，韩江流域物种多样性以及生态系统多样性都会受到不利影响，生物多样性也将会减

---

① 林洁：《台风"珍珠"袭击粤闽　百万民众大转移》，《中国青年报》2006年5月19日第3版。

② 刘远：《不同数据源集在韩江流域分布式水文模拟中的应用评价》，博士学位论文，华南农业大学2016年，第11—12页。

少，不利于社会的可持续发展。

如 1996—2006 年，韩江流域约有 2315.0 公顷林地转化为耕地，2447.9 公顷林地转化为建设用地，963.0 公顷林地转化为未利用地，269.1 公顷和 319.2 公顷的林地转化为草地和水域。[①] 若从 1986 年为上限检视，韩江流域于"1986—2006 年间，山地丘陵区的林地面积不断增加，但三角洲平原区的林地不断减少；1986—2006 年间，山地丘陵区的水域面积不断增加，但三角洲平原区的水域面积不断减少"[②]。

水域生境也屡遭破坏。20 世纪 80 年代以来，韩江流域自然资源不合理开发利用造成水生生态环境受到不同程度破坏。如 2008 年底，石窟河上的长潭水库出现蓝藻水华现象。蓝藻水华爆发会阻挡阳光，耗尽水中的氧气。更为严重的是，它会导致水质恶化，威胁人们的生命安全。2012 年 9 月，长潭水库发生蓝藻水华叶绿素浓度普遍较高，水体发生蓝藻爆发的概率增大，危害程度不断加重。[③] 另外，近年来，海水养殖在韩江出海口的海涂利用中占主要地位，围垦海涂过程中会不自觉地破坏海水养殖生态环境；盲目围海造田堵截了海水，水体淡化，鱼类和贝壳的苗源发生地及洄游区被毁，鱼群无法回游产卵，而未开垦的外湾也会缺少苗种而致养殖产量下降。另外，目前韩江干流和汀江已建梯级过鱼通道。虽然梯级主体工程中的水闸、发电排水闸、船闸等通道在一定程度上可作为鱼类的洄游通道，但因为水位落差大、流速过快、发电机轮叶损伤、运营时间与洄游时间不重合等阻隔了鱼类的洄游。韩江干支流梯级建成后，鱼类的洄游路线被人为切断，以花鳗鲡为代表的洄

---

① 张正栋：《韩江流域土地利用变化及其生态环境效应》，地质出版社 2010 年版，第 38 页。

② 张正栋：《韩江流域土地利用变化及其生态环境效应》，地质出版社 2010 年版，第 39 页。

③ 黄鹤、李冬、赵晓晨：《广东梅州长潭水库水环境生态健康评估》，《人民珠江》2015 年第 2 期；刘远：《不同数据源集在韩江流域分布式水文模拟中的应用评价》，博士学位论文，华南农业大学 2016 年，第 13—14 页。

游性鱼类数量逐年下降，而其他半洄游性鱼类的种群规模也受到影响。① 另外，近年来，在韩江部分河段，还存在无序和过量采砂导致河床严重下切等问题，部分干支流水位有所下降，蓄水功能低下，水质受到严重影响，可利用水生资源量逐渐减少，水资源的供需矛盾日趋尖锐。

（四）居民环保意识不强，生产及生活垃圾等不时污染韩江水质

环境保护，绿色发展，利国利民，利人利己。然而，一些居民的环保思想意识还未得到提升，漠视生态环境重要性与极端利己思想仍然在作祟。

20世纪80年代以来，民众肆意占据河道非法养殖，时常在江边屠宰鸡鸭猪牛且将血水污水杂物等直接丢弃在韩江边事件频发，还有餐饮业污水垃圾与生活生产污水未经处理直接排入韩江，污染韩江水质。如2017年，韩江流域滨江长廊段出现近百米长的漂浮物，包括树条、泡沫箱等垃圾。② 再如2018年5月17日上午，潮州市纪委督查组来到位于东兴北路桥东自来水厂仅一墙之隔的原潮州市造船厂，看到该处厂房破破烂烂，已经被改造为砖厂，工作人员正在忙活着，运沙车正在卸载沙土，推土机将沙土搬进搅拌机里，霎时厂区里尘土飞扬，风一吹，尘土便飞向桥东自来水厂和韩江的江面去，江边的绿化树都蒙上了一层白灰，而距离砖厂约200米处的水域便是桥东水厂的取水口。督查组在砖厂厂区看到，厂区内没有设置任何降尘及治污设备，作业时扬尘问题突出，厂区地面沿韩江边露天堆积大量沙土和煤炭，一旦下雨，渗透水将直排韩江，严重影响周边环境。③

---

① 邵伟、黄亮、罗昊、车银伟：《韩江流域生态环境保护定位研究》，《环境与发展》2019年第6期。

② 丁玫：《韩江江面现漂浮物》，《潮州日报》2017年6月16日第11版。

③《潮州市纪委督查组暗访韩江饮用水源保护区查到这些问题！》，潮州电视台2018年5月20日，http://gd.sina.com.cn/news/chaozhou/2018-05-20/detail-ihaturft1561603.shtml。

第二节　治理举措与治理效果

韩江流域内的人口在千万以上，主要分属客家民系与潮汕民系。一方水土养育一方民众。韩江被称为客家人与潮汕人的"母亲河"与"生命河"。20世纪80年代，韩江流域生态环境治理工作也陆续开展起来。尤其是近些年，韩江流域生态环境治理取得可喜成就。然而，潜在的"环保怪圈"还是存在的。即韩江流域生态环境事实上曾陷于"破坏—保护—破坏—保护"怪圈，而且重复"环保怪圈"的可能性还是存在着的。当然，"环保怪圈"成因是多方面的。

一、生态环境治理举措

（一）建章定制，增加经济投入，治理水土流失

为更好治理韩江流域的水土流失问题，地方政府部门高度重视，采取多种举措。早在1985年10月，广东省六届人大三次会议通过"韩江上游水土流失区整治及利用议案"，决定1986—1995年由省财政和省农口每年筹集620万元（因物价上涨，1992—1995年每年又增加335万元），用于整治韩江上游3240平方千米的严重水土流失问题。同时，在20世纪90年代至21世纪初，为开发韩江丰富的水能资源，潮安水文站上游建立多个梯级水电站、水库和枢纽，拦蓄了大量泥沙。2002年潮安水文站下游潮州供水枢纽开始建设，回水顶托至潮安水文站断面上游20多公里处，水动力减弱，改变了泥沙运动形式，进一步减少该站泥沙含量。[①] 据相关研究表明：韩江流域1955—2012年输沙量曲线呈凸字形，输沙量先增加后下降，1982年以来输沙量显著下降。[②]

---

① 赵兰：《韩江潮安水文站水沙特征分析》，《广东水利水电》2019年第1期。
② 杨传训、张正栋、张倩、董才文、万露文：《1955—2012年韩江入海径流量和输沙量多尺度变化特征》，《华南师范大学学报》（自然科学版）2017年第3期。

（二）实施韩江流域"复绿"，恢复韩江流域水生生态系统

为更好治理韩江流域的水土流失问题，近年来，韩江流域各地政府部门开展植被种植工作，如梅州市、潮州市、汕头市等加大流域内"复绿"工作力度，近年来取得非常好的效果，有力地推进了韩江流域的生态文明建设。

除了韩江流域复绿工作，恢复韩江流域水生生态系统也是政府部门重点开展的工作之一。如 2011 年 6 月 8 日，潮州市海洋与渔业局在韩江隆重举行第四届广东"休渔放生节"潮州分会场活动。本次活动共向韩江投放鳊鱼、鲤鱼、鲫鱼等苗种 25 万尾。据报道，自 2008 年至 2011 年，潮州市已连续 4 年开展"休渔放生节"活动，并得到了社会各界广泛关注和支持，广大市民保护资源生态环境的自觉性和主动性有明显提高，民间组织及个人的放生活动越来越多，放生品种日趋规范科学，放生规模和数量逐步增大。据不完全统计，潮州市向韩江和饶平海域放生的各种鱼苗累计已超 400 万尾，放生活动收到了明显的社会效益、生态效益和经济效益。据跟踪调查结果看，持续的增殖放流使韩江和潮州市海域主要经济鱼类种群数量均得到不同程度恢复和增加。"休渔放生节"活动的倡导理念是生物多样性、人与自然和谐共处。①

（三）中央政府大力支持，跨省整治韩江流域水环境

"君住韩江头，我住韩江尾。江头污水来，顺流到江尾。"这首打油诗虽然有些夸张，但也说明一个事实，即韩江治污与韩江流域生态环境治理必须整体规划、统一部署，加强合作，全面展开，单打独斗是不能根治的。

梅州的长潭水库的水源主要来自福建龙岩武平县。2006 年以前，武平县的来水便经常是劣 V 类，导致蕉岭县的长潭水库、多宝水库水质大幅下降。从 2007 年开始，武平县的来水分别降至 IV 类和劣 V 类，长潭水库库尾曾发生大面积的蓝藻水华。事实上，水质滑坡背后，是畜禽养殖、生活污染源、稀土矿非法开采和农业污染源在作怪，特别是畜禽养殖业。据悉，20 世纪末，

---

①《倡导科学放生　维护韩江水生物种延续》，http://www.chaozhou.gov.cn/gkmlzl/content/post_3534858.html（潮州市人民政府门户网站），2011 年 6 月 9 日。

投入小、见效快的养猪业在梅州、龙岩、赣州市寻乌县等地发展起来，迅速成为当地支柱产业。到 2014 年，梅州的出栏生猪近 268 万头，其中多宝、长潭两个水库所在的蕉岭县，获得国家生猪调出大县的奖励。与蕉岭交界的武平县，也是全国生猪调出大县，仅武平县象洞镇，养猪场就达到 1300 多间，年出栏生猪约 20 万头。养殖盛行，然而环保却跟不上。相关人士介绍，大多数的养殖户都缺乏废水、排泄物的处理设施，大量未经处理的畜禽养殖废水被直接排放到河中，部分养殖户甚至将病猪、死猪直接丢弃在沟渠中，成为污染的主要源头。在大埔上游，龙岩市永定区棉花滩水库，大量排入的养殖废水与过度的网箱养鱼流入，水质富营养化，水浮莲疯长，被戏称为"草原"。粤闽交界的河流流径短、流量小，环境承载能力本就薄弱，10 多年的乱排放，更让河流不堪重负。为了治污，2016 年 3 月，广东、福建签署生态补偿协议。按照规定，当上游来水水质稳定达标时，由下游拨付资金补偿上游；反之，则由上游赔偿下游。①

除了跨省域的横向生态补偿，韩江流域上下游的横向生态补偿也有望推行。汕头、河源、梅州、潮州各地也签了备忘录加强韩江水质保护合作。备忘录显示，各方推动建立韩江流域上下游横向生态保护补偿机制。按照"谁污染、谁治理，谁保护、谁受益"的原则，在区际公平、权责对等基础上推动签订韩江流域上下游横向生态保护补偿协议，强化政策引导和沟通协调，充分调动流域上下游地区的积极性，促进流域生态环境质量不断改善。②

可以说，近年开展跨省横向治理、跨市纵向治理韩江环境问题的举措是实现韩江生态环境区域性全面治理、全面好转的重要途径之一。

(四) 保护环境，人人有责，增强群众保护环境意识

韩江流域生态环境问题治理，单独凭借政府的力量是远远不够的，只有

---

① 马发洲、张文梅、甘宇生：《跨省治水转入"持久战"》，《南方日报》2016 年 11 月 2 日第 MC01 版。

② 谢庆裕：《粤四市签备忘录，加强水质保护合作，横向生态补偿有望在韩江推行》，《南方日报》2019 年 12 月 6 日第 9 版。

群众养成环境保护的自觉与自觉保护环境的行为，才能真正做到保护生态环境。对于广大民众来说，他们的生态环境保护的行为主要源于严格的环保法律措施与充分认可的环境保护意识。所以，加强民众生态环境思想教育与环保教育尤为重要。

近些年来，为了提高群众共同保护韩江的意识，号召群众积极参与韩江流域水环境保护工作，韩江流域各市地政府部门组织开展以"保护母亲河"为主题的徒步节、书画创作、承诺卡签名等系列活动，广泛动员干部群众关心、支持和监督韩江水质保护，着力在社会营造关爱保护母亲河的良好氛围。①

随着科学技术的发展，群众参与韩江流域环境综合整治已经不仅局限于线下活动了，群众在线上同样可以参与到韩江流域环境整治的工作中。潮州市政府依托智慧河长系统、"河长云"App，全面推动河长制信息化建设。此外，还开通了"潮州河长"公众号，实时报道韩江治理状况。②群众可以足不出户就了解到韩江流域的整治状况。同时也是监督相关部门落实整治行动的有效途径之一。

加强协作形成合力，共同保护母亲河。据了解，2019 年 3 月，潮、汕、梅三地检察机关共同签订《关于建立韩江流域生态环境和资源保护公益诉讼协作的意见》，形成公益诉讼工作合力，共同保护韩江流域生态环境和自然资源。三地检察机关加强协作，形成合力，为更好保护母亲河贡献检察力量。③

二、近年韩江流域生态环境治理成效

韩江流域生态环境治理，贵在真正形成绿色发展方式与生活方式；生态环境保护，贵在树立"绿水青山就是金山银山"的强烈意识，贵在优化环保

---

① 庞磊成：《韩江水质常年达到Ⅱ类以上标准》，《潮州日报》2016 年 6 月 22 日。

②《韩江潮州段成功入选全国示范河湖建设名单》，潮州市人民政府网，http://www.chaozhou.gov.cn/zwgk/zwdt/qsdt/content/post_3657106.html，2019 年 12 月 5 日。

③ 袁晓金：《潮汕梅三地检察机关建立公益诉讼区域协作机制，加强协作形成合力　共同保护母亲河》，《潮州日报》2019 年 9 月 9 日第 1 版。

管理体制，贵在持之以恒抓环保。针对韩江流域所存在的一系列生态环境问题，中央政府、广东省、韩江流域地市政府想尽办法对症下药，大力开展韩江流域综合整治工作，取得一些可喜成绩。

（一）"最美家乡河"

近年来，在潮州市政府各部门共同努力下，韩江流域综合整治取得显著成效。据报道，经过政府于2012年6月对韩江流域水质与生态环境综合整治后，河道里非法建筑物和非法船只被全部清理掉，江面上恢复了往日宁静，韩江潮州段也恢复Ⅱ类水质标准，又出现附近村民到江边挑水的景象。[①]2017年，韩江成功获评2017年度全国首届10条"最美家乡河"，也是广东省唯一入选的河流。另根据2018年广东省生态环境公报，在全省19条主要入海河流中，磨刀门、鸡啼门、横门、崖门、韩江、螺河和乌坎河入海口水质最好，为Ⅱ类水质。而在2019年广东省生态环境公报中，提及到了汀江闽粤省界断面（青溪）水质好转，水质类别由Ⅲ类好转为Ⅱ类。上述例子都是政府的成绩单，也是政府为韩江流域的综合整治所付出巨大努力和心血的证明，同时还体现了政府为人民服务的宗旨。

（二）民众口碑中的治韩成就

韩江治理，百姓说好才是真好。2020年初，笔者开展实地考察，希望真切了解市民对韩江治理效果看法（评价），即群众对政府治韩口碑如何。

在潮州市韩江滨江长廊，受访者告诉我们，改革开放以来，随着韩江流域内人口增加及工农业快速发展，生产生活用水需求量越来越大，为了综合利用韩江流域水资源，达到防洪、灌溉、发电、供水、航运等目的，满足韩江流域经济发展的需要，韩江下游及其三角洲地区建造了大型供水枢纽，其中位于韩江下游湘子桥下游东溪口、西溪口附近的大型水利枢纽对潮州市居民生活产生了重大影响。因为"建了这个水利枢纽后，人民的生活用水各方面都有了保障，河水也不会泛滥，雨季的时候也不用那么担心，但是一些有

---

① 刘浚：《韩江潮州段再现村民挑水》，《南方日报》2012年11月27日第A12版。

害的物质也不会流动，就沉积在这江里了，鱼也比以前少了，吃起来也没有以前那么鲜美。凡事都有利有弊吧。利还是大于弊"。① 另一位受访者也称："以前干旱的时候，河（韩江）就小小的，我们家得从这边挑水去家里用。现在有了水利枢纽后，饮水有了保障。"②

这两位受访者都是潮州本地人，他们深爱韩江。他们认为韩江正朝着好的方向不断发展，对水利枢纽的作用给予了高度的肯定，认为水坝改善了城乡的供水条件。韩江流域地处亚热带东南亚季风区，属亚热带气候，气候高温湿热，暴雨频繁，那么在洪水期，水坝也可以蓄水，削减洪峰，起到了防洪的作用，让沿岸居民的生活更加舒适和安心。由此可见，政府的努力都被市民们看在眼里、记在心里，潮州市政府对韩江潮州段综合整治举措得到市民肯定。可以说，通过政府与群众共同努力，如今韩江流域山川秀美、草木茂盛，韩江水质越来越好，还给市民们提供了一个休闲娱乐的好去处，以满足市民们的精神文化生活需求。

笔者在韩江潮州段两岸也看到，潮州市政府治韩与服务民生并举，把韩江生态治理融入潮州历史文化名城建设，在保护韩江母亲河同时，增添与完善韩江两岸民众休闲娱乐基础设施，市民可以在江边进行跳广场舞、钓鱼、打太极等休闲娱乐活动，提升了市民幸福感，得到市民大力支持与普遍赞扬。当漫步在韩江滨江长廊，我们可以欣赏韩江之上帆影、两岸秀美景色，呼吸清新空气。如受访者称："经过这些年政府的整治，韩江变得越来越好了……像我们每天来这边跳广场舞，散步，都觉得心情非常好，大家都很喜欢来这边，水质好，空气好，人人都爱来，希望韩江越来越好。"③

---

① 采访时间：2020 年 1 月 6 日 8：00；口述对象：王先生；地点：潮州滨江长廊；采访人王滨琪、何睿等。

② 采访时间：2020 年 1 月 6 日 8：48；口述对象：李女士；地点：潮州滨江长廊，采访人王滨琪、何睿等。

③ 采访时间：2020 年 1 月 3 日 9：16；口述对象：林先生；地点：潮州滨江长廊；采访人王滨琪、何睿等。

第三节　治韩先治"心"，重点在民生
——韩江流域生态环境综合治理建议

客观说来，近年来，韩江流域各级地方政府重视生态环境保护工作，韩江水生环境与韩江沿岸生态环境都有一定改善。然而，韩江流域生态环境治理并未完全成功，这样那样的生态环境问题还存在，环境威胁并未根除。

2020年10月12日，习近平总书记视察潮州。在韩江广济桥，习近平总书记强调，广济桥历史上几经重建和修缮，凝聚了不同时期劳动人民的匠心和智慧，具有重要的历史、科学、艺术价值，是潮州历史文化的重要标志。要珍惜和保护好这份宝贵的历史文化遗产，不能搞过度修缮、过度开发，尽可能保留历史原貌。要抓好韩江流域综合治理，让韩江秀水长清。[①] 习总书记视察韩江重要讲话为韩江流域生态环境治理提出重要方略与根本遵循。那么，如何把环境保护与民生福祉有机结合起来？如何有效开展韩江流域生态环境综合治理？带着这些问题，我们研究小组经过实地考察、查阅资料、深入研讨，得出韩江流域生态环境治理的一些基本认识，认为治韩先治心，治"心"在民生，即韩江流域生态环境治理要与生态文明建设紧密结合，要与地方文化建设紧密结合，要与民生紧密结合，走综合治理道路。下文，研究小组给出一些治韩建议，旨在韩江秀水长清。

一、践行科学的生态文明思想，知行合一，真抓实干

习近平总书记指出："生态环境问题归根结底是发展方式和生活方式问题，要从根本上解决生态环境问题，必须贯彻创新、协调、绿色、开放、共享的发展理念，加快形成节约资源和保护环境的空间格局、产业结构、生产

[①] 《以最大的能力在更高起点上推进改革开放在全面建设社会主义现代化国家新征程中走在全国前列创造新的辉煌》，《人民日报》2020年10月16日。

方式、生活方式，把经济活动、人的行为限制在自然资源和生态环境能够承受的限度内，给自然生态留下休养生息的时间和空间。"①就韩江而言，当前韩江流域生态环境问题症结是不科学的发展方式与生活方式问题。

（一）思想治韩，大力宣传绿色发展观

近年来，生态环境问题并未随着温饱问题解决而根本解决。相反，各种环境问题不断出现。检视当前生态环境问题成因，笔者认为，心病是不容小觑的症结之一。所谓心病，就是错误的生态思想观念。事实上，近代启蒙运动所确立的人类中心主义是造成当今世界上各种生态环境问题的主要思想根源。当前，包括人类中心主义在内的各种错误的生态思想观念亦在我国暗流涌动，谬种流传，亟须正本清源。仅就韩江流域生态环境治理而言，树立科学的发展理念与科学的生态思想则是韩江流域生态环境治理迫切而重要的任务。

习近平生态文明思想坚持以人民为中心，提出人与自然是生命共同体，确立了环境在生产力构成中的基础地位，在实践中创造性提出"绿水青山就是金山银山"重要发展理念，阐明保护生态环境就是保护生产力、改善生态环境就是发展生产力的内核实质，是马克思主义中国化的重要成果。习近平生态文明思想"彰显了以习近平同志为核心的党中央对生态环境保护经验教训的历史总结、对人类发展意义的深邃思考，是中国共产党人创造性地回答人与自然关系、经济发展与生态环保关系问题所取得的最新理论成果，是集大成与突破创新兼具的重要成果，展现了中国特色社会主义道路自信、理论自信、制度自信、文化自信"②。习近平生态文明思想是习近平新时代中国特色社会主义思想的重要组成部分，是当代马克思主义生态文明思想最新成果，为推进美丽中国建设、实现人与自然和谐共生的现代化提供了方向指引与根

---

① 习近平：《习近平谈治国理政》（第3卷），外文出版社2020年版，第361—362页。

② 全国干部培训教材编审指导委员会组织编写：《推进生态文明　建设美丽中国》，人民出版社、党建读物出版社2019年版，第17—18页。

本遵循，为人们在生产生活中真正做到与自然和谐相处提供了科学指南。如习近平总书记指出："人与自然应和谐共生。当人类友好保护自然时，自然的回报是慷慨的；当人类粗暴掠夺自然时，自然的惩罚也是无情的。我们要深怀对自然的敬畏之心，尊重自然、顺应自然、保护自然，构建人与自然和谐共生的地球家园。绿水青山就是金山银山。良好生态环境既是自然财富，也是经济财富，关系经济社会发展潜力和后劲。我们要加快形成绿色发展方式，促进经济发展和环境保护双赢，构建经济与环境协同共进的地球家园……人不负青山，青山定不负人。"①

治理生态环境问题，当前亟须系统深入开展习近平生态文明思想宣传与大学习。通过大学习活动，真正学懂弄通习近平生态文明思想，树立科学正确的生态文明观，民众树立尊重自然、敬畏自然、顺应自然、保护自然的生态文明思想，提高民众保护韩江流域生态环境的意识，动员民众自发保护韩江流域生态环境；坚持用习近平生态文明思想指导生产与生活实践，抓好韩江流域综合治理，让韩江秀水长清。具体说来，根治韩江流域生态环境问题必须采取标本兼治、综合合理策略。当前，韩江流域生态环境"标"的问题是显性的各种生态环境问题，因此治"标"必须加强环保制度措施建设，加强环保制度措施执行力度；当前，韩江流域生态环境"本"的问题是指错误的生态思想观念，要正本清源。因此，必须深入学习贯彻习近平生态文明思想，宣传绿色发展观，坚定树立"绿水青山就是金山银山"的强烈意识，树立科学正确的生态文明思想，形成绿色发展方式与生活方式。具体说来，用习近平生态文明思想指导韩江流域生态环境综合治理实践，做到真学真懂真做，知行合一。

（二）思想引领行动，实现全民环保自觉

韩江流域生态环境综合治理的基础在于民众，环保宣传教育则是群众性环保行动前提。因此，韩江流域各级政府应该带头深入学习习近平生态文明

————————

① 习近平：《共同构建地球生命共同体》，《人民日报》2021 年 10 月 13 日。

思想，大力宣传习近平生态文明思想，大力推进绿色发展。

习近平总书记强调："生态文明是人民群众共同参与共同建设共同享有的事业，要把建设美丽中国转化为全体人民自觉行动。每个人都是生态环境的保护者、建设者、受益者，没有哪个人是旁观者、局外人、批评家，谁也不能只说不做、置身事外。要增强全民节约意识、环保意识、生态意识，培育生态道德和行为准则，开展全民绿色行动，动员全社会都以实际行动减少能源资源消耗和污染排放，为生态环境保护做出贡献。"①

因此，各级政府应当采取群众能够理解、能够接受的方式或形式，大力宣传习近平生态文明思想，大力宣传环保思想，普及韩江流域环境治理的相关制度，提高群众的参与度，让群众成为推动韩江流域生态文明建设的重要力量。

潮州近年来一直在大力推行河长制，韩江流域环境的治理责任做到落实到人。但是，在调查过程中，我们发现了解河长制的群众比较少。换言之，韩江生态保护责任意识与责任人机制还没有在群众中产生影响。另外，我们在调查中也发现，群众对于环保知识实际上知之不多，韩江沿岸环保宣传标牌流于形式、流于口号，内容过于简单，形式也过于简单，很难起到真正的教育作用。也有一些群众知道环保这个词，以及环保的一些简单的做法（问题在于，民众有一些环保做法，实际上并不环保），只是停留在知道层面，停留在知识或话语层面，还没能真正做到内化于心、外化于行，实际上没能真正理解环保的重要性。

二、流域内各级政府优化治韩合作，应明确权责

论及生态环境治理，习近平总书记明确指出："要从系统工程和全局角度寻求新的治理之道，不能再是头疼医头、脚疼医脚，各管一摊、相互掣肘，而必须统筹兼顾、整体施策、多措并举，全方位、全地域、全过程开展生态

---

① 习近平：《习近平谈治国理政》（第3卷），外文出版社2020年版，第362—363页。

文明建设。比如，治理好水污染、保护好水环境，就需要全面统筹左右岸、上下游、陆上水上、地表地下、河流海洋、水生态资源、污染防治与生态保护，达到系统治理的最佳效果。"① 韩江流域生态环境治理的关键在于真正做到综合治理，而综合治理则是在全流域全面治理基础上的综合治理。因此，韩江流域内各区域治理要统一规划、统一部署，要做到治韩权责明确，优化治韩合作。

（一）韩江全流域生态环境治理本是一盘棋，治韩需要开展全流域常态化综合治理，重在流域内各级政府明确权责，治韩全程合作，优化合作

韩江流域主要位于粤、闽两省。其中，流域内广东占65%，主要包括粤东地区的潮汕平原和粤东北地区的兴梅山地、丘陵和盆地；福建占35%，主要在汀江流域。可以说，韩江流域环境治理需要跨省、跨地市合作。因此，韩江流域生态环境治理要统筹兼顾、整体施策、多措并举，全方位、全地域、全过程治理。

韩江流域各省之间、各地方政府之间应当统一思想观念，认真践行习近平生态文明思想，针对韩江流域综合治理而开展常态的积极的良好的深度合作，从整体上规划韩江流域各区域生态环境治理方略，明确不同区域环境功能划分，构建韩江全流域治理体系与整体规划，从系统工程和全局角度寻求治理之道。对韩江流域各级政府而言，全面深入学习习近平生态文明思想，做到学思践悟，这是实现韩江综合治理、优化流域内各级政府环保合作的思想前提与思想保障。

（二）流域内坚定不移坚持绿色发展道路，植树造林、增加植被覆盖率；实施优质排污治污、保护水质工程是全流域共同的治理目标，是流域内各级政府开展韩江流域生态环境综合治理的第一要务，是民生要务

习近平总书记指出："良好生态环境是最普惠的民生福祉。民之所好好之，民之所恶恶之。环境就是民生，青山就是美丽，蓝天也是幸福。发展经

---

① 习近平：《习近平谈治国理政》（第3卷），外文出版社2020年版，第363页。

济是为了民生，保护生态环境同样也是为了民生。既要创造更多的物质财富和精神财富以满足人民日益增长的美好生活需要，也要提供更多优质生态产品以满足人民日益增长的优美生态环境需要。要坚持生态惠民、生态利民、生态为民，重点解决损害群众健康的突出环境问题，加快改善生态环境质量，提供更多优质生态产品。努力实现社会公平正义，不断满足人民日益增长的优美生态环境需要。"[1]

　　环境就是民生，生态环境是关系民生的重大社会问题。韩江流域生态环境治理是民生工程。为此，流域内各级政府应当科学合理开展流域内土质、植被等生态环境调查，建立"韩江流域生态环境数据库"，逐级分区开展生态护理与植绿工程；流域内各级政府应当科学合理开展常态化流域内水质情况调查，实施优质排污治污、保护水质工程，全流域全面全过程提升水质。通过实施优质排污治污措施与优质植树造林等绿植工程，恢复韩江流域良好的水环境与生态环境。

（三）科学规划韩江流域各区域功能，明确细化流域内各级政府开展韩江流域生态环境综合治理的战略目标，实现"双赢"

　　韩江流域生态环境保护就是保护绿水青山。习近平总书记强调："绿水青山既是自然财富、生态财富，又是社会财富、经济财富。保护生态环境就是保护自然价值和增值自然资本，就是保护经济社会发展潜力和后劲，使绿水青山持续发挥生态效益和经济社会效益。"[2] 因此，韩江流域各地方政府在巩固生态环境综合治理成果基础上，要重视长期治理激励机制。

　　科学规划韩江流域各区域生态功能与经济功能，共同规划韩江流域生态环境景观带、江水景观带及区域经济发展类型，通过生态景观与人文景观有机结合，使生态效益与地区经济社会及文化发展有机结合，做到合理利用韩江流域自然生态资源，提升韩江流域沿岸居民生活舒适感、幸福感，打造

---

① 习近平：《习近平谈治国理政》（第3卷），外文出版社2020年版，第361—362页。
② 习近平：《习近平谈治国理政》（第2卷），外文出版社2017年版，第361页。

生态韩江旅游文化品牌。如近些年，潮州市政府根据韩江滨江原始自然景观特点，遵循因地制宜原则，通过规划把沿江空间设计成观光漫步区，滨江长廊与河岸的闪烁夜景成为一道迷人风景，成为人们休闲观光的好场所。其中，湘子桥的灯光秀更是吸引了众多中外游客前来观赏，拉动了潮州旅游业发展。①

韩江流域居民主要分属客家民系与潮汕民系，现已形成丰富的潮州文化和客家文化。潮州文化和客家文化是中华优秀传统文化有机组成部分，同时又是具有明显的地域性特征的地方文化。无论潮州文化还是客家文化，都包含丰富的生态文化，也包含着丰富的生态故事，都是与韩江流域居民有着高度切合点的历史文化。因此，宣传习近平生态文明思想与加强韩江流域生态文化建设有机结合起来，形成产出形式多样的有价值的生态文化产品，形成具有艺术性的多媒体传播方式，实现以文化人，更有利于激发民众保护韩江生态环境的热情和动力。

三、加强生态环境常态化监督管理，关键在日常

习近平总书记指出："保护生态环境必须依靠制度、依靠法治。我国生态环境保护中存在的突出问题大多同体制不健全、制度不严格、法治不严密、执行不到位、惩处不得力有关。要加快制度创新，增加制度供给，完善制度配套，强化制度执行，让制度成为刚性的约束和不可触碰的高压线。"② 强化治韩制度执行，重在日常管理与常态化监督，最忌紧一阵松一阵，最忌形式主义，贵在加强日常管理，真抓实干，"要像保护眼睛一样保护生态环境，像对待生命一样对待生态环境，多谋打基础、利长远的善事，多干保护自然、修复自然的实事，多做治山理水、显山露水的好事，让群众望得见山、看得见水、记得住乡愁，让自然生态美景永驻人间，还自然以宁静、和谐、美丽"③。

---

① 邓志江：《滨江景观营造原则探讨——以韩江潮州段为例》，《农业科技与信息（现代园林）》2012 年第 5 期。

② 习近平：《习近平谈治国理政》（第 3 卷），外文出版社 2020 年版，第 363 页。

③ 习近平：《习近平谈治国理政》（第 3 卷），外文出版社 2020 年版，第 361 页。

党的十八大以来，韩江流域各级地方政府重视生态环境问题治理，在韩江流域采取恢复植被、放生鱼苗、严惩污染责任人等措施。除此，韩江流域各河段还营造了具有良好生态环境效益的滨江景观，成为市民休闲观光好去处，促进了当地旅游业发展。实际上，没有常态化监督管理，就没有真正的生态环境保护。如近年来，随着韩江流域居民生活水平逐渐提高，人们重视休闲娱乐，江畔野餐与沿江休闲垂钓成为人们一种主要消遣方式，这些消遣活动也成为污染、破坏韩江生态环境新的来源。以休闲垂钓为例，笔者调查走访发现，一些市民在韩江边上钓鱼比较"任性"，产生的矿泉水瓶、快餐盒、烟盒烟蒂、纸张等垃圾随便丢弃。造成江边环境污染，也污染江水；一些垂钓者所使用的鱼饵及饵料香精等物资对韩江流域水环境也会造成一定污染；一些休闲垂钓者经常会捕捞产卵鱼和幼鱼，破坏鱼类生息繁衍。因此，韩江流域地方政府出台相应的休闲垂钓管理与江畔娱乐场所环境保护措施，如规定垂钓区域、垂钓时段及垂钓鱼饵所用添加剂标准及滨江休闲娱乐内容规范等，则变得非常必要。

总之，要抓好韩江综合治理，必须确立以人民为中心的政治理念，从人与自然是生命共同体的生态文明思想高度制定韩江流域整体的综合治理方案，践行"绿水青山就是金山银山"的绿色发展观，各级政府不仅需要实施一套有效的环境治理措施，还要形成有效的环境治理机制，加强生态环境常态化监督管理，引导与教育民众深入学习习近平生态文明思想，形成正确的生态文明思想观念。生态环境保护，是人民群众共同参与、共同建设、共同享有的事业，因此要倡导韩江流域民众简约适度、绿色低碳的生活方式，加快形成节约资源和保护环境的空间格局、产业结构、生产方式、生活方式，形成真正的绿色发展、绿色生活。

附录：

清《海阳县志》载韩江流域水系情况

（韩江）源由汀、赣、循、梅诸水，汇于大埔三河。循河南注，至丰顺留隍趋葛布塘，入县西北境，樾溪水自西北来注之（谨按《广东图说》：乌石汛下有松溪，自西南来注之。今乌石以下并无松溪之水，惟上至丰顺交界处有樾溪自西来。溪北为丰顺界，溪南为海阳界，以下一派山岭至松水塘。《图说》俱名樾溪山或者樾溪，即松溪欤。）；① 又自西北趋东南，经乌石塘至峙溪十里，峙溪水自东来注之（峙溪发源凤凰山，西流四十里至鲤鱼山北入江，上有十八潭，水浅多石，至永济桥以下始可通舟。）；又经松水塘至鲤鱼山尾六里，又屈东流四里，转南流五里至曲湾塘，曲湾水自西南来注之（谨按《广东图说》，韩江经松水汛，海阳山水自东来注之。今海阳山不知其处，而自松水至曲湾等处，其西南来者仅有曲湾塘水。）；又屈东南流十里至二塘东岸，登荣下约水自东北来注之（登荣都水，一名凤水，又名凤溪，发源凤凰山，合登荣下约诸山水汇于溪尾，始可通舟。西南流六七里至月潭分为二：一北流，绕溪口乡后至沙洲；一南流，环塘埔汤头趋沙洲，合北流由龟湖沟口入江。），西岸葛后坑水自西来注之（葛后坑，一名体壶坑，源出罗厝寨前山坑。）；又东南流十里至头塘，龙舌坑水自东北来注之（头塘龙舌坑源出九郎山北赤水岭下，迳别峰山至凤栖塘入江。）；又东南流十里至东津乡，前绕郡城东，折南下广济桥，至南门城角头五里分一小流入南涵，通三利溪。其本流迳至凤凰洲，分为三大支：曰西溪，曰东溪，曰北溪。西溪迳洲右西南

---

① 此段引文中的所有括号中的文字均为小字夹注。为便于阅读，（）为笔者所加。

流四里与东溪会，又西南流六里至云步，又屈东南流十里至独树村，又南流八里至龙湖，又五里至田头堤，转而东流十二里至湖仔洲，复会东溪南流十六里至梅溪迤东，分一流出澄界，由大衙趋澄城南入海。又转东南二里，再分一流，由疍家园至新港入海。其本流由梅溪曲折循西南五里，绕庵埠出澄界，至渔洲又分为二：左一流，由汕头港入海；右一流，由深沟港及溪东港入海。东溪循洲左西南流四里会西溪，转东南流十六里至急水门，又东南流三里至龙门关（龙门关西为邑界，东为饶界，东南为澄界。）金山溪水自东北来注之；（谨按《广东图说》有鹊塘水，自东北来，在急水汛上。今考急水以上无溪出口，惟龙门关有金山溪，亦名鲤鱼沟，发源鹊塘内坑旸山，经水南、饶砂及饶属之厚洋、溪打等乡入于东溪，当即此水也。）；又东南流七里至蓬洞前，分为二：一由南流，循湖仔洲六里会西溪。一由澄界东南流十里至沙尾溪，分一流转东二十里至东陇港会北溪，其本流仍由澄界东南循杜王洲分流入海。北溪迳洲左自涸溪塔北畔东流十里，至磷溪乡前，九郎山水合白云坊水自西北来注之（九郎山水源出石坑东南三十里，至九郎山麓南流，合内坑东来水，经东津洗马桥绕笔架山后，会白云坊水，南入北溪。）；又东流七里，秋溪水自东北来注之（秋溪发源有二：一出莲花山，由上下胡田厝寨经曾尾店、梅州板岭仔头至石虎；一出葫芦西坑，由乌树铺苏石溪至石虎上间，与莲花山东来水合，迤逦由冈山流至秋溪桥西入北溪。）；又屈东南流八里至苏寨前，前埔水自东北来注之（前埔水源出莲花山，西行经田厝寨、盐水坑、铺头埔，至缶山分环山麓南行，合流至荣美乡出水闸入北溪。）；又转东流八里至庵脚小溪水，自东北来注之（小溪源出莲花山，西流经洪厝埔，又南流至白沙寨，又西流经东山寨至桂林寨，复西南流，环小溪乡东南出水闸入北溪。）；又东流二里至长打，出饶界东南流十里至澄界东陇会东溪，由东陇各港入海。[1]

---

　①（清）卢蔚猷修、关道镕撰：光绪《海阳县志》卷7《舆地略六》，《中国方志丛书》，成文出版社1967年版，第47页。

参考文献

《明实录》，"中研院"历史语言研究所1962年版。

《明经世文编》，中华书局1962年版。

嘉靖《广东通志初稿》，广东省方志办影印嘉靖十四年（1535）刻本。

嘉靖《潮州府志》，潮州市方志办2003年版。

隆庆《潮阳县志》，《天一阁藏明代方志选刊》，上海古籍书店1963年版。

（明）陈天资纂修：《东里志》，潮州市方志办2004年版。

顺治《潮州府志》，顺治十八年刻本，潮州市方志办2003年版。

康熙《潮州府志》，康熙二十五年刻本，潮州市方志办2003年版。

康熙《澄海县志》，康熙二十五年刻本，潮州市方志办2004年版。

康熙《海阳县志》，康熙二十五年刻本，潮州市方志办2001年版。

康熙《饶平县志》（简本），康熙二十五年刻本，潮州市方志办2001年版。

康熙《饶平县志》（详本），康熙二十六年刻本，潮州市方志办2002年版。

康熙《程乡县志》，康熙二十九年刻本，广东省中山图书馆古籍部1993年版。

雍正《海阳县志》，雍正十二年刻本，潮州市方志办2002年版。

乾隆《潮州府志》，潮州市档案馆2001年版。

乾隆《普宁县志》，乾隆十年刻本，潮州市方志办2007年版。

乾隆《丰顺县志》，乾隆十一年刻本，潮州市方志办2007年版。

光绪《丰顺县志》（续志），光绪十年刻，潮州市方志办2007年版。

饶宗颐总撰：《潮州志》，潮州市方志办2005年版。

刘禹轮修、李唐纂：民国《丰顺县志》，民国三十二年（1943）铅印线装本。

澄海县地方志编纂委员会编：《澄海县志》，广东人民出版社1992年版。

潮安县江东镇《江东镇志》编纂委员会：《江东镇志》，2008年。

潮安县水利局编：《广东省潮安县江河流域综合规划报告书》，2000年。

王临亨：《粤剑篇》，中华书局 1987 年版。

张燧：《经世挈要》，《北京图书馆古籍珍本丛刊》本。

俞森：《荒政丛书》，文渊阁《四库全书》本。

陆曾禹：《康济录》，《北京图书馆古籍珍本丛刊》本。

袁黄：《了凡杂考》，《北京图书馆古籍珍本丛刊》本。

苏茂相：《临民宝镜》，崇祯序刊本。

陈龙正：《几亭全书》，清康熙四年刻本。

陈胜韶：《问俗录》，清道光刻本。

冯应京：《月令广义》，齐鲁书社《四库全书存目丛书》本。

汪道昆：《太函集》，齐鲁书社《四库全书存目丛书》本。

俞弁：《山樵暇语》，齐鲁书社《四库全书存目丛书》本。

陆楫：《兼葭堂杂录摘抄》，《纪录汇编》本。

范濂：《云间据目抄》，《笔记小说大观》本。

林希元：《同安林次崖先生文集》，齐鲁书社《四库全书存目丛书》本。

叶向高：《蘧编》，1935 年乌丝栏钞本。

董其昌：《神庙留中奏疏汇要》，燕京大学图书馆 1937 年版。

张萱：《西园闻见录》，燕京大学 1940 年版。

龙文彬：《明会要》，中华书局 1956 年版。

谈迁：《国榷》，中华书局 1958 年版。

沈德符：《万历野获编》，中华书局 1959 年版。

谢肇淛：《五杂俎》，上海古籍出版社 2012 年版。

祁彪佳：《祁彪佳集》，中华书局 1960 年版。

万表：《皇明经济文录》，台北广文书局 1972 年版。

《明史》，中华书局点校本，1974 年版。

李贽：《焚书·续焚书》，中华书局 1974 年版。

谷应泰：《明史纪事本末》，中华书局 1977 年版。

徐光启：《农政全书》，上海古籍出版社 1979 年版。

叶盛：《水东日记》，中华书局 1980 年版。

王士性：《广志绎》，中华书局 1981 年版。

黄宗羲：《明夷待访录》，中华书局 1982 年版。

宋应星：《天工开物》，江苏广陵古籍刻印社 1997 年版。

丘濬：《大学衍义补》，京华出版社 1999 年版。

焦竑：《澹园集》，中华书局 1999 年版。

吕坤：《吕坤全集》，中华书局 2008 年版。

徐弘祖：《徐霞客游记》，上海古籍出版社 2010 年版。

顾炎武：《天下郡国利病书》，上海古籍出版社 2012 年版。

张渠：《粤东闻见录》，广东高教出版社 1990 年版。

罗亨信：《觉非集》，《四库存目丛书》集部第 29 册，齐鲁书社 1997 年版。

林大川：《韩江记》，中州古籍出版社 2000 年版。

陈衍虞：《莲山诗集》，道光十九年凤城铁巷世馨堂补刻本。

郑昌时：《韩江闻见录》，广东人民出版社 1994 年版。

温廷敬：《潮州诗萃》，汕头大学出版社 2000 年版。

李文海：《中国荒政全书》，北京古籍出版社 2004 年版。

李龙潜：《明清广东社会经济研究》，上海古籍出版社 2006 年版。

黄挺、陈占山：《潮汕史》，广东人民出版社 2001 年版。

陈历明：《明清实录潮州事辑》，艺苑出版社 1998 年版。

广东省文史研究馆编：《广东省自然灾害史料》，广东科技出版社 1999 年版。

水利电力部水管司、水利水电科学研究院编：《清代珠江韩江洪涝档案史料》，中
　　华书局 1988 年版。

周雪香：《明清闽粤边客家地区的社会经济变迁》，福建人民出版社 2007 年版。

李平日等：《韩江三角洲》，海洋出版社 1987 年版。

王琳乾、陈大石、萧有馥编著：《潮汕自然地理》，广东人民出版社 1992 年版。

林伦伦、吴勤生：《潮汕文化大观》，花城出版社 2001 年版。

政协潮州市委员会文史编辑组编：《潮州文史资料》（第 4 辑），1985 年版。

政协潮州市委员会文史编辑组编：《潮州文史资料》（第 15 辑），1995 年版。

政协潮州市委员会文史编辑组编：《潮州文史资料》（第 23 辑），2003 年版。

广东省环境保护局办公室编印：《广东省韩江流域水质保护规划》，1999 年版。

梁必骐：《广东的自然灾害》，广东人民出版社 1993 年版。

冯柳堂：《中国历代民食政策史》，商务印书馆 1934 年版。

牛建强：《明代人口流动与社会变迁》，河南大学出版社 1997 年版。

邓拓：《中国救荒史》，北京出版社 1998 年版。

王子平：《灾害社会学》，湖南人民出版社 1998 年版。

广东文史研究馆：《广东省自然灾害史料》，广东科技出版社 1999 年版。

黄挺、陈占山：《潮汕史》，广东人民出版社 2001 年版。

李文海、夏明方：《中国荒政全书》，北京古籍出版社 2004 年版。

陈宝良：《明代社会生活史》，中国社会科学出版社 2004 年版。

王玉德、张全明等著：《中华五千年生态文化》，华中师大出版社 2005 年版。

万明：《晚明社会变迁：问题与研究》，商务印书馆 2005 年版。

王卫平等：《中国古代传统社会保障与慈善事业》，群言出版社 2005 年版。

周致元：《明代荒政文献研究》，安徽大学出版社 2007 年版。

李文海等：《天有凶年——清代灾荒与中国社会》，生活·读书·新知三联书店 2007 年版。

曹树基：《田祖有神：明清以来的自然灾害及其社会应对机制》，上海交通大学出版社 2007 年版。

刘燕华等：《脆弱生态环境与可持续发展》，商务印书馆 2001 年版。

鞠明库：《灾害与明代政治》，中国社会科学出版社 2011 年版。

梅雪芹：《环境史研究叙论》，中国环境科学出版社 2011 年版。

王元林、孟昭锋：《自然灾害与历代中国政府应对研究》，暨南大学出版社 2012 年版。

赵玉田：《环境与民生：明代灾区社会研究》，社会科学文献出版社 2016 年版。

高寿仙：《变与乱：明代社会与思想史论》，人民出版社 2018 年版。

［法］谢和耐：《中国社会史》，耿昇译，江苏人民出版社 1995 年版。

［美］唐纳德·沃斯特：《自然的经济体系：生态思想史》，候文蕙译，商务印书馆 1999 年版。

［美］唐纳德·休斯：《什么是环境史》，梅雪芹译，北京大学出版社 2008 年版。

［日］酒井忠夫：《中国善书研究》，刘岳兵译，江苏人民出版社 2010 年版。

［日］中岛乐章：《明代乡村纠纷与秩序》，郭万平、高飞译，江苏人民出版社 2010 年版。

［美］马立博：《虎、米、丝、泥：帝制晚期华南的环境与经济》，王玉茹、关永强译，江苏人民出版社 2011 年版。

［英］伊懋可：《大象的退却：一部中国环境史》，梅雪芹、毛利霞、王玉山译，江苏人民出版社 2014 年版。

［美］马立博：《中国环境史：从史前到现代》，关永强、高丽洁译，中国人民大学出版社 2015 年版。

Mark Elvin, The Retreat of the Elephants: An Environmental History of China, New Haven and London: Yale University Press, 2004.

Kang Chao, Man and Land in Chinese History: An Economic Analysis, Stanford California: Stanford University Press, 1986.

李龙潜、李东珠：《清初"迁海"对广东社会经济的影响》，《暨南学报》（哲学社会科学版）1999 年第 4 期。

陈春声：《清代广东社仓的组织与功能》，《学术研究》1990 年第 1 期。

陈春声：《论清末广东义仓的兴起——清代广东粮食仓储研究之三》，《中国社会经济史研究》，1994 年第 1 期。

黄挺：《明清时期的韩江流域经济区》，《中国社会经济史研究》1999 年第 2 期。

黄挺：《地方文献与区域历史研究——以晚清海阳吴忠恕事件为例》，《潮学研究》第 11 期。

曾昭璇：《韩江三角洲》，《地理学报》1957 年 8 月第 3 期。

曾昭璇：《韩江上游地形略论》，《华南师范学院学报》（自然科学版）1958 年第 3 期。

陈传五、林海卫：《韩江三角洲地貌与气候的演变》，《韩山师专学报》1994 年第 1 期。

黄汉禹、刘海泽：《韩江下游及三角洲河段河床变化分析》，《中山大学学报》（自然科学版）2001 年 9 月增刊第 2 期。

陈滇、王锡雁：《韩江潮州段小流域水土保持治理问题探讨》，《广东科技》2001
年第 9 期。

陈俩钦：《韩江中下游航道安全隐患与整治对策》，《珠江水运》2007 年第 8 期。

林少川、陈添泉：《浅谈韩江实行流域管理》，《西部探矿工程》2006 年第 2 期。

张淑光等：《韩江上游水土流失和治理》，《泥沙研究》1991 年第 1 期。

霍应强：《韩江上游山区开发的产业结构和水土保持》，《广东林业科技》1986 年
第 1 期。

陈汉先等：《韩江上游水土保持减沙效益分析》，《中国水土保持》1995 年第 9 期。

林仕焕：《潮州市韩江南北堤河道演变情况及其采取对策初探》，《广东水利水电》
1997 年第 4 期。

张志尧：《清代韩江下游大洪水的排位》，《潮州文史资料》第 23 辑，政协潮州市
委员会文史编辑组 2003 年版。

陈森凯、张志尧：《潮州堤围和韩江水灾解放前历史综述》，《潮州文史资料》第 4
辑，政协潮州市委员会文史编辑组 1985 年版。

张茂亮：《韩江治河处与梅溪整治》，载陈泽、吴奎信主编《潮汕文化百期选》，
潮汕历史文化研究中心、汕头特区晚报 1997 年版。

曾憬辉、吴榕青：《潮安县庵埠镇善堂调查报告》，《潮学论坛——潮汕慈善文化论
文集》，2009 年。

陈景熙：《潮汕风雨圣者的由来及其实质》，《韩山师专学报》1994 年第 1 期。

翁泽琴：《民间信仰与社区整合——以仙圃寨风雨圣者信仰为中心的调查》，《韩山
师范学院学报》2002 年第 4 期。

后　记

　　《明代以来韩江流域生态环境变迁研究》是广东省教育厅省级重大项目（项目编号：2016WZDXM017）成果之一。本书侧重在环境与人事关系维度，遵循人与自然生命共同体理念，探究明代以来韩江流域生态环境变迁现象与人与自然生命共同体历史，讲述生态环境"故事"与人与自然生命共同体故实。本书共有七章内容，具体研究写作分工情况如下：赵玉田撰写本书第一章、第三章、第四章、第六章；赵玉田等撰写第七章；罗朝蓉撰写本书第二章、第五章。

　　书稿完稿，已是辛丑年末。韩江东岸，韩文公祠旁，韩山之上韩木成林。阳光正好，笔者带着书稿余温和人与自然生命共同体理念与生命共同史思考，拾级而上，登临韩山之麓，俯瞰韩江，群山绵延，沃壤千里，江河纵横，草木茂盛，气象万千。韩江有如天公之巨擘，游走于苍翠之间，勾勒出岭南一派脉脉水乡。路随心转，步入韩文公祠，静立于韩文公塑像前，思虑万千。

　　时光易逝，担当长存。记得2017年初秋，王元林先生、王双印先生、陈贤波先生、刘进先生、杨玉林先生等学者莅临坐落于粤东韩江之畔、韩山之间的百年学府——韩山师范学院，应邀参加"明代以来韩江流域生态环境变迁研究"项目开题报告会。诸位先生学识深厚，见解深刻，思考深邃，项目组成员深受教益。其后几年，本书作者或云游于韩江两岸，开展田野调查，解析民众生态知识与观念；或躲进书斋，反复翻阅地方志等书籍，查找比对，寻找文字中的"生态记忆"……

　　在项目研究及书稿撰写过程中，承蒙多位先生慷慨赐教，也得到韩山师范学院校领导鼓励与支持。在此，致以最诚挚谢意！

　　诚如诸位方家熟知，人与自然生命共同体理念是马克思主义生态思想最新成果，笔者还需深入学习领会；生命共同体史与环境史学是崭新的学术研究（新的学科研究领域或一种史学新视角、新方法）。1970 年以来，环境史因世界环境问题加剧而"横空出世"，风云际会，并由救时史学而为新史学。①仅就笔者从事生命共同体史及环境史研究而言，正可谓"路漫漫其修远兮，吾将上下而求索"。

　　本文不足之处，恳请专家赐教。

赵玉田　罗朝蓉

2021 年冬月写于潮州韩文公祠旁

---

　　① 赵玉田：《环境史刍议》，《韩山师范学院学报》2016 年第 1 期。

责任编辑:贺　畅
文字编辑:黄煦明
封面设计:汪　莹

图书在版编目(CIP)数据

明代以来韩江流域生态环境变迁研究/赵玉田,罗朝蓉 著.—北京:
　人民出版社,2022.6
ISBN 978-7-01-024780-9

Ⅰ.①明…　Ⅱ.①赵…②罗…　Ⅲ.①流域环境-生态环境-变迁-研究-广东
　Ⅳ.①X321.265

中国版本图书馆 CIP 数据核字(2022)第 080663 号

明代以来韩江流域生态环境变迁研究
MINGDAI YILAI HANJIANG LIUYU SHENGTAI HUANJING BIANQIAN YANJIU

赵玉田　罗朝蓉　著

人民出版社 出版发行
(100706　北京市东城区隆福寺街 99 号)

北京九州迅驰传媒文化有限公司印刷　新华书店经销

2022 年 6 月第 1 版　2022 年 6 月北京第 1 次印刷
开本:710 毫米×1000 毫米 1/16　印张:14.5
字数:213 千字

ISBN 978-7-01-024780-9　定价:53.00 元

邮购地址 100706　北京市东城区隆福寺街 99 号
人民东方图书销售中心　电话 (010)65250042　65289539